地下水污染物运移模拟与防控技术研究

张　洋　王立新　韩彦伟◎著

吉林科学技术出版社

图书在版编目（CIP）数据

地下水污染物运移模拟与防控技术研究 / 张洋，王立新，韩彦伟著. -- 长春 : 吉林科学技术出版社，2023.5

ISBN 978-7-5744-0397-0

Ⅰ. ①地… Ⅱ. ①张… ②王… ③韩… Ⅲ. ①地下水污染－污染物－迁移－数值模拟 Ⅳ. ①X523

中国国家版本馆CIP数据核字(2023)第092819号

地下水污染物运移模拟与防控技术研究

DIXIASHUI WURANWU YUNYI MONI YU FANGKONG JISHU YANJIU

作　　者　张　洋　王立新　韩彦伟
出 版 人　宛　霞
责任编辑　王丽新
幅面尺寸　185mm×260mm
开　　本　16
字　　数　308千字
印　　张　13.75
版　　次　2023年5月第1版
印　　次　2023年5月第1次印刷

出　　版　吉林科学技术出版社
发　　行　吉林科学技术出版社
地　　址　长春市净月区福祉大路5788号
邮　　编　130118
发行部电话/传真　0431-81629529　81629530　81629531
　　　　　　　　　81629532　81629533　81629534
储运部电话　0431-86059116
编辑部电话　0431-81629518
印　　刷　北京四海锦诚印刷技术有限公司

书　　号　ISBN 978-7-5744-0397-0
定　　价　65.00元

前　言

水是生命的源泉，无论是人民生活、工业生产和农业生产都离不开水。我国是水资源不丰富的国家，人均水资源占有量只有全世界平均数的四分之一左右，因此水成为我国可持续发展的一个制约因素。

我国是一个水资源严重短缺的国家，地下水为我国（尤其是北方地区）城市的重要供水水源，但城镇化快速发展加剧了地下水污染态势与城市水资源供需矛盾。因此，地下水污染监测预警、风险评估及防控技术成为解决城市水资源供需矛盾的关键。

本书是一本关于地下水污染物运移模拟与防控技术方面研究的著作，首先对地下水污染的基础理论进行简要概述，阐述地下水的运动特征、地下水的污染源与污染过程、地下水污染风险源识别及防控区划技术等；然后对地下水污染物运移的相关问题进行梳理和分析，包括地下水污染物的运移基础理论、地下水污染物在饱水层中的运移以及一些典型运移案例解析等；之后对地下水污染的防控与修复方面进行探讨，包括地下水污染预警方法及评价、地下水污染修复技术、河流污染及地下水环境防控、活性渗滤墙技术与地下水污染修复。

本书论述严谨、结构合理、条理清晰、内容丰富，能为当前的地下水污染物运移与防控技术相关理论的深入研究提供借鉴。

编写本书，实际上是作者对地下水保护与合理利用方面的知识和工作经验的学习总结过程。写作过程中，作者认真研究了关于地下水保护、合理利用与污染物防控的同类著作，还查阅了我国许多地区在地下水方面的相关资料，同时也收集了一些国外在这方面的资料。书中引用了部分资料，在这里对相关作者表示感谢。同时，还要感谢领导的极大支持，也要感谢在本书编写过程中给予了我们很大帮助的同事及朋友们。

作者在本书的写作过程中，得到了许多专家学者的帮助和指导，在此表示诚挚的谢意。由于水平有限，加之时间仓促，书中所涉及的内容难免有疏漏之处，希望各位读者多提宝贵意见，以便进一步修改，使之更加完善。

作者

2023 年 6 月

目　录

第一章　地下水污染基础

地下水是指赋存于地面以下岩石空隙中的水。地下水的质和量，都是在不断变化之中的。影响其变化的因素有天然的和人为的两种。天然因素的变化往往是缓慢的、长期的；而人为因素对地下水质和量的影响越来越突出。地下水污染是指人为因素影响下的地下水水质的明显变化。

第一节　地下水的基本特征

一、地下水概述

（一）地下水的利用

约1/3的世界人口的生活用水，特别是饮用水，靠地下水供给，这部分人口数量在20亿以上。尤其是农村人口完全依赖地下水生活，每年要消耗全球淡水量的20%，为600~700 km^3。

与地表水相比，人们对地下水知晓很少，故很少有人关注地下水的水量、水质、对地下水的管理和更好的应用，以及在地下水利用中引发的问题。但在欧洲，对地下水资源利用得较好，特别是在德国的巴伐利亚州，95%的饮用水供应来自地下水，而且是最好的水质，否则不会有世界上最著名的慕尼黑啤酒。

由于淡水资源中地下水的数量比地表水的数量大上百倍，故地下水的开发利用，特别在饮用水方面的利用有很大的潜力和更好的远景。在这方面，关于地下水资源的合理利用和保护问题已促使了国际团体、有关部门和一些国家领导人的重视。

如果地下水的开采量长期大于补给量，地下水水位就会持续下降，在某种程度上会造成地下水含水层枯竭或引起地面沉降。在印度、中国、苏联、西亚、美国西部和阿拉伯半岛都曾出现过这样的问题，从而使地下水的使用受到限制。

在沿海地区过度开采地下水会引起海水入侵，造成地下水质咸化而不能使用。例如，在印度的马德拉斯市，由于地下水位的强烈下降，盐水区向内陆侵入了 10 km，使许多地下水开采井不能使用。

（二）地下水的存在形式

1. 气态水、固态水和液态水

地下水可以气态水、液态水和固态水的形式存在于地下岩石的空隙中，其中液态水分布最广，是地下水科学的主要研究对象。

（1）气态水。气态水和空气分布在未被水饱和的岩石空隙之中，可以随空气一起流动，也可以由绝对湿度大的地方向绝对湿度小的地方迁移。气态水在一定温度和压力下与液态水可以相互转化。在夏天，当白天的气温高于岩石的温度时，水汽将由大气向岩石空隙中运动、聚集并凝结成水。气态水对干旱地区地下水的补给具有一定的意义。

（2）固态水。固态水主要以冰的形式分布于岩石空隙之中，这时岩石的温度低于 0 ℃。在多年冻土分布地区（多年平均气温低于 0 ℃），例如我国东北和青藏高原的一些地区，地下存在冻结层，赋存其中的地下水在多年中保持固态。多年冻土地区液态水和固态水共同存在，受气候变化影响明显，冬季冻结，地下水为固态水；夏季表层或浅部固态水融化为液态水，深部仍为冻结的固态水。

（3）液态水。液态水分布于地下被水饱和或未被水饱和的岩石空隙之中。在岩石空隙中，靠近岩石（固体颗粒）表面分布有结合水，远离颗粒表面分布有重力水。此外，在由细小颗粒组成的沉积物中，在饱水带上部由于毛细作用，往往分布有毛细水。

2. 结合水、重力水和毛细水

（1）结合水。结合水是由于固体颗粒表面的静电作用而吸附在颗粒表面上的水。固体颗粒和岩石裂隙表面带有电荷，水分子是偶极体，因而固相表面具有吸附水分子的能力。显然，这种吸附能力随着远离固相表面而减小，在某一距离处，水分子将不受静电引力作用，只受重力作用。这一距离的长短随颗粒的大小而改变，颗粒越细小，距离越长。结合水分子受固相表面的引力大于水分子自身的重力，被吸附于固相表面，不能在重力作用下运动。

最接近固相表面受静电引力最大的结合水称为强结合水，在其外层受静电引力较小的结合水称为弱结合水。强结合水又称为吸着水，水分子排列紧密整齐，其厚度可达约 0.1 μm，水分子所受到的引力可达 10^{12} Pa，但这种引力随远离固相表面迅速减小。强结合水具有较强的黏滞性和抗剪强度，其密度达 1.5~2.0 g/cm^3，不能自由流动，当加热到 105~

110 ℃使其转化为气态水时才能移动。弱结合水分布在距离固相表面 0.1~0.5 μm 的结合水外层，又称为薄膜水，其水分子排列不如强结合水紧密和规则，其黏滞性、抗剪强度和密度均小于强结合水。弱结合水可以由水膜厚处向水膜薄处移动，直到厚度相等为止。在非饱和带中，弱结合水分布不连续，所以不能传递静水压力；在饱和带中，若施加一定的外力使之大于弱结合水的抗剪强度，则弱结合水发生流动。对于黏性土层或黏土层中的弱结合水，若存在足够大的水头差，也可以发生流动。

（2）重力水。结合水层以外的水分子，颗粒表面对其的吸引力可以忽略不计，在重力作用下可以自由流动，这部分液态水称为重力水。通过泉排泄或者井孔揭露的地下水都属于重力水。重力水可以被植物吸收，也可以被人类开发利用，是地下水科学的主要研究对象。

岩石空隙中结合水和重力水的多少主要取决于岩石颗粒的大小。颗粒越细小，其比表面积越大，固相表面吸附的结合水就越多。因此，颗粒细小的黏土和黏性土含有较多的结合水，而颗粒粗大的砂砾石、宽大的裂隙或溶隙则很少含有结合水，大多为重力水。

（3）毛细水。毛细水分布在地下水面以上的非饱和带中。岩石中的细小空隙起到毛细管的作用，在毛细力的作用下，水从地下水面沿着细小空隙上升到一定高度，形成一个毛细水带。在毛细水带，毛细水充满全部孔隙，能做垂直方向的运动，能被植物吸收。根据形成特点，毛细水可以分为三种类型。在毛细水带下部的毛细水有地下水面支持，因此称为支持毛细水。在细颗粒层之下有粗颗粒层，当原来在细颗粒层内的地下水位下降到粗颗粒层时，在细颗粒层中会保留与地下水面不连接的毛细水，称为悬挂毛细水。在颗粒接触处的孔隙大小有可能达到毛细管程度，此处的水形成弯液面将水滞留在孔角上，称为孔角毛细水。地下水的蒸发作用和土壤盐渍化现象等与毛细水及毛细作用有关。

（三）地下水的污染

近年来，工业、农业的发展，人口的增长促使用水量急剧增加，与此同时，污水量也同等增加，许多污水不经处理直接排放到水域，致使水域被直接污染，地下水被间接污染。另外，农业大量使用的肥料和农药，在灌溉或渗入时使地下水直接受到污染，这种农业的面源污染对地下水的威胁是十分严重的，也是很难解决的问题。另外，还有一些其他的污染类型和原因。

二、地下水系统的组成特征

流动性这一基本特征，决定了地下水不会孤立赋存于某一空间之中，其内部各要素之间存在着相互作用，而且还与外部环境发生联系，所以研究地下水质和量的变化，研究污染物在地下水系统中的迁移，就必须用系统论的思想与方法把地下水及其环境看成一个整体，即以地下水系统的观点，从整体的角度去考察、分析与处理。

地下水系统实际是由两个要素组成的：一是具有空隙的岩石；二是赋存于岩石空隙中的水。

（一）岩石中的空隙

地壳表层一定深度范围内的岩石都或多或少存在着空隙，这种空隙是地下水的储存场所和运动通道。空隙的多少、大小、形状、连通情况和分布规律，对地下水的分布和运动具有重要影响。按岩石空隙的形态可分为三类，即松散岩石中的孔隙、坚硬岩石中的裂隙和可溶岩石中的溶隙（穴）。

1. 孔隙

松散岩石是由大小不等的颗粒组成的。颗粒或颗粒集合体之间的空隙称为孔隙。岩石中孔隙的多少是影响其储容地下水能力大小的重要因素，孔隙的多少可用孔隙度表示。孔隙度是指某一体积岩石（包括孔隙在内）中孔隙体积所占的比例。

孔隙度的大小主要取决于松散岩石中颗粒的分选程度及颗粒的排列情况，颗粒形状及胶结充填情况也影响孔隙度。对于黏性土，结构孔隙及次生孔隙（如虫孔、根孔等）常是影响孔隙度的重要因素。一般来讲，自然界中松散岩石分选程度愈差，颗粒大小愈悬殊，孔隙度便愈小。组成岩石的颗粒形状愈不规则，棱角愈明显，通常排列就愈松散，孔隙度也就愈大。

孔隙大小对地下水运动影响很大。孔隙通道最细小的部分称为孔喉，最宽大的部分称为孔腹。孔喉对水流起着阻滞作用，讨论孔隙大小时常以孔喉直径进行比较。

孔隙的大小取决于固体颗粒的大小和排列方式以及颗粒形状和胶结程度。孔隙越大，可以赋存的重力水越多，地下水在其中的流动越通畅。对于分选程度较好的松散岩石，组成颗粒愈大，一般孔隙就愈大。对于颗粒大小悬殊的松散岩石，由于粗大颗粒形成的孔隙被细小颗粒所填充，孔隙大小取决于实际构成孔隙的细小颗粒的直径。颗粒排列方式也影响孔隙大小，通常在同等粒径组成情况下，颗粒排列愈松散，则孔隙愈大。

孔隙介质如果被其他物质胶结或受到压实，其孔隙度会大大减小。孔隙介质中并非所有的孔隙对地下水的运移都具有意义，地下水只能在相互连通的孔隙中流动，而不能在那些孤立的孔隙或者死端孔隙中流动。相互连通而能使水流通过的孔隙称为有效孔隙。一定体积的孔隙介质中有效孔隙体积与孔隙介质体积之比称为有效孔隙度。多孔介质的有效孔

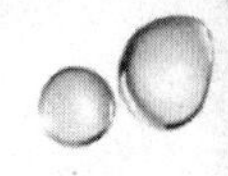

隙度通常小于其总孔隙度。

2. 裂隙

固结的非可溶性的坚硬岩石，包括沉积岩、岩浆岩和变质岩，在应力作用下岩石破裂变形而产生的各种裂隙，按其成因分为成岩裂隙、构造裂隙和风化裂隙三种。

（1）成岩裂隙。成岩裂隙是岩石在成岩过程中受内部应力作用而产生的原生裂隙。沉积岩固结脱水、岩浆岩冷凝收缩等均产生成岩裂隙，这些裂隙常常是闭合的，连通性差，例如在陆地喷溢的玄武岩中有柱状裂隙发育。浅成岩浆岩冷凝收缩时，由于内部张力作用，可产生垂直于冷凝面的六方柱状节理和层面节理，其大多张开，且密集均匀，连通性好。

（2）构造裂隙。构造裂隙是在地壳运动过程中岩石受构造应力作用产生的，较之其他成因类型的构造裂隙最为常见，分布范围最广。这类裂隙具有强烈的非均匀性、各向异性和随机性的特点。构造裂隙的张开宽度、延伸长度、密度、连通性等很大程度上受岩石性质（如岩性、岩层厚度、相邻岩层的组合情况）的影响。塑性岩石（如泥岩、页岩等）常形成闭合裂隙，往往其密度很大，但张开性很差，延伸不远，多构成相对隔水层。脆性岩石（如岩浆岩、钙质胶结的砂岩等）中的构造裂隙一般比较稀疏，但张开性好，延伸远，具有较好的导水性。

（3）风化裂隙。风化裂隙是暴露于地表附近的岩石，在温度变化和水、空气、生物等风化营力作用下形成的。这类裂隙常在成岩裂隙与构造裂隙的基础上进一步发育，形成密度均匀、无明显方向性、连通性好的裂隙网络。其厚度一般可达数米到数十米。

多数裂隙（特别是构造裂隙）是沿着一个平面或近似平面展布的。裂隙发育具有方向性，同一个方向或接近同个方向发育的裂隙是属于同一组裂隙，另一个方向发育的裂隙为另一组裂隙，它们是同一时期形成的不同方向的两组裂隙。两组裂隙往往交叉切割形成一个裂隙网络。有时沿层面也发育有一组裂隙。有些裂隙延伸长度大，可以切过若干岩层，有些裂隙只在刚性岩层（如砂岩）中发育，而在柔性地层（如泥岩、页岩）中不发育或发育微弱。在刚性岩层中的裂隙多为张开的裂隙，有一定的隙宽，而在柔性岩层中的裂隙则往往为闭合的。有些裂隙（特别是风化裂隙）的发育可以是极不规则的。

裂隙的调查内容包括裂隙的延伸方向、倾角、延伸长度、隙宽、隙间距或密度（一定长度内裂隙的条数）、连通性、胶结或充填情况和裂隙面的粗糙度等。延伸长、宽度大、隙间距小、连通好的裂隙有利于地下水的运移和储存。

3. 溶隙（穴）

可溶的沉积岩（如岩盐、石膏、石灰岩和白云岩等）在地下水溶蚀下会产生空洞，这种空隙称为溶隙（穴）。溶隙（穴）的多少以溶隙率表示。

溶隙（穴）的规模悬殊，大的溶洞可宽达数十米，高数十米乃至百余米，长达几至几十千米，而小的溶孔直径仅几毫米。岩溶发育带的岩溶率可达百分之几十，而其附近岩石的岩溶率几乎为零。

自然界岩石中空隙的发育状况远较上面所说的复杂，可溶岩石由于溶蚀不均匀，有的部分发育成溶隙（穴），而有的部分则成为裂隙，有时还可保留原生的孔隙与裂缝。可溶岩石的溶隙（穴）是一部分原有裂隙与原生孔缝溶蚀扩大而成的，空隙大小悬殊且分布极不均匀。因此，赋存于可溶岩石中的地下水分布与流动通常极不均匀。

（二）岩石空隙中的水

岩石空隙中的水主要包括结合水、毛细水和重力水。

结合水存在于松散岩石的颗粒表面及坚硬岩石空隙壁面，受固相表面束缚，不能在自身重力作用下运动。

毛细水存在于地下水面以上一定的高度内，松散岩石细小的孔隙通道中，随地下水面的升降，毛细水亦会上升或下降。此外，还存在孔角毛细水。

结合水与毛细水不参与地下水流动，从供水的角度讲，它们没有取用价值。一般而言，它们对污染物运移的影响也不是主要的。

重力水是指岩石空隙中能够在自身重力作用下运动的水。重力水能够自由流动，人们由井、泉取用的地下水，都是重力水。这部分水一旦被污染，污染物即会在其中扩散与迁移。

结合水、毛细水与重力水都是地下水，人们又称赋存于松散孔隙岩石中的地下水为孔隙水，赋存于坚硬岩石裂隙中的地下水为裂隙水，赋存于可溶岩石空隙（溶隙）中的地下水为岩溶水。

三、地下水系统的结构特征

地球表层的岩石其空隙发育程度各异，由此决定了其允许水透过能力（称为透水性）的差别。按其透水性不同，岩层可分为透水层与不透水层。饱含水的透水层称为含水层，而不能透过地下水的地层通常称为隔水层。

严格地讲，自然界中不存在绝对不透水的岩层，只不过某些岩层的透水性极小，导致其透过的水量微不足道而已，所以透水层与不透水层在概念上具有相对性。现在人们已经认识到，岩层透水与否取决于时间尺度、发生渗透的过水断面的大小和驱动水流动的水力

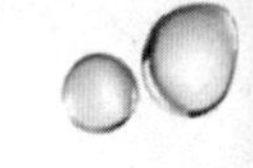

梯度的大小等。

地球表层复杂的地貌特征、地质构造、岩层分布和岩性特征，决定了地下水系统的含水层与隔水层的分布和组合关系是十分复杂的。同时，这也决定了地下水的运动形式、水质和水量变化。根据含水层在地质剖面中所处的部位及隔水层（非透水层）限制的情况，人们将地下水分为包气带水、潜水和承压水。

（一）包气带水

地表以下一定的深度上，岩石中的空隙被重力水所充满，形成地下水面。地下水面以上称为包气带；地下水面以下称为饱水带。包气带中以各种形式存在的水（结合水、毛细水、气态水）统称为包气带水。

包气带水来源于大气降水、灌溉水的入渗及地表水体的渗漏，也有地下水面通过毛细作用向上输送的水分，以及地下水蒸发形成的气态水。

包气带是饱水带与大气圈、地表水圈联系必经的通道。饱水带通过包气带获得大气降水和地表水的补给，又通过包气带蒸发与蒸腾排泄到大气圈。所以包气带的含水量及其水盐运动受气象因素影响极为显著，天然和人工植被也对其产生很大的影响。特别应该指出的是，人类生产与生活活动对包气带水的影响已经愈来愈强烈，由此而直接或间接地影响着饱水带的形成与变化。研究污染物在地下水系统中的运移与转化，应重视对包气带水形成及其运动规律的研究。

（二）潜水

饱水带中第一个具有自由表面的含水层中的水称为潜水。潜水没有隔水顶板，或只有局部的隔水顶板。潜水的表面称为潜水面；从潜水面到隔水底板的距离为潜水含水层的厚度；潜水面到地表的距离称为潜水埋藏的深度。潜水含水层的厚度与潜水埋藏的深度随潜水面的升降而发生相应的变化。

潜水与大气圈及地表水圈联系密切。潜水在其全部分布范围都可以通过包气带接受大气降水及地表水的补给，它在重力作用下由水位高的地方向水位低的地方径流。除流入其他含水层外，它还径流到地形低洼处，以泉、泄流等形式向地表或地表水体排泄，或是通过地面蒸发或植物蒸腾的形式排入大气。

潜水的水质主要取决于气候、地形和岩性，潜水很容易受到人为作用的污染，故应对潜水水源加强保护。

（三）承压水

充满于两个隔水层（或弱透水层）之间的含水层中的水称为承压水。承压含水层上部的隔水层称为隔水顶板，而下部的隔水层称为隔水底板。隔水顶、底板之间的距离为承压含水层的厚度。

承压含水层从出露位置较高的补给区获得补给，向另一侧出露位置较低的排泄区排泄。承压含水层不仅充满水，而且含水层顶面的水承受大气压以外的附加压力。当钻孔揭穿隔水顶板时，钻孔中的水位将上升到含水层顶面以上一定的高度才会静止下来。钻孔中静止水位到含水层顶面之间的距离称为承压高度。井中静止水位的高程就是承压水在该点的测压水位。

承压水主要来源于现代大气降水与地表水的入渗补给，补给区主要是含水层出露地表的范围，而以泉或其他径流方式向地表或地表水体排泄。在一定的条件下，当含水层顶、底板为弱透水层时，它还可以从上、下含水层获得越流补给，也可向上、下部含水层进行越流排泄。

承压水的水质取决于它的成因、埋藏条件及其与外界联系的程度，可以是淡水或含盐量较高的卤水。一般情况下，它与外界联系越密切，参与水循环越积极，承压水的水质就越接近于入渗区的大气降水与地表水。反之，承压水的含盐量就变高。

总之，由于承压水与大气圈、地表水圈的联系较差，水循环缓慢，所以承压水不像潜水那样容易受到污染。但是，一旦被污染，则很难使其净化。

四、地下水的运动特征

地下水在岩石空隙中的运动称为渗流（渗透），发生渗流的区域称为渗流场。由于受到介质的阻滞，地下水的流动远较地表水缓慢。在具狭小岩石空隙中流动时，重力水受介质的吸引力较大，水的质点做有秩序的、互不混杂的流动，称为层流运动。在宽大的空隙中（大的溶隙、宽大裂隙）水的流速较大时，水的质点无秩序地互相混杂的流动，称为紊流运动。做紊流运动时，水流所受阻力比层流状态大，消耗的能量较多。

水在渗流场内运动，各个运动要素（水位、流速、流向等）不随时间改变时，称为稳定流。运动要素随时间变化的水流运动，称为非稳定流。严格地讲，自然界中地下水都属于非稳定流。但是，为了便于分析和运算，也可以将某些运动要素变化微小的渗流，近似地看成稳定流。

五、地下水化学特征

地下水不是化学意义上的纯水，而是一种复杂的溶液。赋存于岩石圈中的地下水不断与岩土发生化学反应，并在与大气圈、水圈和生物圈进行水量交换的同时，产生各种化学成分。人类活动对地下水化学成分的影响，在时间上虽然只占悠久地质历史的一瞬间，但在许多情况下这种影响已深刻地改变了地下水的化学面貌。地下水的化学成分是地下水与环境——自然地理、地质背景以及人类活动长期相互作用的产物。一个地区地下水的化学特征，反映了该地区地下水的历史演变。研究地下水的化学成分，可以帮助人们回溯一个地区的水文地质历史，阐明地下水的起源与形成。水是最为常见的良好溶剂。它溶解岩土的化学组分，并搬运这些组分，在某些情况下将某些组分从水中析出，所以水是地球中元素迁移、分散与富集的载体。许多地质过程（岩溶、沉积、成岩、变质、成矿）都涉及地下水的化学作用。

为了各种实际目的而利用地下水，都对水质有一定的要求（例如，饮用水要求不含对人体有害的物质，锅炉用水要求硬度低），为此要进行水质评价。含大量盐类（如 NaCl、KCl）或富集某些稀散元素（Br、I、B、Sr 等）的地下水是宝贵的工业原料，而某些具有特殊物理性质与化学成分的水则具有医疗意义。地下水中含有各种气体、离子、胶体物质、有机质以及微生物等。

（一）地下水中主要气体成分

地下水中常见的气体成分有 O_2、N_2、CO_2、CH_4及 H_2S 等，尤以前两种为主。通常情况下地下水中气体含量不高，每升水中只有几毫克到几十毫克。但是，对地下水中的气体成分的研究很有意义。一方面，气体成分能够说明地下水所处的地球化学环境；另一方面，地下水中的有些气体会增加水溶解盐类的能力，促进某些水文地球化学反应。

1. 氧气与氮气

地下水中的氧气（O_2）和氮气（N_2）主要来源于大气。它们随同大气降水及地表水补给地下水。因此，与大气圈关系密切的地下水中含 O_2及 N_2较多。溶解氧含量愈多，说明地下水所处的地球化学环境愈有利于氧化作用进行。O_2的化学性质远较 N_2活泼，在较封闭的环境中，O_2将耗尽而只留下 N_2。因此，N_2的单独存在通常可说明地下水起源于大气，并处于还原环境中。

2. 硫化氢与甲烷

与出现氧气相反，地下水中出现硫化氢（H_2S）与甲烷（CH_4），说明处于还原的地球化学环境。这两种气体的生成均在与大气比较隔绝的环境中，常有有机物存在，与微生物参与的生物化学过程有关，其中，H_2S 是 SO_4^{2-} 的还原产物。

3. 二氧化碳

作为地下水补给源的降水和地表水虽然也含有二氧化碳（CO_2），但其含量通常较低。地下水中的 CO_2 主要来源于土壤，有机质残骸的发酵作用与植物的呼吸作用使土壤中源源不断地产生 CO_2，并溶入流经土壤的地下水中。含碳酸盐类的岩石，在高温下也可以变质生成 CO_2。工业与生活应用化石燃料（煤、石油、天然气），使大气中人为产生的 CO_2 明显增加。

（二）地下水中主要离子成分

地下水中分布最广、含量较多的离子共七种，即氯离子（Cl^-）、硫酸根离子（SO_4^{2-}）、重碳酸根离子（HCO_3^-）、钠离子（Na^+）、钾离子（K^+）、钙离子（Ca^{2+}）及镁离子（Mg^{2+}）。构成这些离子的元素，或是地壳中含量较高，且较易溶于水的（如 O、Ca、Mg、Na、K）；或是地壳中含量虽不大，但极易溶于水的（Cl^-、以 SO_2 形式出现的 S）。Si、Al、Fe 等元素，虽然在地壳中含量很大，但由于其难溶于水，所以地下水中含量通常不高。

一般情况下，随着总矿化度（总溶解性固体）的变化，地下水中占主要地位的离子成分也随之发生变化。低矿化水中常以 HCO_3^- 及 Ca^{2+}、Mg^{2+} 为主；高矿化水中则以 Cl^- 及 Na^+ 为主；中等矿化的地下水中，阴离子常以 SO_4^{2-} 为主，主要阳离子则可以是 Na^+，也可以是 Ca^{2+}。地下水的矿化度与离子成分间之所以往往具有这种对应关系，一个主要原因是水中盐类的溶解度不同。

总的说来，氯盐的溶解度最大，硫酸盐次之，碳酸盐较小。钙的硫酸盐，特别是钙、镁的碳酸盐，溶解度最小。随着矿化度增大，钙、镁的碳酸盐首先达到饱和，并且沉淀析出；继续增大时，钙的硫酸盐也饱和析出，所以高矿化水中便以易溶的氯和钠占优势。

六、地下水中污染物迁移特征

水动力弥散是指示踪剂进入含水层以后，在孔隙介质中逐渐扩展，占据的范围越来越大，超过了按平均流动所预计范围的现象。水动力弥散包括机械弥散和分子扩散。

（一）机械弥散

当流体在多孔介质中流动时，由于孔隙系统的存在，流速的大小和方向在孔隙中呈现

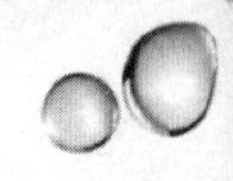

出不均匀的情况，这种不均匀性可分为以下三种情况：

首先，由于流体的黏性特性，使得在通道轴线处流速较大，而靠近通道壁处的流速较小。这是由于黏性阻力导致流体与孔隙壁面接触时速度减小的效应。

其次，由于颗粒间孔隙大小的差异，不同孔隙内流动的流体产生速度差异。由于颗粒排列不均匀或孔隙大小的差异，流体在孔隙之间移动时会遇到不同的阻力，导致速率的差异。

最后，由于颗粒骨架的阻挡作用，流线相对于平均流动会产生起伏，使得流体质点的实际运动路径呈现迂回曲折的形态。这是由于多孔介质内颗粒骨架的存在，在流体流动时会对流线产生影响，使得流体在微观尺度上经历复杂的路径。

孔隙中微观流速的不一致性导致最初彼此相邻的示踪剂质点逐渐扩散，并且超出了按照平均流速预期的扩散范围。因此，机械弥散的主要原因是微观流速和宏观流速在大小和方向上的不一致性。其中，大小的不一致性导致纵向弥散的产生，而方向的不一致性则导致横向弥散的发生。

综上所述，多孔介质中流体流动引起的流速不均匀性是造成机械弥散的主要原因。这种不均匀性包括微观流速和宏观流速在大小和方向上的差异，其中大小差异导致纵向弥散，方向差异导致横向弥散的产生。了解和研究这些不均匀性对于预测和控制流体在多孔介质中的运动和传输过程具有重要意义。

（二）分子扩散

分子扩散是由于液相中示踪剂浓度不均匀而引起的一种物质运移现象。浓度梯度的存在使得高浓度物质向低浓度处迁移，以求浓度趋于均匀，所以分子扩散是让孔隙系统中各部分的物质浓度均匀化的过程。它依赖时间，并且可以在静止的流体中单独存在，故在水流速率较小的情况下，分子扩散将成为水动力弥散中的重要组成部分。

实际上，这两个过程之间的划分完全是人为的。当流体在多孔介质中流动时，机械弥散和分子扩散以不可分开的形式同时起作用，联合起来就形成了水动力弥散。机械弥散使得示踪剂质点沿着微观的孔隙运移，分子扩散不仅使孔隙中的物质浓度趋于均匀，而且还可以使示踪剂质点从一个孔隙运移到另一个孔隙。当流速较大时，机械弥散是主要的，这是常见的情形；而当流速甚小时，则分子扩散作用变得更加明显。

第二节　地下水污染源与污染途径

在天然地质环境和人类活动的影响下，地下水中的某些组分可能产生相对富集。特别是在人类活动影响下能很快地使地下水水质恶化。只要查清其原因及途径，并采取相应措施就可以防止。

因此，地下水污染的定义应该是，凡是在人类活动的影响下，地下水水质变化朝着水质恶化方向发展的现象，统称为地下水污染。不管此种现象是否使水质达到影响其使用的程度，只要这种现象一发生，就应称为污染。至于在天然地质环境中所产生的地下水某些组分相对富集，并使水质不合格的现象，不应视为污染，而应称为地质成因异常。所以，判别地下水是否受到污染必须具备两个条件：第一，水质朝着恶化的方向发展；第二，这种变化是由人类活动引起的。

当然，在实际工作中要判别地下水是否被污染及其污染程度，往往是比较复杂的。首先要有一个判别标准，这个标准最好是地区背景值（或称本底值），但这个值通常很难获得。所以，有时也用历史水质数据，或用无明显污染来源的水质对照值来判别地下水是否受到污染。

一、地下水污染源的类型

当前的地下水污染源分类方法多是结合研究或管理的需要，从污染来源、污染物性质或污染的排放方式等某一特性出发，进行污染源划分。

（一）根据污染源普查类型分类

根据我国第一次全国污染源普查分类，将污染源分为工业源、生活源、农业源和集中式污染治理设施四类。

1. 工业污染源

工业污染源是地下水的主要污染来源，特别是其中未经处理的污水和固体废物的淋滤液，直接渗入地下水中，会对地下水造成严重污染。

工业污染源可以再细分为三类：首先是在生产产品和矿业开发过程中所产生的废水、废气和废渣，俗称“三废”，其数量大，危害严重；其次是储存装置和输运管道的渗漏，这往往是一种连续性污染源，经常不易被发现；最后是由于事故而产生的偶然性污染源。

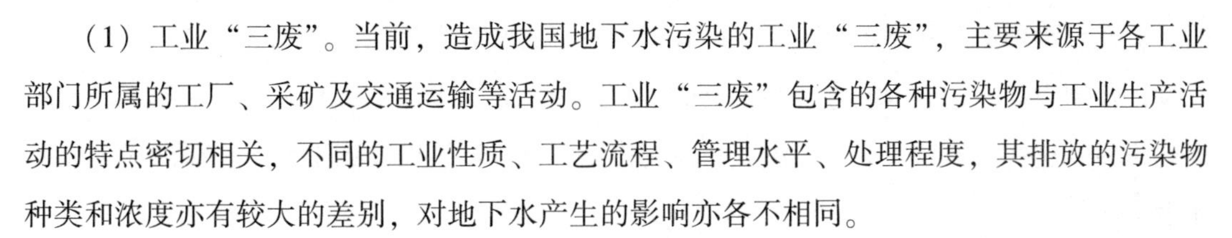

（1）工业“三废”。当前，造成我国地下水污染的工业“三废”，主要来源于各工业部门所属的工厂、采矿及交通运输等活动。工业“三废”包含的各种污染物与工业生产活动的特点密切相关，不同的工业性质、工艺流程、管理水平、处理程度，其排放的污染物种类和浓度亦有较大的差别，对地下水产生的影响亦各不相同。

一是工业废水。工业废水是天然水体最主要的污染源之一。它们种类繁多，排放量大，所含污染物组成复杂。它们的毒性和危害较严重，且难于处理，不容易净化。为了我国工业的可持续发展，国家各级主管部门已加大了管理的力度，采取了许多行之有效的对策和措施。但从整体看来，地下水污染仍呈恶化趋势，工业废水正是最重要的污染源。

二是工业废气。一个大型工厂每天需要排放很多废气，各类车辆亦排出各种废气，废气中所含各种污染物随着降雨、降雪落在地表，进而渗入地下，污染土壤和地下水。

三是工业废渣。工业废渣及污水处理厂的污泥中都含有多种有毒有害污染物。如露天堆放或填埋，都会受到雨水淋滤而渗入地下水中。工业废渣成分相对简单，主要与生产性质有关。如采矿业的尾矿及冶炼废渣中主要的污染物为重金属；污水处理厂的污泥属于危险废物，污水中含有的重金属与有机污染物都会在污泥中聚积，使污泥中污染物成分也比较复杂，且其含量一般高于污水。

（2）储存装置和输运管道的渗漏。储存罐或池是用于储存化学品、石油、污水等物质的设备，其作用是为工业生产提供必要的储存和储运条件。但是，这些储存罐或池存在渗漏和流失的风险，特别是油罐、地下油库等，这些地下设施内的渗漏与流失常常是污染地下水的重要污染源。

渗漏是指液体或气体通过储存罐或池壁发生的漏失，渗漏物质可能会渗入地下水中，对水质产生极大的污染风险。由于地下水往往不易察觉，渗漏的情况往往被忽略或被延误处理，这样长期的、不被人发现的、连续的污染源会持续污染地下水环境，造成无法估量的损失。

因此，在储存罐或池的设计、选用和操作中，必须严格遵守相关的安全标准和操作规范，定期检查、维护和更新储存罐或池，加快事故应急预案的编制和实施，以最大限度地减少渗漏和流失的风险，维护和保护地下水环境的安全和健康。

（3）事故类污染源。偶发性事故所产生的污染源往往无法预防，因此造成的污染问题较为严重。例如，储罐爆炸导致危险品大量泄漏、输油管道破裂以及发生在江、河、湖、海上的油船事故等，这些事件导致的泄漏污染物首先会对土壤和地表水造成污染，进而影响地下水质量。

储罐爆炸和泄漏是一种突发性的事故，当储存的危险品容器受到损坏或压力异常增大时，会发生剧烈爆炸并迅速释放出大量有害物质。这些有害物质包括化学物质、毒性气体和腐蚀性物质等，它们可能直接渗入土壤并溶解于地表水中，形成有害的污染源。随着时间的推移，这些污染物可能通过渗透和径流作用，进一步污染周围土壤，并逐渐渗入地下水层。

类似地，输油管道的破裂和油船事故也会导致大量的油类物质泄漏。石油和石油产品是一类常见的污染物，其具有较高的流动性和持久性。当管道破裂或油船发生事故时，泄漏的油类物质可能直接进入土壤和水体中，造成严重的土壤和地表水污染。随着时间的推移，这些油类物质会逐渐渗透到土壤深层和地下水中，对地下水质量造成威胁。

为了应对偶发性污染源导致的严重污染，需要采取紧急应对和污染控制措施。当事故发生时，应立即启动应急预案，尽快控制和修复泄漏源，防止污染物进一步扩散。同时，对泄漏区域进行及时清除和处理，减少污染物对土壤和水体的影响。此外，定期监测事故现场周围的土壤和地下水质量，进行污染源追踪和评估，以便制定适当的修复措施和监测计划，最大限度地减少污染对环境和人类健康的影响。

2. 生活污染源

随着人口的增长和生活水平的提高，居民排放的生活污水量逐渐增多，其中污染物来自人体的排泄物和肥皂、洗涤剂、腐烂的食物等。除此之外，科研、文教单位排出的废水成分复杂，常含有多种有毒物质。医疗卫生部门的污水中则含有大量细菌和病毒，是流行病和传染病的重要来源之一。

生活垃圾也对地下水的污染有重要影响，也是地下水的污染源之一。垃圾渗透液中除含有低相对分子质量的挥发性脂肪酸、中等相对分子质量的富里酸类物质与高相对分子质量的胡敏酸类等主要有机物外，还含有很多微量有机物，如烃类化合物、卤代烃、邻苯二甲酸酯类、酚类、苯胺类化合物等。垃圾填埋场是生活垃圾集中的地方，如防渗结构不合要求或垃圾渗滤液未经妥善处理排放，均可造成垃圾中污染物进入地下水。

3. 农业污染源

农业污染源有牲畜和禽类的粪便、农药、化肥以及农业灌溉引来的污水等，这些都会随下渗水流污染土壤和地下水。

（1）农药。农药是用来控制、扑灭或减轻病虫害的物质，包括杀虫剂、杀菌剂和除草剂等。与地下水污染有关的三大重要杀虫剂是有机氯、有机磷以及氨基甲酸酯。有机氯的特点是化学性质稳定，短期内不易分解，易溶于脂肪，在脂肪内蓄积，它是目前造成地下水污染的主要农药。有机磷的特点是较活跃，能水解，残留性小，在动植物中不易蓄积。氨基甲酸酯是一种较新的物质，一般属于低残留的农药。上述农药对人体都有毒性。

从地下水污染角度看，大多数除草剂都是中、低浓度时对植物有毒性，在高浓度时则对人类和牲畜产生毒性。农药以细粒、喷剂和团粒形式施用于农田，经土壤向地下水渗透。

（2）化肥。化肥是为了提高农作物的生长而广泛使用的一种肥料。氮肥、磷肥和钾肥是最常用的化肥类型。氮肥提供植物所需的氮元素，促进其叶片和茎的生长。磷肥富含磷元素，有助于植物的根系发育和果实的形成。钾肥则提供植物所需的钾元素，提高植物的抗病能力和耐寒性。

尽管化肥对于农业生产起到了重要的推动作用，但当它们渗透到地下水时，会引发严重的环境问题。其中，氮肥是地下水污染的主要元凶。氮肥在土壤中分解时会释放出氨气和硝酸盐，这些化合物易溶于水，并且具有很强的迁移能力。一旦氮肥进入地下水体系，会导致地下水中氮含量过高，形成硝酸盐污染。

硝酸盐污染对环境和人类健康造成严重威胁。高浓度的硝酸盐会影响水体的生态平衡，导致水生生物死亡和水生植被凋谢。此外，硝酸盐还可通过水源被人类摄入，对人体健康产生负面影响。特别是婴儿和孕妇暴露在高硝酸盐水平下时，可能引发甲状腺问题和其他健康风险。

（3）动物废物。动物粪便是畜牧业废物中最常见的一种。它含有大量的有机物质和养分，如氮、磷和钾等。当动物粪便堆积在地面上或被冲刷到土壤表面时，其中的养分和有机物质会随着降雨或灌溉水的渗入而进入地下水。如果管理不当，过量的氮和磷会渗透到地下水中，导致地下水中养分含量过高，引发水体富营养化问题。

此外，动物废物中存在各种细菌和病毒。这些微生物可能是致病性的，对人类和动物的健康构成威胁。当动物废物渗入地下水时，其中的微生物可以通过水体传播，进而污染饮用水源。这种地下水污染可能导致水源中病原微生物的传播，引发水源污染事件和传染病的扩散。

为了减少动物废物对地下水的污染风险，需要采取适当的处理和管理措施。一种常见的方法是将动物粪便进行有效的堆肥处理，以降低有机物质的含量和杀灭微生物。此外，建立合理的畜禽养殖场和处理设施，包括储存池、沉淀池和生物滤池等，以控制废物的积累和排放。同时，加强监管和培训，增强畜牧业从业人员的意识，丰富技能，促进可持续的废物管理和环境保护。

（4）植物残余物。植物残余物是从种植作物、草场和森林中获得的有机废弃物，包括大田或场地上的农作物残余物、草场中的残余物以及森林中的伐木碎片等。这些残余物中含有大量的有机质，当它们分解时会消耗氧气，从而减少地下水中氧气的含量。这种情况被称为需氧特性，它对地下水的水质构成了一种危害。

长期大量的植物残余物堆积会导致地下水氧气含量不足，从而影响水生生物的生存繁殖和地下水的水质。此外，许多有机物质都具有毒性，它们可能会通过渗透到地下水中而对水质产生不良影响。因此，妥善处理这些植物残余物是非常重要的，例如采取有效措施将其还田、堆肥或焚烧，以减少其对地下水的污染风险，同时可将其转化为有价值的资源。

（5）污水灌溉。目前，我国在城市污水处理领域已取得了显著进展，城市污水回用于农田灌溉的比例逐渐增加。然而，这些回用水中一部分是工业废水，其余则是生活污水。由于废水中含有多种有毒有害物质，尤其是重金属和持久性有机污染物，它们在土壤中积累并向下迁移，对土壤和地下水造成严重污染的风险不容忽视。

一方面，工业废水中可能含有各种化学物质，如重金属（如铅、汞、镉等）和有机污染物（如苯并芘、多氯联苯等）。这些物质具有毒性和生物积累性，对生态系统和人体健康具有潜在危害。当工业废水被用于农田灌溉时，其中的有害物质可能会与土壤颗粒结合，或进入植物的根系，最终进入土壤和地下水中。随着时间的推移，这些物质会在土壤中逐渐累积，可能导致土壤质量下降和地下水污染。

另一方面，生活污水中可能含有有机废弃物、营养物质和微生物等。尽管经过适当的处理，生活污水可以变为可回用水，但仍存在一定程度的污染物残留。当这些回用水用于农田灌溉时，其中的有机物和营养物质可能在土壤中分解，产生氮和磷等化合物。这些化合物可能会渗入土壤，随着水分的迁移进入地下水体系，引发地下水富营养化问题。

为了解决城市污水回用引发的土壤和地下水污染问题，必须采取有效的管理和监测措施。首先，应加强工业废水的净化处理，确保排放符合国家标准，减少有害物质的含量。其次，对回用水进行适当的处理和监测，确保回用水符合农田灌溉的要求，减少对土壤和地下水的不良影响。此外，需要建立完善的监测系统，定期检测土壤和地下水的质量，及时发现和处理潜在的污染问题，确保农田灌溉的可持续性和环境的安全性。

4. 集中式污染治理设施

集中式污染治理设施主要包括污水处理厂、垃圾处置场、危险废物处理处置设施、医疗废物处置中心。

污水处理厂污水年实际处理量 210.31 亿 t。其中，城镇污水处理厂处理 194.41 亿 t，占 92.5%；工业废水集中处理厂（设施）处理（不包括工业企业内仅处理本企业工业废水的处理设施处理量）12.90 亿 t，占 6.1%；其他污水处理厂（设施）处理 3.00 亿 t，占 1.4%。主要排放污染物包括化学需氧量、总氮、总磷、氨氮、石油类、挥发酚、重金

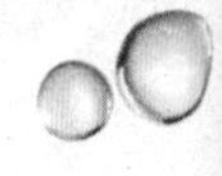

属等。

我国垃圾处理以填埋为主，垃圾填埋量约占全国垃圾处理量的90%。其中无害化填埋量8592.92万t，简易填埋量6726.82万t。简易填埋场地没有采取有效的防渗措施，大量垃圾堆填埋产生的渗滤液下渗对地下水环境影响极大。

（二）根据污染成因的分类

台湾的部分学者总结台湾过去的经验，将地下水及土壤的污染来源，划分为人为施放源、自然沉降污染物、工厂排放废水等五类。

1. 人为施放源

为了防治病虫害或增进地力，农业生产过程中会大量喷洒农药、施用化学肥料。尤其是有机氯农药，虽已被禁用，但迄今仍可在局部地区的土壤、河川底泥、地下水环境中检测出微量的DDT、HCH等残存污染物；不仅如此，这些有机氯农药还会经由食物链进行生物转移、生物累积和生物浓缩，最后暴露于人体，危害人类的健康。

2. 自然沉降的污染物

含氯有机物经焚化燃烧后，产生的二噁英在空气中经自然沉降，累积于土壤、河川底泥中，还可能随降雨入渗污染地下水，并经由动物的食物链，通过生物转移、生物累积、生物浓缩，最后侵入人体。

3. 工厂排放废水入渗

化工厂以及色料工厂等企业，所排放废水中含有微量镉重金属。由于难分解，以至于日积月累，污染物渗入地下水或排入灌溉水中，导致地下水重金属污染。

4. 工厂关闭遗留下来的污染物入渗

工厂关闭后遗留下来许多污染物如不妥善处置，就会渗透到土壤和地下水中。例如杨梅的某化工厂，主要生产农药及环境用药，关厂后，留下许多废料、废弃物，污染土壤及地下水，长年累月波及很多邻近的民井，致其无法饮用。再比如台南石化厂，早年以电极法制造苛性钠及氯气，企业于20世纪70年代末停产后，部分五氯酚产品因停工后露天堆存，经长期风雨冲蚀，以致土壤及地下水遭受不同程度的五氯酚污染。

5. 废弃物掩埋场渗漏水的污染

垃圾掩埋场或废弃物掩埋时，如未妥善地铺设隔水层，其渗漏水，会造成严重的土壤和地下水污染。相关研究表明，掩埋场的挥发性有机物如渗入地下水，可达地表以下9.5 m深，水平面扩散在100 m范围内，呈羽状分布。

（三）根据排放污染物的空间分布分类

按照排放污染物的空间分布方式，将地下水污染源分为点污染源、线污染源、面污染源三大类。

1. 点污染源

地下水污染点污染源是指有固定排放点的污染源，主要包括工业企业排污口、蓄污池及储罐，城市生活污水排污口，加油站（库）、渗井渗坑、废弃污染场地、垃圾填埋场以及危险废物处置场等。对于具有多个固定排放口的工业园区等，也可归类为点源进行管理。

2. 线污染源

没有固定排放点的带状污染源可界定为线源。线污染源主要包括纳污河流、管线运输泄漏、交通运输泄漏。线源污染的特征污染物主要受沿河工业分布、运输类型等影响。线性污染源所形成的危害往往低于点状污染源，但一旦形成污染，其后果也是极其可怕的。

3. 面污染源

没有固定排放点的面状污染源可界定为面源，主要包括农林生产（种养育护及虫害防治、污灌场地）、高尔夫场地、矿山开采及其周边区域等。

农业面源污染主要是在农业生产活动中，溶解的或固体的污染物和农户生活垃圾在降雨或灌溉过程中，经地表径流、农田排水渗漏等途径进入地下水环境。常见的特征污染物包括一些常效农药如 DDT、六六六等有机氯农药（OCPs），这类农药化学性稳定、不易降解和代谢，具有远距离迁移能力和高毒性，且脂溶性高等特点。常用的化肥有氮肥、磷肥、钾肥等。土壤中这些残余的肥料、有机氯将随下渗水一起淋滤渗入地下水中，引起地下水污染。高尔夫球场面源特征污染物也以化肥、农药为主。

矿区面源特征污染物也较复杂。金属矿石和煤炭的加工提取是地下水污染的源头。由于采矿和加工过程揭露出地表的渣土和废石经氧化，往往会使得从渣土与尾矿库中排出的水具有较强的酸性，此外还会滤出多种重金属以及可溶性钙、镁、钠及硫酸盐。放射性矿区开采还会向环境释放放射性同位素。

在点源、线源、面源三大类的基础上，结合我国地下水污染防治管理的实际需要，综合考虑污染源特征和包气带特征两个要素，将污染源强划分为三级，级别越高，场地污染源对于地下水影响越大。

二、典型污染源对地下水的影响

（一）典型工业污染源对地下水的影响

工业废水和工业垃圾是地下水污染的重要来源。工业废水对地下水的污染更为直接，大量含有毒害物质的废水，在产生后会经过化学、物理和生物等方法进行处理，但依然还是有大量废水在没有经过处理的前提下排入城市下水道、江河湖海或直接排到水沟、地下含水层等，这些都是导致地下水化学污染的主要原因。石化行业造成的地下水污染问题更为突出，美国空军基地的地下水污染问题已经成为典型，其中最常见的污染物是石油烃和卤代溶剂，包括 BTEX（苯、甲苯、乙苯和二甲苯）、TCE 等相关有机溶剂。

（二）典型生活污染源对地下水的影响

长期以来，城市的生活污水不经处理直接排放，很多生活污水中的污染组分通过地表和地下水的联系进入地下含水层，造成了地下水污染。城市化进程的加快，人类密集生活产生大量的生活垃圾和生活污水，不断侵蚀着地下水安全。人类消耗大量的粮食、蔬菜及能源，同时也产生大量的生活垃圾，这些垃圾一般用埋填法处理，而这些被填埋于城市周围的垃圾，随着日晒雨淋及地表径流的冲洗，其溶出物会慢慢渗入地下，污染地下含水层。氯代溶剂在干洗、脱脂等行业中的广泛应用和不合理排放，严重威胁着城市地下水健康，EPA = Environmental Protection Agency（美国）环境保护局在对 39 个城镇地下水源的监测中发现了 11 种挥发性卤代烃，其中 TCE 和顺二氯乙烯的检出率分别高达 36% 和 31%。

（三）典型农业污染源对地下水的影响

平原区地表水系十分发育，大部分河流已经干涸，有水的河流多为城镇和工矿企业所排的污水，部分污水用于灌溉农田，造成耕地的二次污染，对人体的健康影响较大。

地下水污染也会影响工农业的健康生产，如长期用 pH 值过高的井水灌溉农田，会改变土壤结构，使土壤板结，无法耕作；灌溉水中的硝酸盐含量过高，会减弱农作物的抗病力，降低作物的质量等级；粮食作物吸收过量的硝酸盐会降低粮食中蛋白质的含量，营养价值下降；蔬菜作物则易腐烂，无法贮存和运输；另外，如果受污染的井水中硫酸盐、氯离子含量过高，还会抑制农作物生长，造成大面积减产，并且使农作物的质量降低。

农业耕种中过量使用化肥农药和不断扩大的规模化养殖已严重污染了地表水、土壤和地下水。地下水中的农药污染已成为全球性问题，自 20 世纪 40 年代化工合成的农药开始使用，人们逐步发现这些农药对人类和动物有潜在的致癌、致畸和致突变作用。使用的农药大约10%被农作物吸收，一部分气进入大气中，大部进入土壤及地表附属物，最终进入地下水系统。美国加利福尼亚州地下水污染面积最大的San Joaquin山谷，有七个县是以二溴氯丙烷（DBCP）为主的有机氯农药导致的地下水污染。1988年意大利在地下水中频繁检出了莠去津、西玛津、灭草松等物质。我国河北平原浅层地下水中也检出了大面积的有机氯农药。20世纪五六十年代起，化肥使用量开始逐年增加，化肥大约只有40%被作物吸收利用，其余都随着雨水及淄溉水，慢慢渗入地下水中。畜禽养殖也是地下水有机污染的一个重要来源，畜禽养殖过程中，产生的大量有机废物就地堆积，久之渗入地下含水层中。农村地区饲养的牲畜产生数量巨大的垃圾，有机质含量多，基本不经处理后堆积，最终会有部分进入地下水中。

三、地下水污染途径

通常情况下，地下水污染分为直接和间接两种方式。其中，直接污染是指污染物直接进入地下水，在这个过程中污染物的形状不会发生变化；而间接污染则是指污染物会附着在其他物质上，或与其他物质发生反应，且进入地下水之后造成污染。[①] 按照水力学特点可将地下水污染途径大致分为四类：间歇入渗型、连续入渗型、越流型和径流型。

（一）间歇入渗型

间歇入渗型地下水污染的特点主要表现在以下方面：

首先，污染物的渗入是通过大气降水或灌溉水的淋滤作用进行的。当大气降水或灌溉水接触到污染源（如固体废物、表层土壤或地层）时，其中的有毒或有害物质会逐渐溶解并随水分进入地下水系统。这种渗入过程一般以非饱和入渗形式发生，或者在降雨或灌溉时短暂地形成饱水状态而连续渗流。

其次，地下水污染的来源主要是固体废物或表层土壤中的污染物。固体废物中可能含有各种化学物质或有毒物质，而表层土壤可能积累了多年来的污染物，如农药、化肥或其他工业废物。此外，用污水灌溉农田作物也是导致地下水污染的一种常见途径，城市污水中的污染物会通过灌溉水进入土壤和地下水系统。在研究污染途径时，需要对固体废物、土壤和污水的化学成分进行详细的分析。最好能够获取通过淋滤进入包气带的液体样品，这样才能准确确定地下水污染的来源和成分。

---

① 周炜强．地下水污染溯源技术应用进展［J］．皮革制作与环保科技，2022，3（14）：118-120.

最后，间歇入渗型地下水污染往往具有明显的季节性变化。由于降雨和灌溉水的影响，污染物的渗入量和浓度可能在不同季节有所变化。因此，进行地下水污染监测和管理时，需要考虑季节因素，采取相应的控制和治理措施。

总之，间歇入渗型地下水污染是污染物通过降水或灌溉水的淋滤进入地下水系统，对地下水资源产生周期性影响的一种污染形式。通过深入研究污染源和污染途径，加强监测和管理措施，可以有效保护地下水资源的安全与可持续利用。

（二）连续入渗型

连续入渗型污染中，污染物随着各种液体废物经过包气带不断地渗入含水层，这些污染物通常处于溶解态。最常见的连续入渗型污染是污水蓄积地段（如污水池、污水渗坑、污水快速渗滤场、污水管道等）的渗漏，以及受污染的地表水体和污水渠的渗漏。此外，污水灌溉水田（如水稻田等）也可能导致大面积的连续入渗。这类污染主要涉及潜水层。

连续入渗型污染的主要来源是各种液体废物，包括工业废水、生活污水、农业排放物等。这些废物含有各种溶解的污染物，如有机物、无机盐类、重金属、农药残留等。当废物通过包气带渗入含水层时，溶解态的污染物会随着水的流动而传输，逐渐进入潜水层。

连续入渗型污染最常见的场景是污水蓄积地段的渗漏。例如，当污水池、污水渗坑或污水快速渗滤场存在泄漏或渗漏问题时，废水中的溶解态污染物会通过渗透作用逐渐进入地下含水层。另外，污水渠和受污染的地表水体也可能发生渗漏，导致污染物进入潜水层。此外，当使用污水进行灌溉时，废水中的溶解态污染物会通过水分渗透作用进入水田，从而造成大面积的连续入渗。

连续入渗型污染主要涉及潜水层，即地下水中水位低于地表的含水层。这些含水层通常是地下水供水的重要来源，因此其受到污染对水资源和生态系统具有潜在影响。为了应对连续入渗型污染，需要采取适当的防治措施，如加强废水处理，修复泄漏和渗漏点，监测地下水质量，确保水源的安全性和可持续性。此外，加强对污水灌溉的管理和控制，以减少对地下水的污染，也是重要的措施之一。

上述两种污染途径的共同特征是污染物都是自上而下经过包气带进入含水层的。因此，对地下水污染程度的大小，主要取决于包气带的地质结构和物质成分、厚度以及渗透性能等因素。

（三）越流型

越流型污染具有一些特点，即污染物通过层间越流的方式进入其他含水层。这种转移可以通过自然途径（如天窗）、人为途径（如结构不合理的井管、破损的老井管等）或由人类活动引起的地下水动力条件的改变来发生。这样的转移导致污染物通过大面积的弱隔水层进入其他含水层。

1. 天窗直接进入型

上下含水层间的隔水层往往存在天窗（水文地质窗）使上下含水层发生水力联系，当其中一含水层受到污染时，污染物则可通过天窗进入另一含水层。

2. 人为途径

包括各种钻孔未经很好止水，造成污染物沿钻孔直接进入含水层中；还有结构不合理的废井、破坏的老井等，这些都为污染物的越流打开了人为的天窗。

越流型污染的污染源可能是地下水环境本身的内部污染，也可能是外部污染源的输入。污染物可以污染承压水层（地下水中水位高于地表的含水层）或潜水层（地下水中水位低于地表的含水层）。污染源的特征和类型多种多样，包括工业废水、农业化肥和农药、城市生活污水等。

研究越流型污染的困难之一是难以确定越流的具体地点和层位。地下水系统的复杂性和多变性使得追踪越流路径和确定污染源变得具有挑战性。地下水流动的非可见性和地下水层之间的连通性增加了研究的复杂性。另外，人为活动的干扰和地下水动力条件的变化也会导致越流方向的改变，进一步增加了定位污染源的难度。

为了解决越流型污染问题，需要综合运用地下水动力学模型、地球化学分析技术和现场调查等手段。通过对地下水流动的模拟和污染物迁移的研究，可以推测越流路径和可能的污染源位置。同时，通过采集地下水样本进行化学分析，可以确定污染物的类型和浓度，从而了解污染的程度和范围。此外，结合现场调查和监测数据，可以获得更全面的信息，以支持越流型污染的定位和治理措施的制定。

（四）径流型

径流型的特点是污染物通过地下水径流的形式进入含水层，或者通过废水处理井，或者通过岩溶发育的巨大岩溶通道，或者通过废液地下储存层的隔离层的破裂部位进入其他含水层。海水入侵是海岸地区地下淡水超量开采而造成海水向陆地流动的地下径流。径流型的污染物可能是人为来源，也可能是天然来源，或污染潜水或承压水。其污染范围可能不很大，但由于缺乏自然净化作用，其污染程度往往显得十分严重。

地下水污染途径的特殊性，使得地下水污染与地表水污染有明显的不同，主要有以下两个特点：

第一，隐蔽性。即使地下水已受某些组分严重污染，但它往往还是无色、无味的，不易从颜色、气味、鱼类死亡等鉴别出来。即使人类饮用了受有毒或有害组分污染的地下水，对人体的影响也只是慢性的长期效应，不易觉察。

第二，难以逆转性。地下水一旦受到污染，就很难治理和恢复，主要是因为其流速极其缓慢，即使切断污染源后，仅靠含水层本身的自然净化，所需时间也长达十年、几十年，甚至上百年。难以逆转的另一个原因是，某些污染物被介质和有机质吸附之后，会在水环境中通过解吸不断地释放出来。

第二章 地下水污染风险源识别及防控区划技术

地下水污染是指在人类活动影响下地下水水质朝着恶化方向发展的现象。人类活动产生的污染物是以污染源为载体释放到环境中经由地质环境到达地下水，然而并非所有的污染物都能到达地下水，并非所有的污染源都是地下水污染的风险源，它不仅取决于污染物的性质，还取决于污染物迁移路径的水文地质条件。因此，“如何准确识别地下水污染的风险源并进行等级划分对地下水污染的预防与有效监管显得尤为重要”①。

第一节 地下水污染风险源的识别与分级

近年来，地表水突发污染事故频频发生，对于某些事故（如船舶运输化学品的泄漏），由于不确定性，很可能在事故初期无法确定污染源的发生位置以及污染物排放源强等基本参数，从而给事故的预警和处置处理工作带来困难。因此，科学、准确地识别污染源信息是水污染事故预警及应急处置的关键工作。

一、农业非点源污染输出关键源区的识别方法

农业流域是由多种类型景观单元组成的复合体，流域内不仅有农田、村庄、畜禽养殖场等输出农业非点源污染物的“源”景观单元，而且具有沟渠湿地、池塘、植被缓冲带等对非点源污染物具有滞留作用的“汇”景观单元。“源”景观单元输出的非点源污染物，在次降雨事件中，并不能完全被地表径流携带到达受纳水体，部分非点源污染物在迁移过程中被“汇”景观单元滞留或转化。由于农业非点源污染治理需要大量的人力、物力和财力的投入，采用生态工程措施恢复自然湿地、建设生态沟渠、人工湿地和植被缓冲带还需要占用流域内宝贵的土地资源，因此需要将有限的资源投入流域中对受纳水体水环境质量

① 金爱芳，李广贺，张旭．地下水污染风险源识别与分级方法［J］．地球科学（中国地质大学学报），2012，37（02）：247.

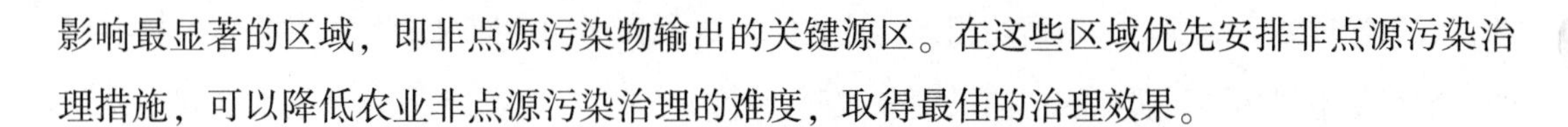

影响最显著的区域，即非点源污染物输出的关键源区。在这些区域优先安排非点源污染治理措施，可以降低农业非点源污染治理的难度，取得最佳的治理效果。

（一）农业非点源污染输出关键源区识别方法研究进展

自从美国学者提出通过农田磷流失风险评价识别地表径流磷输出“关键源区”的评价方法——磷指数法（PI）以来，对农业非点源污染物输出关键源区的研究已有几十年的时间，总体来说关键源区识别技术可以分为两种思路和方法：一是以美国农业部提出的“磷指数”评价方法和英国、爱尔兰等欧洲国家提出的以磷评价体系为代表的，通过对影响非点源磷迁移的源因子和汇因子进行分级打分，然后综合判断的半定量，经验性的评价方法；二是首先将流域划分为不同计算单元，然后通过数学模型等不同方法分别计算各个单元非点源污染负荷，最后根据各个计算单元的污染负荷的大小确定关键源区，常用的模型有 SWAT、AGNPS 模型、APPI 计算模型等。

1. 半定量经验模型法

美国有学者提出用磷指数法（PI），以敏感性指数来半定量地描述农业非点源污染潜在风险的空间分布。该方法综合考虑了土壤磷水平，化肥与有机肥磷的施用量、施用方式、时间，土壤侵蚀，地表径流等影响磷流失的因子。该方法首先将影响磷流失的各因子根据其对磷流失的贡献大小赋予相应的权重，并将各因子划分为若干等级，每一级分别赋予相应的等级分值，以反映该因子不同的取值对磷流失危险性的影响大小，计算结果分值高的或较高的区域就是磷发生流失的危险区，也是农业非点源磷污染的关键源区，即优先控制区。

2. 数学模型评价法

具有物理机制的数学模型通常根据地形将流域分成若干个次流域或集水区，然后分别计算每个次流域或集水区的非点源污染负荷，根据每个计算单元产生污染负荷占整个流域的比例大小，确定流域非点源污染输出的关键源区。常用的数学模型包括 SWAT、AGNPS 模型等。

在基础数据缺乏的情况下，利用有限的资料识别农业非点源污染关键源区，采用半定量的经验模型可以获得较好的评估效果。在基础数据比较翔实的情况下，运用数学模型识别流域污染物输出关键源区的优点在于模型的机制模拟比较符合实际，可以比较精确地模拟流域的非点源污染过程，定量计算出污染负荷；但详细的数据模型需要大量数据做支撑，在资料缺乏地区往往难以有效地应用，需要获取众多参数限制了该种方法的使用。

（二）农业流域非点源污染输出关键源区的识别步骤

非点源污染物输出和流域降雨，河流、地形、土地利用方式、土壤、植被覆盖、施肥活动、农田管理方法等多种因素密切相关，这些影响因素在不同空间尺度对非点源污染物输出的影响程度不尽相同。研究的空间尺度较大时，降雨、地形、河流水系分布、土地利用方式等主要受自然地理因素控制的因子是非点源污染物输出的主要影响因子；研究的空间尺度较小时，微地形地貌、土壤养分含量、施肥管理活动、空间位置等主要受人为活动影响的因子是非点源污染物输出的主要影响因子。不同的空间尺度之间，非点源污染物输出的主要影响因子没有严格的区分，与研究区域具体的自然地理情况和社会经济情况密切相关。

通过数学模型方法计算出各个评价单元污染负荷的方法来识别非点源污染物输出关键源区需要大量相关基础数据资料和实测资料，在欧美发达国家尚难以完全满足，在我国基础数据资料贫乏的情况下更难以普遍采用，因此半定量经验性的非点源污染物输出关键源区识别方法使用得较多。

非点源污染物输出的影响因子众多，因此需要根据流域的实际情况和目标要求，在有限的基础资料基础上选择非点源污染物输出最敏感的影响因子，建立关键源区识别的方法。农业非点源污染物输出关键源区的识别步骤如图 2-1 所示：

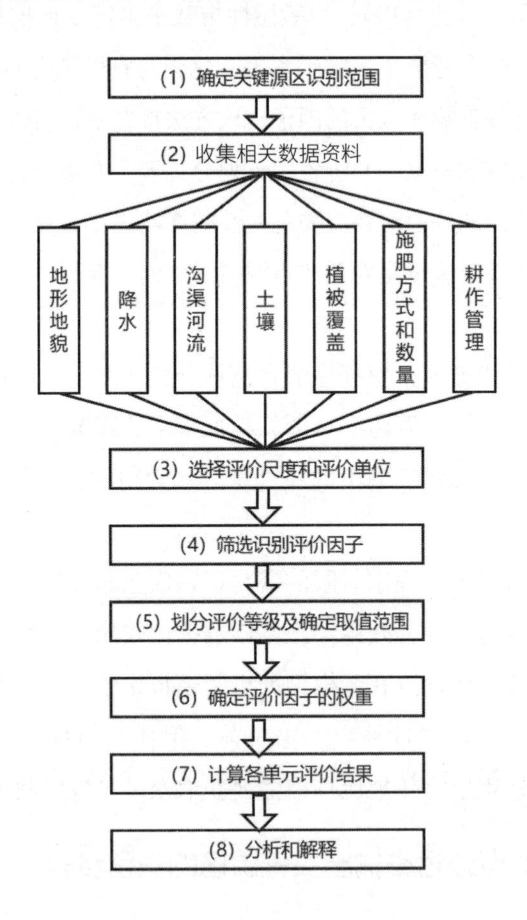

图 2-1　农业非点源污染物输出关键源区识别步骤

第一，确定非点源污染物输出关键源区的识别范围。关键源区是指在某个流域或者区域范围内对受纳水体污染物负荷贡献相对最大的那部分区域。关键源区是个相对的概念，在这个范围内污染物负荷相对贡献最大，在另外一个区域内可能并不是负荷贡献最大的，因此在识别关键源区之前首先要确定整个边界范围。

第二，收集相关数据资料。在确定的研究区域内尽可能收集地形地貌、降水，河流水系、土地利用、土壤、植被覆盖、农业生产等相关的数据资料，资料越是全面和详细，分析结果越准确可靠。必要时辅助以野外监测，如土壤样品采集和养分含量分析、地表径流水样采集和分析等。

第三，选择合适的评价尺度和评价单元。根据得到的数据资料的详细程度和评价要求，选择合适的评价尺度和评价单元。评价尺度越小，评价单元越多，数据资料要求越详细，评价结果越详细。

第四，筛选评价因子。从农业非点源污染的众多影响因子中，根据获取的数据资料，选择对污染物输出影响最显著，能够很好区分不同评价单元的评价因子，如地形因子、土壤养分含量、施肥量、土壤侵蚀等。

第五，划分评价等级及确定取值范围。根据各个评价因子取值分布情况，将每个评价因子划分为多个评价等级，如五个评价等级或三个评价等级，确定各个评价等级的取值范围，给落在不同评价等级的评价单元赋予不同数值，如五分法或三分法。

第六，确定评价因子权重。每个评价因子对非点源污染物流失的影响程度不同，根据待评价区域的具体实际情况，确定各个评价因子的权重。

第七，计算各单元评价结果。根据确定的评价因子和权重，利用建立的评价计算方法，分别计算各评价单元的评价得分。

第八，分析和解释。对计算结果进行分析评价，识别非点源污染物输出的关键源区，分析解释其中的原因。

二、地下水重金属污染源识别方法

（一）识别原则

地下水污染源识别应遵循以下原则：

第一，科学性。识别方法要科学严谨，具有广泛的可接受性。

第二，客观性。识别结果要能客观、真实地追踪造成污染的发生源。

第三，可操作性。污染源的调查、监测和测试方法和解析方法实际可行。

（二）识别方法

1. 元素含量等高线法

（1）原理。地下水元素含量等高线是基于地下水中不同采样点元素含量，在水文图/地形图上构建的元素含量浓度相同的各点连接形成的闭合曲线。在地下水中元素含量同一等高线上的各点具有相同的元素含量，通常点源产生的地下水污染呈同心圆特征，而中心位置处位于点污染源位置、浓度最高，由中心向四周浓度逐渐降低，依次可判定重金属污染源的方法，但是当存在多个污染源或发生横向迁移，将增加该方法识别的难度。

（2）技术方法。

首先，采样点设计。采样点设计基本原则：以所选区域地下水影响区域为主，布置采样点应同时满足均匀性与代表性的要求，根据所选区域地下水面积大小设置采样点数量，对于环境敏感点可适当加密采集。

其次，分析测试。所选区域地下水分析测试部分参照生态环境部各类关于地下水重金属分析测试标准与推荐方法，达到《地下水质量标准》规定的技术要求。

最后，等高线绘制与源位置确定。在分析测试得到各地下水采样点元素含量后，利用采样点坐标与元素含量构成原始数据矩阵，然后通过 GIS 数据处理软件或其他具有等高线绘制功能的工具，对各地下水采样点的重金属浓度进行等高线绘制，对于少量未检出重金属的区域则进行自动插值处理。需要注意的是，当地下水重金属如发生横向迁移时，将产生拖尾（羽）现象，这种情况表明等高线中心位置并非原有污染源位置，但地下水污染羽所指方向即为原有污染源所在方向，此时需要结合其他技术方法综合判定污染源位置，但是等高线图示法无法确定重金属进入地下水的具体方式与途径，须结合水文地质原理与地球化学方法，综合确定重金属元素的迁移转化方式。

2. 重金属元素数学分析法

目前可用于水、土中重金属污染源识别的多元统计方法或基于统计的评价类方法较多，但是不同的方法其适用性范围与程度存在较大差异，如指数法可判别是否存在人为污染，但是需要背景值，增加了环保领域应用的难度，因此，综合目前主要的方法，本书选取三种适用性较广泛的方法重点介绍。

（1）频率分布法。频率分布法原理是指通过统计在各浓度区间或组间的样品数频率分布，进行统计与分组归类整理，按从低到高的顺序依次排列，形成总体中各区间的频率分布图，实质是在各组按顺序排列的基础上，列出每个组的总体单位数，形成一个数列，可称为次数或频数。

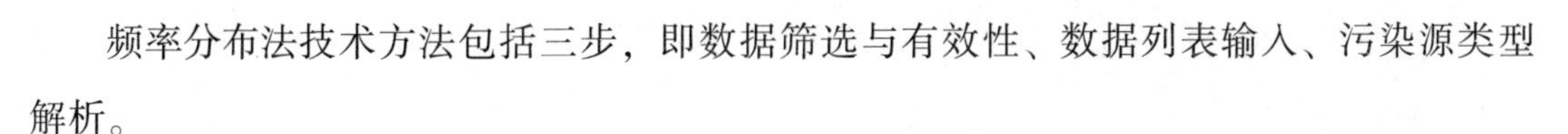

频率分布法技术方法包括三步，即数据筛选与有效性、数据列表输入、污染源类型解析。

首先，收集各采样点数据含量构成数据列表或矩阵，根据数据有效性原则与测试精密度，对数据进行筛选与评估，对低于检出限数值进行删减或自动插入处理。

其次，按照统计软件要求（具体方法参照软件说明），以 SPSS 为例依次构建样品编号与元素编号，并通过批处理或单点法依次输入数据，在此基础上，选取频率分析法与正态分布曲线分析，得到不同重金属元素含量的频率分布图。

通常，对于以自然背景为主要来源的元素，其元素含量频率呈典型的正态分布（两头小、中间大），但是当存在人为污染来源时，数据频率分布曲线图会呈现不同的走势，如底部大、中间小，表明重金属元素存在两个或以上的来源，可初步确定该元素是否存在其他来源或数量。

（2）聚类分析法。聚类分析法是基于样品或变量的相似性，对样品进行分类以达到简化研究对象目的的一种多元统计方法，是基于研究对象特点而建立的分类方法，对于探索研究对象分类具有重要意义。

聚类分析法技术方法包括三步，即数据筛选与输入、样品聚类分析法、元素聚类分析法。

首先，数据筛选与输入参考频率分析法相同数据处理部分。

其次，样品聚类分析法。首先通过系统分类聚类分析法，对所选区域地下水样品进行聚类分析，这是基于地下水样品元素含量变化特征而筛选的方法，具有元素含量相对高低相似特征的水样会自动划分为一类，划分为同一类的样品具有相似的地球化学组成与特征，这种分类有助于区别对待不同污染特征的地下水。

最后，元素聚类分析法。在样品聚类分析基础上，针对每一类样品进行元素聚类分析，地下水中浓度变化特征相同或相似的元素被自动划分为一类，如常量阳离子、常量阴离子、重金属离子等会自动划分为一类，划分为同一类的元素可能具有相同的特征或来源，该方法在本课题研究中广泛应用于地下水、土壤中重金属的来源识别。

（3）主成分分析法。主成分分析法，也称作因子分析法，是基于地下水中元素含量变化相关性而提取得到的主要成分，通常某一主成分则代表一类或一种重金属的污染源，通过降维压缩数据矩阵及各重金属元素的相关性矩阵，确定地下水中重金属的来源。

主成分分析法技术方法包括三步，即数据筛选与处理、数据输入、主成分分析操作。

首先，数据筛选与处理。参考频率分析法相同数据处理部分。

其次，数据输入。对于同一类地下水样品，根据样品编号与重金属元素含量建立矩阵，通过单点或批处理方法，将其导入至数据处理软件中（可采用 IBM-SPSS 或其他具有主成分分析功能的软件）。

最后，主成分分析操作。根据统计软件使用说明，选取主成分分析法与旋转得分矩阵进行分析，通过主成分图解与不同元素的得分矩阵（须进行 KMO 与 Bartlett 球度分析以检验方法适用性），根据统计软件使用说明结合所选区域污染源调查特征与元素迁移性特点，对各主成分及重金属元素的来源进行识别与解析。

3. 同位素技术示踪法

（1）原理。同位素示踪技术是近年来示踪微量元素污染来源的新型方法，具有分析测试准确、分辨率高的特点，可用于水土污染中重金属元素来源识别和确定迁移转化途径，具体选取同位素类型应结合所选区域重金属污染特征与污染源类型。

（2）技术方法。

首先，样品采集与方法。地下水样品采集方法与《地下水环境监测技术规范》（HJ/T164-2004）基本相同，但是需要注意的是，单点地下水样品须达到 2.5 L 以上，且不能做加酸或加碱处理，采集样品后须尽快送往实验室低温处理，并进行实验分析。

其次，同位素污染途径识别。选取指定区域所处地下水单元补、径、排三个区域的水体进行比对，查明流经此区域前后^{34}S和^{18}O同位素比值的变化规律，以掌握该区域对地下水中同位素组成的影响特征。根据影响规律，通过区域地下水单元中^{34}S和^{18}O同位素与重金属空间分布特征的相似性与相关性比对，结合该区域水文地质条件与补给关系，可用以判断该区域地下水中重金属污染的迁移转化途径与来源。

三、有机污染源识别的技术体系

地下水有机污染源识别是地下水污染研究的前沿问题，由于地下水中有机污染物含量低，检测复杂，目前尚难以实现快速检测；对于检测出存在地下水有机污染的地下水，污染来源如何确定，又是地下水有机污染治理的关键。目前，地下水有机污染源识别的技术主要包括现场调查、单体同位素、地下水数值模型反演等方法。有机污染源识别技术框架，主要有四个环节。

第一，全面了解区域地下水有机污染物检出情况、空间分布特征，考虑有机物检出率、检测浓度、毒性特征，确定特征污染物。根据区域环境污染状况、污染点所处的水文地质条件，确定典型污染场地。

第二，在典型污染场地范围内开展环境水文地质调查，通过资料收集、调查取样、钻探等手段，获取基础环境地质信息。查明区域内各种类型的潜在污染源，如化工企业、排污口、垃圾场、加油站、污水处理厂、农业畜牧业等，追踪取样分析、钻探验证，掌握水样、土样中有机物空间分布特征。

第三，有机污染源判别。通过现场调查分析有机污染来源，判别结果有两种：一是现场调查获取的证据能够确定污染源，对于目前存在的污染源，可利用疑似污染源周边地表水、污水、气体及不同深度的地下水和土壤特征有机污染物分析成果，结合污染场地水文地质特征，刻画特征有机污染物空间分布状况，分析污染途径，确定污染源；二是现场调查获取的证据不能确定污染源，对于历史性的污染源，现场证据已不存在，现场调查无法判别污染源，采用地下水溶质运移模型和单体同位素技术识别有机污染源，识别结果相互验证。若有疑问，返回第二环节，开展补充环境水文地质调查，取得新的信息，查看是否存在未发现的污染源，或查明污染源位置的精确性，进一步完善溶质运移模型，再进行污染源判别，直到取得一致性的结论，最终确定污染源。

第四，确定有机污染源，辨识结束。辨识结束后，应认真分析源辨识的不确定性，对有疑问的污染源应说明原因，严重污染地下水的污染源应提出修复方案。

四、地下水污染风险源的风险分级

（一）污染场地地下水污染风险分级方法

1. 指标建立

有效地建立污染场地地下水污染风险分级指标体系是对污染场地地下水污染风险进行分级的首要条件，只有建立了完善的指标体系，才能使整个系统更加科学和完善并且符合实际的指标要求。

在设计的过程中应该遵循科学性和独立性以及定量化的原则对具体的指标进行设计，对影响污染场地对地下水污染的关键因素进行准确的分析，并确定污染场地对地下水污染风险分级的指标，主要包括污染场地自身存在的污染风险和污染场地地下水本身具有的能够被污染的一些物质以及污染场地周边对地下水源所采取的一些保护措施等三个层面。

首先，污染场地自身的风险是指场地自身所处的位置以及污染物的主要性质促使地下水源受到不同程度的污染风险，这些污染主要是由污染场地自身所具有的一些污染特征和污染场地中污染物具体的情况等。

其次，场地区域地下水固有的脆弱性主要由多种因素决定，包括地下水埋深、降雨补给量、地形以及土壤-包气带-含水层介质的不同类别以及水力传导系数等因素决定。

最后，污染场地周边的地下水保护主要是指地下水流在流经下游的过程中潜在地暴露受体，包括居民区、水源地和农田等。

2. 技术体系构建

风险指数思想在构建场地地下水污染风险的分级体系中得到了有效的运用，并通过利用聚类分析的方法和污染场地水污染风险分级的指标体系进行有效的结合，建立起污染物分级方法。

（1）对地下水污染的风险进行初步的筛选

在对风险进行筛选之前应该要充分保证筛选符合具体的条件：

第一，对污染场地的地下水进行定期的监测，监测的指标应该包括对水源具有污染影响的一切因素。

第二，污染场地的地下水源会对人的身体和环境造成严重的影响。在对污染场地进行监测的过程中如果地下水源满足其中一个条件就将其污染的风险划为一级，即在风险分级中为最严重的风险等级，并将其视为环境监测的重点并及时地上报环保相关部门进行严格的监管。

（2）将污染场地下水污染风险分级指标进行量化

通过对污染场地地下水源的监测，将监测的资料和数据进行收集，并结合相关工作人员的现场调研将污染场地的各项指标进行量化。污染场地本身存在的污染指标包括污染场地的占地面积、运行时间以及污染物的浓度以及防渗膜的厚度等。

场地区域性地下水固有的脆弱性指标中包括地下水埋深、降雨补给量以及所处的地形和水力传导系数等。目标的类型主要是指污染场地和保护目标之间的距离。

（3）污染场地水污染风险指数表征

根据对污染场收集的相关基础资料，并利用聚类分析的方法对污染地的水源相关的指标进行有效的分析，找出存在风险最为严重的指标数值，然后对其进行详细的研究和分析，然后对可能造成水源污染存在的风险等级进行确定，并结合相关的指标计算出相应的数值。再利用污染物相乘的计算方式对地下水源污染的情况进行有效的分析，并将得出的结果进行综合的评估并对此污染场地地下水进行严格的监测和管制，并上报给环保相关部门尽快地制定出相应的解决措施，防止地下水污染的等级继续升级。

（4）污染场地地下水污染风险分级

利用聚类分析的方法对污染场地地下水污染风险进行科学有效的评估后得到了污染场地地下水污染风险分级的具体结果。一级代表污染场地地下水的污染程度是最为严重的，存在污染风险的级别是最高的，被定义为重度污染的区域，需要环保部门进行及时的监控和管制，并采取积极有效的措施防止污染逐步的恶化，影响居民的健康。污染物风险等级

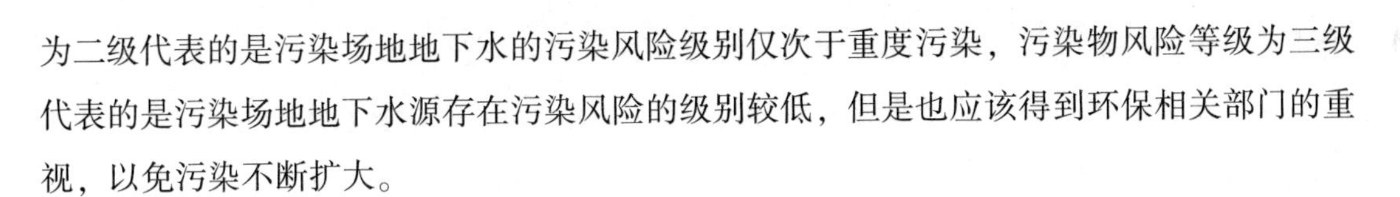

为二级代表的是污染场地地下水的污染风险级别仅次于重度污染，污染物风险等级为三级代表的是污染场地地下水源存在污染风险的级别较低，但是也应该得到环保相关部门的重视，以免污染不断扩大。

（二）地下水重金属污染风险分级

地下水重金属污染风险等级是地下水污染风险发生可能性（概率）以及发生污染后产生后果严重性（重要性）的综合表现，可看成是二者的乘积。概率越高，重要性越大，则风险等级越高；概率越低，重要性越小，则风险等级越小；概率大，重要性小或者概率小，重要性大，风险等级的大小则取决于二者的综合权衡。

依据风险分级的结果，地下水重金属污染风险被依次划分为低、较低、中等、较高和高风险。根据风险分级的结果，可以将研究区域划分为不同的风险等级区域，实现地下水重金属污染风险分区。

地下水污染风险区划一般遵循以下三个原则：

第一，以预防为主，综合防治。开展地下水污染状况调查，加强地下水环境监管，制定并实施防止地下水污染的政策及技术工程措施，节水与防污并重，地表水和地下水污染协同控制，综合运用法律、经济、技术和必要的行政手段，开展地下水保护与治理，以预防为主，坚持防治结合，推动地下水环境质量持续改善。

第二，突出重点，分类指导。以地下水水源安全保障为重点，综合分析典型污染场地特点和不同区域水文地质条件，制定相应的控制对策，切实提升地下水污染防治水平。

第三，落实责任，强化监管。建立地下水环境保护目标责任制度、评估考核制度和责任追究制度。完善地下水污染防治法律法规和标准规范体系，建立健全高效协调的地下水污染监管制度，依法防治。

五、基于不同尺度的地下水污染源识别与分级

基于地下水污染源的多样性和复杂性及污染物的毒理学理论，结合不同尺度区域环境要素调查，建立具有污染源分类、评价功能和特征的地下水污染源分类分级方法。同时结合污染物输移过程的评价和分析，对地下水污染风险源进行识别，构建涵盖地下水污染源及地下水本质脆弱性两个因素的风险源分级模型，尤其是在不同尺度区域地下水污染源与环境要素分析的基础上，建立具有尺度特征和效应的污染源评价体系。

（一）区域尺度污染源识别与分级

污染源荷载风险是指各种污染源对地下水产生污染的可能性。污染源荷载风险评价综

合考虑污染物的泄漏量、泄漏的可能性、污染物毒性建立评价模型。

污染源荷载风险等级的计算综合考虑两方面：①污染的可能性（L）；②污染的严重性（S）。

风险计算如下：

$$R=f(L,\ S),\ L=f(L_1,\ L_2),\ S=f(Q,\ A,\ T) \tag{2-1}$$

式中：L_1——污染源释放污染物的可能性；

L_2——污染物到达地下水的可能性；

Q——污染源释放的污染物的量；

A——污染物运移过程中的衰减；

T——污染物毒性。

在区域尺度的污染源调查中，难以获取潜在污染源排放的特征污染物清单及其浓度、污染物流量、体积、污染的面积等数据。因此，从实用的角度出发，构建了涵盖污染源种类 K（包括毒性、衰减能力、迁移性等）、污染物产生量 Q、污染物释放可能性 L（有无防护措施、有无泄漏）及污染影响范围 D 四个指标的污染源评价体系。构建的评价模型为：

$$P=K\cdot Q\cdot L\cdot D \tag{2-2}$$

式中：P——单个潜在污染源危害性指数，量纲一；

K——潜在污染源类型的等级，量纲一，取值范围为 1~9；

Q——污染物产生量的等级，量纲一；

L——污染物释放可能性的等级，量纲一；

D——污染影响半径等级，量纲一（若为面源，D 不再考虑）。

K 值的确定是综合考虑我国目前六大类污染源产生的特征污染物以及特征污染物的毒性、衰减能力、迁移性。K 值的大小取决于污染源所对应的特征污染物的毒性、降解性和迁移性。毒性越大、越难降解和迁移性越高，K 值就越大。

生活污水排放量按照地级市行政区人口密度划分，我国平均人口密度为 130 人/km^2，东部沿海地区人口密集，超过 400 人/km^2；中部地区人口密度为 200 人/km^2；而西部高原地区人口稀少，小于 10 人/km^2。因此，本研究以 130 人/km^2 和 400 人/km^2 作为分级标准。

工业废水排放量，主要考虑不同行政分区内的废水排放量。以近 5 年我国各省（自治区、直辖市）单位面积废水排放量为依据，提出初步的分级标准。大部分地区小于 0.5 万 t，以 1 万 t 为分级标准，小于 0.5 万 t 赋值为 1，0.5 万~1 万 t 赋值 2，大于 1 万 t 赋值 3。

固体废物堆放量分级是依照垃圾填埋场的规模计算得出的。

农业污染源排放量按照化肥施用量划分，国际公认的化肥施用安全上限是 225 kg/

hm²，以其为中值，将 100 kg/hm²定为低值，350 kg/hm²定为高值。

加油站排放量依据其单位面积的密度进行分级，本研究初步建立的分级标准为每百平方千米为 1~4 个，4~13 个，大于 13 个。各地区可依据其实际情况，进行相应的调整。

养殖业排放量按照常年存栏量分级，其分级标准参考我国畜禽养殖场规模与评价等级确定。

污染物产生量 Q 的具体分级标准按照污染物产生量分级表进行赋值。未纳入表中的污染源，可采用 Natural Breaks 分级方法，将其污染物产生量分为低、中、高三个等级，分别赋值 1、2、3。

污染物释放可能性 L 分级赋值区间为 0~1，赋值原则为污染物处于暴露状态赋值为 1，污染源有防护措施或污染物处于密封状态时赋值为 0，其他情况下赋值 0~1。如遇事故、泄漏等特殊情况，根据实际情况调整。

对于以下情况：模型中 d（污染影响半径）不予考虑。农业化肥、污灌、按行政区划获取的污水排放、加油站密度。其他污染源按照污染源周围 1000 m 内、1000~2000 m、2000 m 外分别取值 2、1、0，污染影响半径可根据研究区的实际情况以及专家意见进行调整。

潜在污染源综合危害性计算采用 GIS 的叠加分析功能，将评价区内所有潜在污染源的危害性进行叠加。最后运用 Natural Breaks 分级方法，将评价结果重新分为三级，表示污染源潜在危害程度低、中、高三个等级。

（二）城市尺度污染源的分类分级方法

城市区域具有人类生产、生活活动的基本行政单元，城市功能的相似性决定了不同城市尺度存在相同或相似的地下水污染源。通过建立一种普遍适用于评价城市区域污染源对地下水造成污染程度的方法，表征污染源对地下水造成的危害程度。

相对于区域尺度地下水污染源分类分级方法，城市尺度污染源的分类分级方法对于环境信息要求的精度较高，对地下水污染源的理解与把握提出了更高的要求。基于此，通过污染源排放的特定污染物的性质及污染物的排放量（或污染物负荷）表征污染源的潜在危害性。由此，建立地下水污染源识别与分级的方法可以以特征污染指标的自身特性及排放量（Q）表征污染源潜在危害性。

在对城市区域地下水特征污染物、不同污染源所排放的污染物指标分析与调查的基础上，筛选造成地下水潜在污染的特征污染物属性指标，包括毒性 T、迁移性 M、降解性 D。

1. 特征污染物属性计算

特征污染物属性是将污染物本身所具有的毒性、迁移性、降解性三方面的属性耦合在一起，用于反映对地下水具有潜在危害的污染物的指标属性。

毒性：特征污染物毒性主要依据饮用水标准值确定。如果《生活饮用水卫生标准》不包含对应的特征污染物，可参考世界卫生组织或美国、日本等国家的相关饮用水卫生标准。

迁移性：有机特征污染物迁移性主要依据有机流-水分配分数（$\lg K_{OC}$）确定，或采用 EPI Suite 软件中的 KOCWIN 模块查询或估算。无机特征污染物迁移性主要依据其在环境中的迁移难易程度确定。

降解性：有机污染物降解性主要依据半衰期确定，或采用 EPI Suite 软件中的 BIO-WIN3 模块进行估算。无机特征污染物降解性依据其在环境中的降解、转化难易程度确定。

属性归一化：分别将特征污染物的毒性、迁移性、降解性表征值进行排序，并赋予序列值。毒性越高，序列值越大；迁移性越强，序列值越大；降解性越强，序列值越小。如果表征数值相同，则序列值相同，其余序列值依次顺延。

由于三种属性之间并没有必然的联系，因此，采用叠加模型进行计算。其中三个属性的权重采用层次分析法确定。基于此，构建各污染物的特征属性评价指数 C_{ij} 。

$$C_{ij} = T_{ij}W_T + M_{ij}W_M + D_{ij}W_D \tag{2-3}$$

式中，C_{ij} ——污染源 j 的第 i 种特征污染物三种自身属性的定量表征，量纲一；

T_{ij} ——特征污染物 i 的毒性序列值，量纲一；

M_{ij} ——特征污染物 i 的迁移性序列值，量纲一；

D_{ij} ——特征污染物 i 的降解性序列值，量纲一；

W_T ——毒性属性的权重值，量纲一；

W_M ——迁移性属性的权重值，量纲一；

W_D ——降解性属性的权重值，量纲一。

依据各指标的量化范围将毒性、迁移性、降解性划分为九个等级（1~9）。其中毒性的量化指标参考《生活饮用水卫生标准》（GB 5749-2006）中相应的指标值；迁移性的量化指标参考特征污染物的有机碳分配系数；降解性的量化指标参考特征污染物的半衰期。

2. 特征污染物排放量计算

特征污染物排放量的计算是考虑各种类型污染源排放特征污染物的总量。与一般污染源排放量核算方式不同，针对地下水污染源的计算过程主要考虑进入地下环境并最终可能进入地下水的部分。考虑到各种污染源特征污染物排放方式不同，进入地下环境的难易程度不同。因此，工业源、农业源、生活源、地表水体类、废物处置类、地下设施类等，污染源的污染物排放量计算分别按不同的公式计算。

（1）工业源的特征污染物排放量

①污废水排放的特征污染物排放量。废水排入下水管道，某特征污染物排放量计算方法为：

某特征污染物排放量=废水排放量×管道渗漏系数×特征污染物浓度　（2-4）

②固体废渣堆放。按照废物处置类的计算方式，当某特征污染物在废水排放与固体废渣堆放两种排放方式中都存在时，其排放量为这两种排放方式的排放量之和。

（2）农业源的特征污染物排放量。

①种植业的特征污染物排放量。考虑种植过程中发生的化肥、农药施用及灌溉活动，其中灌溉类型分为污灌、再生水灌溉和清灌。清灌区不考虑灌溉水质对地下水造成的影响，仅考虑化肥及农药施用。污灌、再生水灌溉区同时考虑化肥、农药施用及灌溉水质的影响。

②畜禽养殖的特征污染物排放量。畜禽养殖忽略养殖类型差异，按照工业源排放量的计算方式，参考工业源的特征污染物排放量。若资料收集及实际调查无法获取畜禽养殖废水主要污染物及浓度，假设其达标排放，参照《畜禽养殖业污染物排放标准》（GB 18596-2001）确定其主要污染物及浓度。

（3）生活源的特征污染物排放量

①废水直接排入地表水体：参考按照地表水体类的计算方式。

②废水排入城市下水管道：

特征污染物排放量=（污水排放量+年平均降雨量×潜在污染源面积×降雨径流系数）
×管道渗漏系数×特征污染物浓度　（2-5）

（4）地表水体类的特征污染物排放量

①河渠类的特征污染物排放量：

特征污染物排放量=水质分段河道面积×水体底泥入渗速率×计算单位时间
×水质分段河道特征污染物浓度　（2-6）

②湖泊类的特征污染物排放量：

特征污染物排放量=水体面积×水体底泥入渗速率×计算单位时间×特征污染物浓度
（2-6）

（5）废物处置类的特征污染物排放量

①正规废物处置场的特征污染物排放量：

特征污染物排放量=正规废物处置场占地面积×防渗层入渗速率

×计算单位时间×渗滤液特征污染物浓度 (2-7)

②非正规废物处置场的特征污染物排放量：

特征污染物排放量=非正规废物处置场占地面积×年平均降雨量

×降雨入渗系数×渗滤液特征污染物浓度 (2-8)

（6）地下设施类的特征污染物排放量

①渗漏地下设施类的特征污染物排放量：

单位面积内（每平方千米）特征污染物排放量=存储设施占地面积×渗漏储存设施个数×

年平均降雨量×降雨入渗系数×渗漏组分溶解度 (2-9)

②未渗漏地下设施类的特征污染物排放量：

单位面积内（每平方千米）特征污染物排放量=存储设施占地面积×未渗漏储存设施个数×

渗漏概率×年平均降雨量×降雨入渗系数×渗漏组分溶解度 (2-10)

（7）其他

未列出潜在污染源的特征污染物排放量参考上述计算思路。基本原则为计算出可能进入地下水环境的特征污染物的量。

计算公式为：

特征污染物排放量=废水排放量×废水入渗率（防渗层入渗速率×计算单位时间）

×特征污染物浓度 (2-11)

特征污染物排放量单位为 t/a，计算单位时间为 a。

3. 污染源危害性评价及分级

首先计算单个污染源危害性，按照以下公式计算：

$$H_j = \sum_{i=1}^{n} C_{ij} \cdot Q_{ij} \tag{2-12}$$

式中：H_j ——污染源 j 的危害性，t/a；

C_{ij} ——污染源 j 的第 i 种特征污染物属性，量纲一；

Q_{ij} ——污染源 j 的第 i 种特征污染物排放量，t/a。

然后计算单位面积污染源危害性，按照以下公式计算：

$$T_j = \frac{H_j}{S_j} \tag{2-13}$$

式中：T_j ——污染源 j 的单位危害性，t/（km^2 · a）；

S_j ——污染源 j 的面积，km^2。

单类别污染源危害性分级可将工业源、农业源、生活源、地表水体、废物处置、地下设施六种类别分别进行分级。按照单个污染源危害性计算数值，将评价区单类别污染源危害性分为五个等级，分别为低、较低、中等、较高、高。推荐 ArcGIS 作为工作平台进行数据处理及可视化表达，采用 Natural Breaks 方法进行分级。

污染源综合危害性分级需要按照评价区范围和精度进行网格剖分。1∶50 000 比例尺的网格剖分单元格大小为 0.5 km×0.5 km，1∶100 000 的网格剖分单元格大小为 1 km×1 km。

面积大于网格剖分单元格大小的污染源，将污染源危害性计算结果除以该污染源面积，将得到的单位面积的污染源危害性赋值于其所覆盖的所有单元格；面积小于网格剖分单元格大小的污染源，将污染源危害性计算结果除以该污染源面积，将得到的单位面积的污染源危害性赋值于该污染源所占据的单元格。

污染源综合危害性是该单元格内所有污染源危害性的叠加，将其分为五个等级，分别为低、较低、中等、较高、高。推荐 ArcGIS 作为工作平台进行数据处理及可视化表达，采用 Natural Breaks 方法进行分级。

第二节　地下水污染防控区域的划分技术

地下水污染防治是我国水环境保护和饮水安全保障体系建设的重要组成部分，对社会经济的可持续发展和构建环境友好社会具有至关重要的作用。编制地下水污染防治区划，并提出相应的污染预防和控制措施，可为地下水污染防治提供依据。开展地下水污染防治区划的研究，是把地下水污染调查评价工作与相关部门的管理职能结合起来的一种有益尝试，是将地下水污染风险评价研究向实际应用的进一步推进。

一、地下水污染防治区划体系概述

（一）地下水污染防治区划体系概念

借助地下水污染防治区划体系可以以系统方式对地下水进行保护，将地下水防治工作看成一个整体，提高实际工作效率与质量。

目前，我国不同地区所制定地下水污染防治区划体系不同，并且不同工作人员对此项工作内容的理解也有所差异，在对其进行定义时，不同研究人员会站在不同角度进行思考。部分研究人员认为地下水污染防治区划工作应以调查工作为基础，在获取一定的数据后，完成含水层污染荷载风险性分析，提高划分工作的权威性；部分研究人员认为应将土地污染情况、污染源类型来完成地下水污染防治区划；还有一部分研究人员认为应对地下水价值进行分析，然后以分析结果为切入点，完成地下水污染防治区划。

（二）地下水污染防治区划体系搭建意义

搭建地下水污染防治区划体系可以对地下水污染情况进行有效控制，提高地下水质量，提高地下水利用率，为工作人员开展地下水污染防治工作提供便利。

首先，在解决地下水污染问题时，借助地下水污染防治区划，可以对不同地区地下水污染情况进行详细划分，以提高所制定防治计划的针对性，有效解决地下水污染问题。

其次，对提高地下水利用率而言，借助地下水污染防治区划体系，可以对地下水价值进行详细分析，根据地下水价值将其用于不同的活动中，可以避免地下水资源浪费情况。

最后，我国相关工作人员在制定其他地下水污染防治措施时，应了解地下水相关信息，比如污染荷载情况、地下水价值情况、地下水污染情况等，为工作人员制订治理计划、划定水源保护区提供参考依据，以提高水源保护质量。

（三）地下水污染防治区划体系构建策略

1. 充分明确地下水存在的价值

在针对地下水污染防治区划体系进行构建的过程中，首先相关工作人员要针对地下水的根本价值进行明确的认知，而这也是构建该体系的核心内容。地下水的根本价值主要体现在两方面：

一方面，地下水本身有着关键性的开采价值。当前从全球范围内来看，水资源短缺问题日益严重，用水压力与日俱增，而水资源是人类生存的根本所在，所以要确保相关部门针对其他水资源展开深入的开发和利用，而当前我国的地下水资源相对来说比较丰富，有着关键性的开采价值，这对于我国用水压力能够起到一定的缓解作用，对这一点要深刻认知。

另一方面，地下水有着十分重要的原位价值。在针对地下水进行开发和利用之后，可以采取相应的技术使其能够可持续利用和再生，以此为人类提供原位水资源，使其原位价值得到充分发挥。这一方面内容需要在整体的体系构建过程中得到充分融入，并且得以切实体现。

除此之外，相关工作人员在针对地下水源进行划分的过程中，要结合水质情况来划分明确，这样能够为地下水更加良好的开发和利用提供必要的条件。

2. 采取切实可行的措施，对地下水资源进行有效保护

在针对地下水污染防治区划体系进行构建的过程中，着重做好地下水资源的保护工作

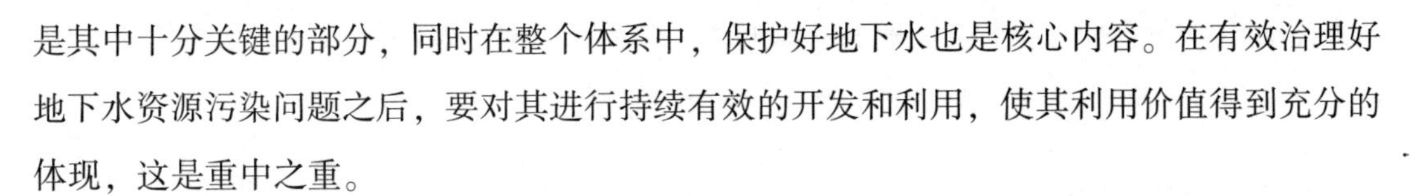

是其中十分关键的部分，同时在整个体系中，保护好地下水也是核心内容。在有效治理好地下水资源污染问题之后，要对其进行持续有效的开发和利用，使其利用价值得到充分的体现，这是重中之重。

在具体的构建过程中要确保相关人员着重关注以下两方面问题：

首先，要进一步加大对地下水资源的保护力度，从根本上有效规避地下水出现二次污染等问题，以此为治理工作设置取得更加良好的效果而奠定基础。

其次，要更有效地完善地下水污染防治区划体系，在保护地下水源地方面着重加强，使其级别体系日益提升，由此确保社会各界对其有更加广泛的关注和认可。

3. 切实规避地下水被污染的风险

要想使该体系得到真正的构建，也要对可能影响到地下水质量，使其遭受污染的风险因素进行深入分析，以分析结果为基准，进一步采取切实可行的防治地下水被污染的应对策略，以此确保地下水能够保持纯净优质的状态，规避污染风险。

二、地下水污染防治区划思路

（一）基本思想

地下水是否需要防护或者治理，一方面，需要考虑其污染威胁大小、污染与否及其污染程度；另一方面，考虑到经济可行性和实际可操作性问题，还需要考虑是否值得采取防控或者治理措施。因此，在进行地下水污染防治区划时需要在充分考虑地下水使用功能的基础上进行地下水污染评价［人类活动敏感指标的地下水质量评价，（QE）、地下水污染风险评价（PRA）两个要素的评价］。

由于地下水污染涉及背景值，存在污染物含量不高、无治理必要但因其背景值低而表现为高污染的情况，而能够表征人类活动影响的敏感指标（三氮、重金属、有毒有害有机物）的质量状况则可以较为客观地指示出地下水污染对人体健康的影响程度，同时也避免了获取背景值的困难。因此，进行污染防治区划时选择人类活动影响的敏感指标进行质量评价来替代污染评价。

基于上述基本考虑，根据土地利用状况和地下水用途，对区域地下水进行功能区划分，针对不同地下水功能分区，结合地下水污染和风险评价结果进行防治区划，这将使得区划结果更有针对性，也因而更有实际意义。这里称之为 FQP 区划技术体系。

需要说明的是，区划时的质量评价不同于地下水污染风险评估中的质量评价。区划时的质量评价选取人类活动敏感指标（氮、重金属、有毒有害有机物），用敏感指标所表征的人类活动影响下的地下水质量来表征地下水污染状况；地下水污染风险评估中的质量评价则是从地下水质量客观状况来表征其是否有利用价值。

（二）总体思路

1. 区划层次

按照三个层次进行区域地下水的污染防治区划：

第一层次是功能分区与要素评价，包括地下水功能分区（FP）、地下水质量评价（QE）、地下水污染风险评价（PRA）。

第二层次是分类区划，即按不同类型功能分区进行保护、防控和治理分区，并对治理区进行实地核查与修正。

第三个层次是基于第二层次的分类区划结果确定整个区域的地下水防治与保护区划，并提出针对性防治策略。

2. 区划级别

根据地下水功能分区和地下水污染状况进行一级区划，划分为保护区、防控区和治理区。在一级区划的基础上，基于地下水功能价值、地下水污染风险和健康风险评价结果，对一级分区进一步进行二级区划。

（三）地下水区划流程

地下水污染防治区划首先应基于自然水文地质单元或水文流域单元，以结合水文地质条件和自然水文特征进行污染分析和区划调整。在此基础上，叠加行政单元，可以明确地下水各类区划的行政位置，为不同地区地下水环境管理与防治提供支撑。

三、区划评价指标体系构建

（一）指标体系结构

地下水污染防治区划指标体系在考虑其自然属性与社会属性特征的基础上，遵循重要性与差异性、普遍性与可行性，定性与定量相结合的原则，分为五个层次：第一层次为目标层，即地下水污染防治区划；第二层次为属性层，分自然属性和社会属性；第三层次为准则层，社会属性考虑区划评价对象的重要性，自然属性考虑地下水环境质量及地下水易污性；第四层次为约束层，为评价指标的六个类别；第五层次为指标层，选取 12 个可量化评价指标。

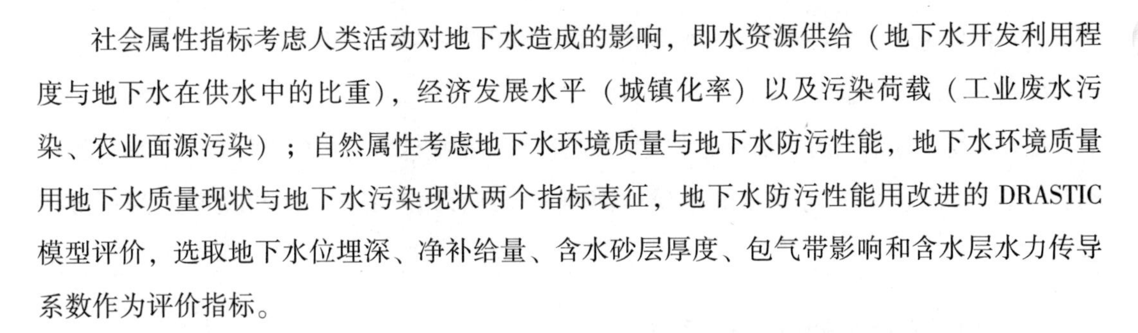

社会属性指标考虑人类活动对地下水造成的影响，即水资源供给（地下水开发利用程度与地下水在供水中的比重），经济发展水平（城镇化率）以及污染荷载（工业废水污染、农业面源污染）；自然属性考虑地下水环境质量与地下水防污性能，地下水环境质量用地下水质量现状与地下水污染现状两个指标表征，地下水防污性能用改进的 DRASTIC 模型评价，选取地下水位埋深、净补给量、含水砂层厚度、包气带影响和含水层水力传导系数作为评价指标。

（二）评价指标解析

1. 地下水开发利用程度

地下水开发利用程度即地下水现状开采量与其可开采资源量的比值反映了地下水受人类活动的直接影响程度，可表征其在社会经济发展中的重要性。在一个地区，地下水开发利用程度越高，地下水受该区人类活动的直接影响也就越强烈，地下水需要防护的等级也就越高。

2. 地下水在供水中的比重

地下水在供水中的比重即在一个地区、地下水供水量占社会总供水量的比值，表征社会发展对地下水的依赖程度。地下水在供水中的比重越高，其受到污染后对社会经济产生的影响就越大，需要防护的等级也就越高。

3. 经济发展水平

经济发展水平用城镇化率指标来表征，城镇化率是衡量城镇化发展程度的基础指标，一般采用人口统计学指标，即城镇人口占总人口的比重。城镇化率还反映了生活污染源对地下水的影响，因为各地区生活污水、生活垃圾排放量主要取决于城市的规模、乡镇的城镇化进程和废水处理水平等因素。

4. 污染荷载

地下水污染源按来源主要可分三种类型：工业污染源、农业污染源和生活污染源。生活污染源在城镇化率指标中已有考虑，不宜再重复选取；农业污染源以面源为主，来自农业生产中大面积施用的农药和化肥，故选取农药化肥施用强度（吨/公顷·年）为评价指标；工业污染源以废水为主，《环境影响评价技术导则地下水环境》（HJ 610—2011）也推荐工业废水排放量作为地下水污染环境影响评价等级确定的重要依据，如选取工业废水排放强度（万吨/平方千米·年）为评价指标。

5. 地下水质量与地下水污染

地下水质量与地下水污染指标表征区域地下水环境质量现状、地下水体的污染程度和状况，是确定地下水是否需要进行修复治理以及评定防护等级的重要依据。

6. 地下水防污性能

地下水防污性能刻画的是特定水文地质条件自身抵抗外来污染的能力，不考虑人类活动和污染源的影响，只考虑水文地质内部因素，具有相对静态、不可变和人为不可控制性。

四、地下水污染防治按类区划

（一）饮用水水源保护区地下水污染防治区划

1. 饮用水水源保护区地下水污染防治的原则

遵循原保护区划分标准原则以及污染即治理原则。

2. 饮用水水源保护区地下水污染防治的方法

地下水饮用水水源保护区的区划只需要考虑地下水污染情况。具体方法如下：

未超标区（Ⅰ~Ⅲ类水分布区，下同）区划：首先，进行一级区划，将地下水饮用水水源保护区范围划定为保护区；其次，进行二级区划，按照水源保护区划分标准，将地下水饮用水水源地一级保护区、二级保护区和准保护区分别划定为污染防治一级保护区、二级保护区和准保护区。

超标区（Ⅳ~Ⅴ类水分布区，下同）区划；首先，进行一级区划，将超标区划定为治理区；其次，考虑其重要性，进行二级区划，将超标区划定为优先治理区。

（二）非饮用特殊功能水源保护区污染防治区划

1. 非饮用特殊功能水源保护区污染防治的原则

考虑原保护区划分标准原则，以及污染即治理原则。

2. 非饮用特殊功能水源保护区污染防治的方法

非饮用特殊功能保护区的区划除考虑地下水污染状况外还需要考虑地下水污染风险。具体方法如下：

未超标区区划：首先，进行一级区划，将非饮用特殊功能保护区划定为保护区；其次，基于地下水污染风险结果进行二级防治区划，地下水污染风险高的未超标区划定为二级保护区，地下水污染风险中、低的未超标区划定为准保护区。

超标区区划；首先，进行一级区划，将超标区划定为治理区；其次，考虑其重要性，进行二级区划，将超标区划定为重点治理区。

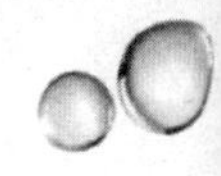

（三）农业及城市村镇用水区污染防治区划

1. 农业及城市村镇用水区污染防治的原则

第一，健康威胁程度决定原则，即健康风险超过可接受水平即治理。

第二，侧重防控原则。

2. 农业及城市村镇用水区污染防治的方法

农业及城市村镇用水区的区划除考虑地下水污染状况外还需要考虑地下水污染风险，对于超标区还需要考虑健康风险大小。

（1）未超标区区划：首先，进行一级区划，将未超标区划定为防控区；其次，根据污染风险大小进行二级区划，即高污染风险区划定为重点防控区，中、低污染风险区划定为一般防控区。

（2）超标区一级区划：首先，根据健康风险结果进行一级区划，将超标区划分为防控区或治理区，即未超过可接受健康风险水平的地下水污染区划定为防控区，超过可接受健康风险水平的地下水污染区划定为治理区；其次，根据地下水污染风险状况进行超标区的二级区划：

①地下水污染风险高的超标防控区划定为优先防控区，地下水污染风险中、低的超标防控区划定为重点防控区；②超过可接受健康风险水平的严重超标区（Ⅴ类水分布区）划定为重点治理区，超过可接受健康风险水平的非严重超标区（Ⅳ类水分布区）划定为一般治理区。

（3）健康风险评价方法：按生态环境部《污染场地风险评估技术导则》（HJ 25.3—2014）中的方法进行超标水点的健康风险评价。下同。

（四）工业区地下水污染防治区划

1. 工业区地下水污染防治的原则

第一，健康威胁程度决定原则，即健康风险超过可接受水平即治理。

第二，侧重防控原则。

2. 工业区地下水污染防治的方法

工业区的区划与农业及城市村镇用水区的区划相类，除考虑地下水污染状况外还需要考虑地下水污染风险，对于超标区还需要考虑健康风险大小。具体方法如下：

（1）未超标区区划：直接按一级区划划定为防控区，并根据污染风险大小进行二级区划，即高污染风险区划定为重点防控区，中、低污染风险区划定为一般防控区。

（2）超标区一级区划：首先，根据健康风险结果进行一级区划，划分为防控区或治理区，即未超过可接受健康风险水平的地下水污染区划定为防控区，超过可接受健康风险水平的地下水污染区划定为治理区。其次，根据地下水污染风险状况进行超标区的二级区划：地下水污染风险高的超标防控区划定为重点防控区，地下水污染风险中、低的超标防控区划定为一般防控区；一级区划出的治理区直接划定为一般治理区。

（五）林草地及其他功能区污染防治区划

1. 原则

侧重防控原则。

2. 方法

林草地及其他功能区的区划仅考虑地下水的污染风险。林草地及其他功能区一级区划中划分入防控区，然后根据地下水的污染风险进行二级区划：地下水污染风险高的功能区划为一般防控区；地下水污染风险为中或低的功能区是自然防护区。

第三章　地下水污染物的运移分析

随着工农业的不断发展，地下水正面临着日益严重的污染。地下水中污染物质种类繁多，主要包括合成有机化合物、碳氢化合物、无机阴阳离子、病原体（大肠杆菌等）、热量以及放射性物质等。这些物质中，溶解于水的物质被称为溶质，而溶解度非常小或几乎不溶于水物质被称为非水相（重的非水相即 DNAPLs，轻的非水相即 LNAPLs）。溶质随地下水运移，而非水相物质和水组成二相流或多相流。污染物质在随地下水渗流过程中经历着复杂的物理、化学和生物作用，因此，分析污染物在地下水中的迁移转化规律，是一项艰巨而复杂的系统工程，同时还对地下水污染防治具有十分重要的意义。

第一节　地下水污染物运移基础

一、渗流过程中污染物的吸附作用

岩石对污染水中物质的吸附（收）作用是使污染地下水运移过程复杂化的一种重要的物理化学作用。当污染地下水在含水层中渗流时，水与岩石颗粒的接触面积很大，这就促使粗分散、胶状与溶解的杂质在水中被吸收以及被吸附。

如果吸附作用大小用岩石的吸附容量 N 表示，它是在已知条件下，物质成分以浓度 C 存在于水中时，单位体积岩石对该物质的吸附极限。吸附容量的单位与溶液的浓度一样。实验证明，当物质浓度较小时，认为符合质量作用定律，吸附容量与浓度成正比。细分散杂质与乳化物质在细粒岩石中渗透时的吸附速度可用下式表征：

$$\frac{\partial N}{\partial t}=\alpha^{*}(N_{0}-N)C-\beta^{*}N \tag{3-1}$$

式中：N——吸附容量；

N_0——与浓度 N_0 平衡时的吸附体全容量；

C——现有的溶液浓度；

α^*、β^*——动力系数。

此式是非线性的，难以用来求解地下水中的污染物运移问题。考虑到决定渗流时污染物质吸附（吸收）的物理化学作用的多样性与复杂性及必然是近似预测的情况，宜于根据比较简单的动力学方程来解。尤其是在吸附作用速度受扩散速度限制的条件下，或针对含水层物质对流——扩散运移的渗流条件时，动力方程常取下列形式：

$$\frac{\partial N}{\partial t}=\alpha(C-\beta N) \tag{3-2}$$

式中：α——吸附速度系数；

β——平衡条件下物质的分布系数（$\beta=\frac{C_0}{N_0}$）；

C_0、N_0——溶液与吸附体中的极限平衡浓度。

应把 α 和 β 看作是决定渗流时溶解物质从水中排出的各种吸收作用的综合特征。

方程式（3-2）可按某些试验资料加以判断，总的说来被用于预测地下水中各种污染物的运动情况。这种预测的可靠性在很大程度上取决于综合动力参数 α 和 β 的准确性，它们通常通过试验方法测定，而且在特别复杂与极重要的情况下要根据在野外现实条件下进行的试验来测定。

方程式（3-2）也可用来描述可逆作用——解吸与物质离开吸附体及依靠渗透溶液富集的其他现象。

当取决于含水层吸附容量（吸收容量）无限大的吸附（吸收）为不可逆作用，$\beta<1$ 时，方程式（3-2）取如下形式：

$$\frac{\partial N}{\partial t}=\alpha C\beta \tag{3-3}$$

同时，分析方程式（3-2）表明，当吸附作用大时，α 值大，吸附作用可具有平衡的性质。实际上，如果令 $\alpha=\infty$，则由方程式（3-2）得出 $N=\frac{1}{\beta}C$，相应的：

$$\frac{\partial N}{\partial t}=\frac{1}{\beta}\cdot\frac{\partial C}{\partial t} \tag{3-4}$$

即在此条件下吸附速度与溶液中物质浓度的变化速度成正比。

地下水中细菌污染物的分布屡屡可见。生物吸附作用在总体上是和 $\beta^*=0$ 时吸附（吸收）作用的非线性动态方程式（3-1）。相应的，在该情况下，方程式如下形式：

$$\frac{\partial N}{\partial t}=\alpha(N_0-N)C \tag{3-5}$$

式中：N_0——岩石的全吸附（吸收）容量；

N——所吸附微生物的数量；

C——其在水中的浓度；

α——吸附动态参数。

最后需要注意的是，严格说来，研究吸附作用应考虑到这种现象随时间的变化规律。但理论分析表明，孔隙内吸附作用动态变化的影响一般是不大的。

二、岩石中所含盐类的溶解作用

岩石中所含盐类的溶解作用通常会导致地下水的附加污染。现有的研究资料说明，应区分两种类型固体化合物的溶解作用：一种类型是含水岩，如石膏、硬石膏、石灰岩、白云岩等的溶解；另一种类型是先前形成的污染质沉淀物的溶解，这些沉淀物常分散分布在含水砂、亚砂土、亚黏土及带有砂、亚砂土、亚黏土和黏土充填物的砾石层内。

含水岩石的溶解使水的矿化度与 Ca^{2+}、Mg^{2+}、SO_4^{2-} 与 HCO_3^- 离子的含量增高，但经常的情况是，这种变化并不会造成水质的明显恶化。但先前形成的污染质固体化合物的溶解可引起较严重后果，大多数情况下是水中极限允许浓度低的毒性污染质浓度增大，所以要对第二种类型的溶解作用进行较详细研究。含水层内污染质固体化合物的溶解，一般是由在工业综合体混合废水均衡中个别企业改换生产工艺或废水排放量时渗入废水的成分变化所致。

固体化合物的溶解首先形成于位于不同相界面上的反应带。反应带的形成及其后作用过程的发展是按三个阶段进行的：第一阶段的特征是溶剂和溶解组分的分子由液相体积向固体物质表面迁移；在第二阶段进行相间的相互作用；第三阶段是把反应产物由反应带排入溶液。实质上，第一阶段与第三阶段都是物质的运移。

对反应机制的许多研究表明，第一阶段与第三阶段的组分运移具有扩散的特性。由此可以得知，溶解作用的总速度是扩散速度与相间相互作用速度的函数。因此，当作用速度受反应物质与生成物质运移阶段的限制时，溶解作用的机制可能是纯扩散的。在溶解作用的化学活动上，相间相互作用是最慢的。当上述所有阶段的速度可共同度量时，我们可以认为溶解作用的机制是混合的。

被废水污染的地下水与洁净的地下水相比较，常具有更大的侵蚀性，它的渗透伴随着岩石、矿物的强烈溶解，最终导致水成分的变化。

三、不同元素的迁移规律分析

（一）总磷迁移规律分析

地下污水中的磷主要来自化肥、农药、厨余、工业和生活废水、排泄物等，以无机磷和有机磷两种形式存在，其中无机磷约占总磷的 85%~95%，无机磷的主要形态为正磷酸盐、聚磷酸盐。磷可在有机磷、无机磷、可溶性磷、不溶性磷之间相互转化，但价态不会发生变化，而正磷酸盐是磷循环的最终产物。

正磷酸盐在水体中电离同时生成 H_3PO_4、$H_2PO_4^-$、HPO_4^{2-}和 PO_4^{3-}，各个含磷基团的浓度分布随 pH 值而异，在 pH 值为 6~9 的典型生活污水中，主要存在形式为 $H_2PO_4^-$、HPO_4^{2-}。

磷对于自然界的危害主要是造成水体富营养化。磷可通过植物吸收、渗透介质的吸附、化学沉淀、络合反应、微生物的利用等方式去除，其中渗透介质对磷的吸附被认为是最有效的去除机制。磷与渗透介质颗粒表面氧化膜和氢氧化膜中的铁、铝、钙、镁等结合产生沉淀，在偏碱性的条件下，磷和钙产生反应，形成羟磷灰石。影响磷吸附的主要因素是介质中所含吸附剂的种类、数量和颗粒大小。

如某项试验中土样取自研究区内浅层天然砂土，pH 值在 7.0~8.4 之间。随着土体深度增加，总磷的去除率逐渐升高，总磷的浓度明显降低。在颗粒级配均匀的土体中，总磷的在试验开始的前五天浓度显著下降，去除率最大达到 65%左右；而后总磷去除率变化逐渐趋于稳定。这是由于渗流过程中，污染物在土体孔隙内发生截留、吸附、沉淀等作用，导致部分土体孔隙堵塞，孔隙率变小。

对于颗粒级配不均匀的土体，总磷在土体表层（0.5 m 以内）去除率增长迅速，随深度增加去除率下降，总磷去除率可达 95%左右。对比两种土样，均匀土体渗透速度较大，水力停留时间较短，磷在砂柱中吸附、沉淀反应进行不彻底，磷的去除率不高。而不均匀土体渗透速度小，水力停留时间长，磷在砂柱中吸附、沉淀反应充分，去除率很高。

由于磷一般以阴离子形式存在，本身并不易被吸附，即使被吸附，也会受到土体中黏土矿物含量限制，在短时间内即达到吸附饱和，因此沉淀作用是磷的最主要去除机制。

（二）氮迁移规律分析

污水中的氮主要以有机氮和铵氮的形式存在，其中有机氮约占 40%，铵氮约占 60%。

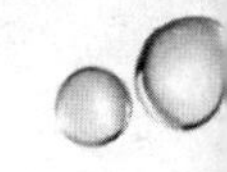

1. 有机氮的迁移转化

有机氮的迁移转化可分为以下三个阶段：

第一阶段：由于土柱未发生沉淀堵塞，渗透速度较快，少量溶解氧随污水进入土体中，发生硝化反应，部分铵氮转化为硝酸氮，导致硝酸氮的出水浓度大于进水浓度。硝化反应需要亚硝化杆菌、硝化杆菌参与，这两种微生物的增长与水中铵氮、溶解氧的浓度密切有关。所以硝化反应的主要影响因素包括溶解氧、温度、pH 值、基质浓度等；硝化作用在 5~50 ℃均可发生，最佳温度为 30~35 ℃。对于粗粒含量高，细粒含量少，不均匀系数小的土体，由于颗粒之间空隙连通性好，溶解氧输送通道畅通，硝化作用强，持续时间在 20 d 左右；以中细粒为主的土体，渗流速度小，硝化作用相对弱，持续时间在 10 d 左右。由此可见，硝化作用的主要影响因素是土柱内溶解氧的含量，作用时间取决于污水及渗透介质性质。

第二阶段：由于污染物不断随污水进入土柱，污染物质的截留、吸附和沉淀作用使土柱空隙越来越少，溶解氧进入通道被堵塞，土柱内部由好氧环境逐渐过渡为厌氧环境，硝化作用越来越弱，反硝化作用开始产生，此过程持续 20~30 d。

第三阶段：随着渗流时间的延长，硝酸氮的出水浓度显著小于进水浓度，这主要是反硝化作用的结果。反硝化作用是指硝酸氮通过微生物还原为气态氮的过程，参与此过程的微生物通常为异养型细菌，其细胞合成所需的能量主要来源于有机碳。

反硝化作用过程中，硝酸盐和有机物均可作为反硝化菌基质被利用。影响硝化作用的因素主要有有机碳源种类、浓度、硝酸盐浓度、溶解氧、温度、pH 值等。反硝化作用的温度范围在 3~85 ℃，最佳温度为 35~65 ℃，作用持续时间可达 160~180 d。

2. 铵氮的迁移转化

铵氮的迁移转化也分为以下三个阶段：

第一阶段：历时 100 d 左右，铵氮出水浓度显著小于进水浓度。这是由于铵氮的吸附作用和硝化作用同时发生。土体中黏粒含量越大、渗透速度越缓慢、水力停留时间越长，吸附作用越显著，本阶段吸附起主导作用；硝化作用主要发生在试验前 20 d 内，使铵氮浓度降低，但在本阶段是伴随的次要过程。

第二阶段：历时 30~40 d 左右，吸附逐渐趋于饱和，作用微弱；反硝化作用增强变为主导作用，出水铵氮浓度少量回升。

第三阶段：土体的吸附有一定的容量，吸附饱和后，铵氮开始解吸，出水浓度大于进水浓度。可见，铵氮极易在土体中迁移，粗颗粒含量越大，不均匀系数越小，渗流速度越大，铵氮迁移就会越迅速。因此铵氮对地下水污染威胁很大。

（三）重金属迁移规律分析

在不同 pH 值和不同氧化还原条件下，重金属元素的价态往往会发生变化，它们会发生一系列的化学反应，可以成为易溶于水的化合物，随水迁移；也可成为难溶的化合物在水中沉淀，进入底质；它们也容易被吸附于水体中悬浮物质或胶体上，在不同 pH 值条件时，随着胶体发生凝聚（进入底质中）或消散作用（存在于水中）。

1. 重金属吸附作用

天然水体中含有丰富的胶体颗粒物，这些胶体颗粒物有巨大的比表面，并且带有电荷，能强烈地吸附金属离子，水体中重金属大部分被吸附在水中的颗粒物上，并在颗粒物表面发生多种物理化学反应。

天然水体中的颗粒物一般可分为三大类，即无机粒子（包括石英、黏土矿物及 Fe、Al、Mn、Si 等水合氧化物）、有机粒子（包括天然的和人工合成的高分子有机物、蛋白质、腐殖质等）和无机与有机粒子的复合体。

黏土矿物的颗粒是具有层状结构的铝硅酸盐，在微粒表面存在着未饱和的氧离子和羟基，分别以 $\equiv AO^-$ 和 $\equiv AOH$ 表示（$\equiv$ 表示微粒表面，A 表示硅、铝等元素）。颗粒中晶层之间吸附有可交换的正离子及水分子。颗粒的半径一般小于 10 μm，因此在水中形成胶体或悬浮在水体的粗分散系中。

黏土矿物对重金属离子的吸附机制，目前已提出以下两种：

（1）一种认为重金属离子与黏土矿物颗粒表面的羟基氢发生离子交换而被吸附，可用下式示意：

$$\equiv AOH + Me^+ = \equiv AOMe + H^+$$

此外，黏土矿物颗粒中晶层间的正离子，也可以与水体中的重金属离子发生交换作用而将其吸附。显然重金属离子价数越高，水化离子半径越小，浓度越大，就越有利于和黏土矿物微粒进行离子交换而被大量吸附。

（2）另一种认为金属离子先水解，然后夺取黏土矿物微粒表面的羟基，形成羟基配合物而被微粒吸附。可示意如下：

$$Me^{2+} + nH_2O = Me(OH)_n^{(2-n)+} + nH^+$$

$$\equiv AOH + Me(OH)_n^{(2-n)} == AMe(OH)_{n+1}^{(1-n)+}$$

水合氧化物对重金属污染物的吸附过程，一般认为是重金属离子在这些颗粒表面发生配位化合的过程。

腐殖质对重金属离子两种吸附作用的相对大小，与重金属离子的性质是有密切关系

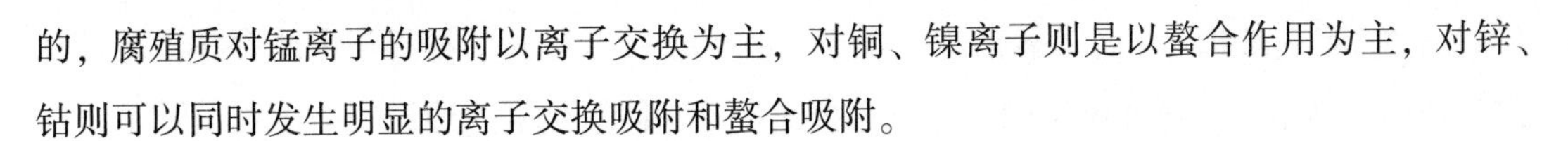
的，腐殖质对锰离子的吸附以离子交换为主，对铜、镍离子则是以螯合作用为主，对锌、钴则可以同时发生明显的离子交换吸附和螯合吸附。

2. 重金属配合作用

重金属离子可以与很多无机配位体、有机配位体发生配合或螯合反应。水体中常见的配体有羟基、氯离子、碳酸根、硫酸根、氟离子和磷酸根离子，以及带有羧基（—COOH）、胺基（$—NH_2$）、酚羟基（C_6H_5OH）的有机化合物，配合作用对重金属在水中的迁移有重大影响。

近年来在重金属环境化学的研究中，特别注意羟基和氯离子配合作用的研究，认为这两者是影响重金属难溶盐溶解度的重要因素，能大大促进重金属在水环境中的迁移。羟基对重金属离子的配合作用实际上是重金属离子的水解反应，重金属离子能在较低的 pH 值时就发生水解。

重金属离子的水解是分步进行的，或者说与羟基的配合是分级进行的，以二价重金属离子为例：

$$M^{2+}+OH^-=M(OH)^+$$

$$M(OH)^++OH^-=M(OH)_2$$

$$M(OH)_2+OH^-=M(OH)_3^-$$

$$M(OH)_3^-+OH^-=M(OH)_4^{2-}$$

有学者对 Hg^{2+}、Cd^{2+}、Pb^{2+}、Zn^{2+} 的水解作用进行了研究，指出在无其他离子影响的条件下，pH 值与羟基配离子的生成有着密切的关系：

（1）Hg^{2+} 在 pH 值为 2~6 范围内水解，在强酸性 pH 值为 2.2~3.8 时水中汞的主要形式为 $Hg(OH)^+$，pH 值为 6 时，主要为 $Hg(OH)_2$。

（2）Cd^{2+} 在 pH 值小于 8 时为简单离子，pH 值=8 时，生成 $Cd(OH)^+$，到 pH 值为 8.2~9.0 时达峰值，pH 值为 9 时开始生成 $Cd(OH)_2$ 至 pH 值为 11 时达峰值。

（3）Pb^{2+} 在 pH 值为 6 以前为简单离子，在 pH 值 6~10 时，以 $Pb(OH)^+$ 占优势，在 pH=9 时开始生成 $Pb(OH)_2$。

（4）Zn^{2+} 在 pH 值为 6 时，以简单离子形式存在，pH=7 时有着微量的 $Zn(OH)^+$ 生成，pH 值为 8~10 时以 $Zn(OH)_2$ 占优势，pH 值达 11 以后，生成 $Zn(OH)_3^-$ 与 $Zn(OH)_4^{2-}$。

3. 重金属氧化还原作用

环境化学中常用水体电位（用 *E* 表示）来描述水环境的氧化还原性质，它直接影响金属的存在形式及迁移能力。如重金属 Cr 在电位较低的还原性水体中，可以形成 Cr

（Ⅱ）的沉淀，在电位较高的氧化性水体中，可能以 Cr（Ⅵ）的溶解态形式存在。两种状态的迁移能力不同，毒性也不同。水体电位决定于水体氧化剂、还原剂的电极电位及水体 pH 值。

在实际应用中，我们还可以采用 pE（或 pE°）来表示氧化还原能力的大小，相应于 pH=-lg［H^+］，我们可以定义 pE=-lg［e］，［e］表示溶液中电子的浓度（严格地说应为活度）。

对于反应 $2H^+$（aq）+2e ⟶ H_2 E°=0.00V，当［H^+］=1.0 mol/L，p_{H2}=101.3 kPa 时，则［e］=1.00，pE=0.00。如果［e］增加 10 倍，则 pE=-1.0，可见 pE 与 E 值一样反映了体系氧化还原能力的大小。pE 越小，电子浓度越高，体系提供电子能力的倾向就越强，即还原性越强。反之，pE 越大，电子浓度越低，体系接受电子能力的倾向就越强，氧化性越强。

对于任意一个氧化还原半反应：

$$\mathrm{Ox}+ne=\mathrm{Red} \tag{3-5}$$

式中：Ox——氧化剂；

Red——还原剂。

根据 Nernst 方程式，则：

$$E = E^{\circ} + \frac{2.303RT}{nF}\lg\frac{[\mathrm{Ox}]}{[\mathrm{Red}]} \tag{3-6}$$

25℃时，$E = E^{\circ} + \frac{0.059}{n}\lg\frac{[\mathrm{Ox}]}{[\mathrm{Red}]}$。

反应达平衡时，E=0，$E^{\circ} = \frac{2.303RT}{nF}\lg K$。

平衡常数：

$$\lg K = \frac{nFE^{\circ}}{2.303RT} \tag{3-7}$$

根据（3-5）式，平衡常数也可表示为：$K = \frac{[\mathrm{Red}]}{[\mathrm{Ox}][e]^n}$。

两边取对数：$\lg K = \lg\frac{[\mathrm{Red}]}{[\mathrm{Ox}]} - n\lg[e]$。

根据 pE 的定义：

$$\mathrm{p}E = -\lg e = \frac{1}{n}\left(\lg K - \lg\frac{[\mathrm{Red}]}{[\mathrm{Ox}]}\right) \tag{3-8}$$

根据式（3-6）有：

$$\lg\frac{[Red]}{[Ox]}=\frac{(E^{\circ}-E)nF}{2.303RT} \tag{3-9}$$

以（3-7）式和（3-9）式代入（3-8）式得：$pE=\frac{1}{n}\left[\frac{nFE^{\circ}}{2.303RT}-\frac{(E^{\circ}-E)nF}{2.303RT}\right]$。

整理后：$pE=\frac{EF}{2.303RT}=\frac{E}{0.0591}$。

同理可得：$pE^{\circ}=\frac{E^{\circ}}{0.0591}$。

对比（3-6）式得：$0.0591pE=0.0591pE^{\circ}+\frac{0.059}{n}\lg\frac{[Ox]}{[Red]}$。其中，$pE=pE^{\circ}+\frac{1}{n}\lg\frac{[Ox]}{[Red]}$。

某些反应的 pE 值不仅与氧化态、还原态物质浓度有关，还与体系的 pH 值有关，因此可用 $\lg C$-pE 图和 pE-pH 图来表示它们之间的关系。

水溶液中存在着很多物质（包括水）的氧化还原电对，其电极电位随 pH 值的变化而发生相应变化，若作出水和其他一些物质电对的电极电位随 pH 值变化的关系图（E-pH 图），不但可以直接从图中查得在某 pH 值时的电位值，而且对于水中存在的氧化剂或还原剂能否与水发生氧化还原反应也可以一目了然。

以水做氧化剂或还原剂的电极反应可看出，其电位均与水溶液的 pH 值有关。

$$2H^{+}+2e=H_2\,(g)\quad E^0_{H^+/H_2}=0.00\ V$$

$$O_2\,(g)+4H^{+}+4e=2H_2O\qquad E^0_{O_2/H_2O}=1.23\ V$$

根据 Nernst 方程可求得 pH 值与相应电位的关系式：$E_{H^+/H_2}=E^0_{H^+/H_2}+\frac{0.059}{2}\lg\frac{[H^+]^2}{p_{H_2}}$、$E_{O^+/H_2O}=E^0_{O^+/H_2O}+\frac{0.059}{4}\lg(p_{O_2}[H]^{4+})$。

当 $p_{H_2}=p_{O_2}=101.3$ kPa 时，代入上两式得：

$$E_{H^+/H_2}=-0.059pH \tag{3-10}$$

$$E_{O^+/H_2O}=1.23-0.059pH \tag{3-11}$$

（3-10）（3-11）两式是水作氧化剂和水作还原剂时的 E-pH 方程式，根据（3-10）（3-11）式可作图得 E_{H^+/H_2}-pH 和 E_{O^+/H_2O}-pH 两条直线，分别称氢线和氧线。

天然水体中有着各种各样的物质，进行着大量氧化还原反应，如水生植物的光合作用产生大量有机物，排入水体的耗氧有机物分解均属有机物的氧化还原反应。水体中的无机物也能发生氧化还原反应，如井水中的 Fe（Ⅱ）可被氧或污水中的 Cr（Ⅵ）等氧化剂氧化成 Fe（Ⅲ）。

一般来说，重金属元素在高电位水中，将从低价氧化成高价或较高价态，而在低电位水中将被还原成低价态或与水中存在的 H_2S 反应形成难溶硫化物，如 PbS、ZnS、Cus、CdS、HgS。

水体中的氧化还原条件对重金属的形态及其迁移能力有着巨大的影响，以 $Fe-CO_2-H_2O$体系为例，可以看出，Fe 的形态及迁移能力与 E、pH 值的依赖关系。

根据反应及有关平衡常数，考虑可能有 Fe（s）、$Fe(OH)_2$（s）及 $FeCO_3$（s）存在的情况下，当溶解的总无机碳量为 1×10^{-3} mol/L，溶解的总铁量为 1×10^{-5} mol/L 时：在较高 pH 值条件下，Fe 可达+3 价，但只是在 pH 值较小的酸性条件下，可以溶解态的形式（Fe^{3+}、$FeOH^{2+}$）存在于水相中，在天然水的 pH 值范围内（5~9）只能以 $Fe(OH)_3$（s）形态存在，所以迁移能力较低。在 E 值较低的情况下，主要形态为 Fe（Ⅱ），在某些地下水中 Fe（Ⅱ）可达到可观的水平，迁移能力较强，但在碱性较强的情况下，则形成 $FeCO_3$ 或 $Fe(OH)_2$沉淀，从而降低了迁移能力。若体系中还存在硫，则在 E 值较低的情况下，与 S_-或 HS^-生成更难溶的硫化物沉淀而降低迁移能力。一些元素如 Cr、V、S 等在氧化环境中形成易溶的化合物（铬酸盐、钒酸盐、硫酸盐），迁移能力较强。

相反在还原环境中形成难溶的化合物而不易迁移。另一些元素（如 Fe、Mn 等）在氧化环境中形成溶解度很小的高价化合物，而很难迁移，而在还原环境中形成易溶的低价化合物。若无硫化氢存在时，它们具有很大的迁移能力，但若有硫化氢存在时，则由于形成的金属硫化物是难溶的，使迁移能力大大降低。在含有硫化氢的还原环境中可形成各种硫化物（如 Fe、Zn、Cu、Cd、Hg 等）沉淀，从而降低了这些金属的迁移能力。

4. 重金属溶解沉淀作用

沉淀和溶解是水溶液中常见的化学平衡现象，金属离子在天然水中的沉淀与溶解平衡对重金属离子在水环境中的迁移和转化具有重要的作用。衡量金属离子在水中的迁移能力大小可以使用溶解度或溶度积。

（四）有机物迁移规律分析

在包气带或饱水带，溶解的污染物或非水相污染物与气相接触时，发生挥发作用。影响挥发的因素主要有化合物的水溶解性、蒸气压及土壤的吸附作用等，其中蒸气压是影响有机污染物挥发的主要参数，受温度影响较大。

位于土壤深层的污染物，在其受地表挥发至大气前，会先迁移到地表，这是一个一维扩散过程。土壤和沉积物对有机污染物的吸附作用是影响有机物环境行为的重要作用，使

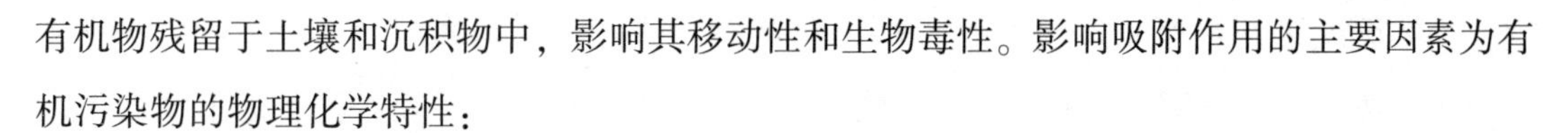

有机物残留于土壤和沉积物中，影响其移动性和生物毒性。影响吸附作用的主要因素为有机污染物的物理化学特性：

1. 溶解度是最重要的因素

由于水是极性溶剂，有机物在水中的溶解度与其极性强弱有关，一般极性越强溶解度越大，反之则反是。溶解度越小的有机化合物在土壤-水体系中的分配系数越大，土壤有机质越容易吸收，污染物释放速度也越慢，在土壤中残留时间越长。

2. 土壤的影响

土壤的矿物组成、渗透性、空隙度、土壤结构、均匀性、有机质含量、表面积等对吸附也产生影响。土壤有机质含量及其成分决定土壤对有机污染物吸附量的大小。土壤含碳量的增加和氢、氧、氮含量的降低代表有机质成分中木质化程度高、活性基团少和极性极弱。因而，常用 CO、CN 的比值来表示土壤有机质活性和极性的强弱，CO、CN 的比值低，则土壤有机质极性越强。弱极性土壤有机质对有机污染物吸收量较大，强极性土壤有机质吸收量较小。

温度、盐度、介质的酸碱度及共溶剂效应均对有机化合物的吸附作用产生影响。例如，五氯酚在 pH 值低于 4.7 的溶液中，是不带电的极性分子；在 pH 值大于 4.7 的溶液中，是阴离子，其溶解度由 14 mg/L 增加到 90 mg/L。土壤和沉积物中的微生物在有机污染物的中间和最终降解过程中起很大作用。微生物在其代谢过程中，分解有机化合物，获得生长、繁殖所需的碳及能量。有机物的生物降解是一个氧化还原反应，有机物失去电子被氧化，电子受体得到电子被还原。影响生物降解的因素主要有污染物特性和微生物本身特性，不同的有机化合物其生物可降解性不同。

一般结构简单的有机物先降解，结构复杂的有机物后降解。分子量小的有机物比分子量大的有机物易降解。有机化合物主要分子链上除碳元素外还有其他元素时，不易被氧化。取代基的位置、数量和碳链长短也影响化合物生物降解。苯与甲苯相比，甲基的引入提高了化合物的可生物降解性。而二甲苯和三甲苯的生物降解性随甲基数量的增加而变得困难。乙苯比甲苯难降解，主要是其取代链更长，生物降解就更困难。易溶于水的化合物，其代谢反应仅限于微生物所接触的水和污染物界面处，有限的接触面妨碍了难溶化合物的代谢。微生物的分布、密度、种类、群体间的相互作用及驯化程度均影响有机物的生物降解。

温度对土壤中微生物的活性影响很大，在 0~35 ℃，增高温度能促使细菌活动，适宜温度通常为 24~35 ℃。大多数微生物对 pH 值的适应范围在 4~9 之间，最适宜值为 6.5~7.5，过高或过低的 pH 值对微生物的生长繁殖都是不利的。

土壤湿度影响氧的水平，溶解氧和 Eh 值的大小决定了生物降解过程中何种化合物作为电子受体。吸附作用影响有机物的生物降解。由于氧易消耗，不易补充，地下水污染区多处于微氧或厌氧状态。苯系物的去除是挥发、吸附和生物降解共同作用的结果。试验初期，在土柱表层，挥发对苯系物的去除起一定的作用；随着土柱内部空隙堵塞，挥发作用逐渐减小。中砂里苯系物的去除效果好于粗砂。

四、污染物运移的数值模拟

（一）模型的建立

制定地下水流或溶质迁移模型中，首先，要开发一个可控制被分析系统行为的，由描述物理、化学和生物反应组成的概念模型；其次，是把概念模型转换成数学模型，即一个偏微分方程组和一组相关的辅助边界条件；最后，可以利用解析法和数值法求得方程组的解。

在过去一段时间里，由于对地表以下流量和质量迁移定量估算的需要，地下水流动和传输模型领域有了长足的发展。关于地下水建模有很多相关文章和书籍，建模方案可概括如下：

1. 确定建模的目标

一般情况下这个问题可以归为三类：

（1）从研究的角度上讲，建模的目的是检验假设，保证其与基本原理和观测结果一致，并量化主要的控制过程。

（2）一般用于污染物的责任认定或估计人群对污染物的暴露，对于污染物的迁移历程进行重建，确定某件事的发生时间或某地区达到污染水平的时间。

（3）在当前条件或有工程干涉污染源或改变水流体系条件下计算污染物分布走向。

2. 概念模型的建立

在建模过程中，关键的一步是用公式表示被模拟系统。概念模拟是在地下水流动和传输体系的图式表达，往往是一个框图或截面的形式。概念模型的本质是决定数值模型的维度和网络的设计。

建立模型需要大量的现场资料作为输入数据并进行模型校正，由测量误差和自然环境变化引起的现场数据不确定性，转化成参数估计的不确定性，进一步影响模型预测结果。描述一个流量或迁移的概念模型，根据被模拟问题的性质，需要以下一个或多个步骤：

其一，确定水文地质特征的重要性。概念模型可以将几个地层结合起来形成一个整体或将单一地层分为多个含水层和隔水单元。

其二，确定系统中流动体系及水流的源和汇。水源或流入量包括地下水渗透，地表水体补给，人工回灌。汇流或流出量包括泉涌量、流向溪河的底流、蒸发量和泵抽量。

其三，确定流动体系包括：确定地下水流方向和不同模拟含水层的相互水文作用；确定系统中的迁移体系和化学物质的源和汇；概念模型必须包括对不同时间化学物质源浓度、溢流的质量或体积以及影响这些化学物质化学和生物过程的描述。

3. 选择计算程序

选择计算程序的关键在于使用哪种迁移求解方法。下面总结各种方法的相对特征：若能进行充分的空间离散，无论是常规的优先差分法还是有限元程序中的欧拉法都比其他方法更好；模型网格极不规则或扭曲的情况，粒子追踪法的精度会受影响，因此这种情况下标准有限差分或有限元计算程序更适用；拉格朗日类的计算程序中，随机游走计算程序会导致模拟得出的浓度分布不规则，而且对求解时使用的粒子数目很敏感，这会导致模拟结果的解释和敏感分析难度加大。

4. 建立污染物迁移模型

概念建模完成后，还需要加入控制方程、设计网格、时间参数、边界条件和初始条件，以及模型参数的形成估算。

（1）控制方程

建立污染物模型首先要解决的就是控制方程。这一点是非常重要的，尤其当模型设计者应用一个商业模型时。对于三维饱和地下水流，控制方程为：

$$\frac{\partial}{\partial x}\left(k_x\frac{\partial h}{\partial x}\right)+\frac{\partial}{\partial y}\left(k_y\frac{\partial h}{\partial y}\right)+\frac{\partial}{\partial z}\left(k_z\frac{\partial h}{\partial z}\right)=s_z\frac{\partial h}{\partial t}+\omega^* \tag{3-12}$$

式中：h——水头；

k_x、k_y、k_z——水压在 x、y、z 方向上的传导率；

s_z——储水率；

t——时间；

ω^*——一个普遍的源/汇表达量。

不饱和地下水的三维水流方程，控制方程为：

$$\frac{\partial}{\partial x}\left(k_x(\varphi)\frac{\partial \varphi}{\partial x}\right)+\frac{\partial}{\partial y}\left(k_y(\varphi)\frac{\partial \varphi}{\partial y}\right)+\frac{\partial}{\partial z}\left(k_z(\varphi)\frac{\partial \varphi}{\partial z}\right)=c(\varphi)\frac{\partial \varphi}{\partial t}\pm Q \tag{3-13}$$

式中：φ——压力水头；

$k_x(\varphi)$、$k_y(\varphi)$、$k_z(\varphi)$——x、y、z 方向上的水压传导率；

$c(\varphi)$——具体湿度；

Q——单位体积内源或汇的容积流量。

溶质在渗流区的三维迁移方程为：

$$D_x \frac{\partial^2 c}{\partial x^2} + D_y \frac{\partial^2 c}{\partial y^2} + D_z \frac{\partial^2 c}{\partial z^2} - \frac{\partial (CV_x)}{\partial x} - \frac{\partial (CV_y)}{\partial y} - \frac{\partial (CV_z)}{\partial z} \pm \sum kR_k = \frac{\partial C}{\partial t} \tag{3-14}$$

式中：C——化学物质浓度；

V——渗流速度；

D_x、D_y、D_z——x、y、z 方向上的分散系数；

t——时间；

R_k——增加速率或因化学和生物反应而去除溶质的速率。

（2）离散化

离散化就是将连续问题的解用一组离散要素表征近似求解的方法。在数值模型中，用离散模拟域代替求解区域，可认为是一个由单元、组块或元素组成网格。数值模型的设立与怎样设计网格系统有关，如网格中需要多少单元？网格尺寸多大？网格离散化会对模型的结果产生怎样的影响？

一般来说，网格应该在被模拟的地图上绘制。最好使网格水平面成一行，使 x 和 y 分别与 k_x 和 k_y 在一条直线上。模型的竖轴若存在，则应该与 k_z 成一行。网格设计中的关键步骤是选择被使用的单元和元素的尺寸，网格的设计取决于很多因素，如系统的物理边界大小，使用有限差分或有限元，物理模型的应用局限性，运行的时间以及相关计算机的费用，计算机的数据处理能力。空间离散也可能影响模型结果。

时间是另一个需要离散化处理的参数。大多数数值模型通过将总时间细分为小的时间间隔 Δt 来计算，从而得出时间 t 处的结果。一般来说，将时间间隔划分得越细越好，但时间间隔越细，计算成本和计算时间就会越多。而且，不同的模型对时间间隔的要求也不同。如果划分的时间间隔过大，模型的计算过程就会出现数值不稳定的情况，从而产生不符合实际的振荡解。一般可以采取在不同的时间间隔下，对模拟结果的灵敏度进行测试。

（3）维度

在用离散法处理问题时，维度是必须考虑的一个问题。例如，在选择维度的数量时，如果一维模型足以达到建模的目的，是否还有必要制定二维或三维模型？如果解析模型就能提供所需答案，是否还有必要使用数值模型？一般的经验法则是简单化，能够用简单的处理方式，就用简单的处理方式，避免简单问题复杂化，增加求解难度。

（4）边界条件

边界条件和初始条边界条件是模型中控制研究对象之间平面、表面或交界面特性的条件，由此确定跨越不连续边界处场的性质。

初始条件就是在初始时刻运动应该满足的初始状态，包含运动及其各阶段导数的初值，即零时刻的条件。当我们用控制方程来描述一个具体物理系统时，一个 n 阶微分方程的通解包括 n 个独立的函数或任意常数，为了确定一个给定的物理问题，必须指明常量的值或函数形式，因此需要初始条件和边界条件。一般情况下，沿着被模拟系统的边界，因此边界条件指定了因变量的一阶导数。

在模型设计过程中，正确选择边界条件是极其重要的一步，不同边界条件有可能导致不同的结果。

有时候不可能直接将物理边界设为模型边界，因此往往根据水文资质条件设置模型边界，此时若边界条件与天然含水层的物理边界不吻合，更增加了模型的不确定性。在水文水利环境变化时，水力边界条件也会发生变化，其位置发生改变或消失。

5. 校准设计模型

校准是指确定一组模型输入参数的过程，这些参数接近实地测量水头的流量或浓度，有时还包括初始和边界条件。在正式校准之前或之后采用敏感分析可以评估数值模型对某个输入参数的敏感性。

6. 预测模型结果不确定性的影响及数值模型的准确度

模型计算获得的地下水流动和污染物迁移结果后，必须对建模方法造成的误差进行评估。模拟误差有两种类型：计算误差和校正误差。

计算误差是由求解控制方程数值近似程序或者误差累积造成的。该误差可以采用连续性方程或质量守恒定律来估计。校正误差，是由参数估算中的模型假设和局限性造成的，可以通过比较模型的预测值与观测值或实验值获得。

（二）数值方法

所有为 $L(u)=f$ 形式的偏微分方程都可以分类为椭圆形、抛物线形和双曲线形。偏微分方程可写成：

$$a\frac{\partial^2 u}{\partial x^2}+2b\frac{\partial^2 u}{\partial x\partial y}+c\frac{\partial^2 u}{\partial y^2}=F\left(x,\ y,\ u,\ \frac{\partial u}{\partial x},\ \frac{\partial u}{\partial y}\right) \tag{3-15}$$

式中：a、b、c——x 和 y 的函数。

如果 F 为线性的则该方程可分类为线性。偏微分方程可以认为是：

$$双曲线形，当\ b^2 - ac > 0$$

$$抛物线形，当\ b^2 - ac = 0$$

$$椭圆形，当\ b^2 - ac < 0$$

求解对流扩散方程的数值有很多种方法，主要包括有限差分法、有限元法、有限体积法、有限解析法、边界元法、谱方法等。对于对流占优问题，用常规差分法或有限元法进行求解将会出现数值振荡现象，为此需要对求解方法进行改进。

为了克服数值振荡，20 世纪 80 年代，研究人员提出特征修正技术求解对流扩散占优的对流扩散问题，与其他方法相结合，提出了特征有限元方法、特征有限差分方法、特征混合元方法；又有研究人员提出一种沿流线方向附加人工黏性的间断有限元法，称为流线扩散方法。有限差分法、有限元法、有限体积法是工程应用中的主要方法。

求解对流-弥散方程的数值方法可以归类为欧拉法、拉格朗日法以及混合欧拉-拉格朗日法。

欧拉法是在固定的空间格点上求解迁移方程。求解方法主要包括有限差分法和有限元法。欧拉法用在水流模拟中效果比较好，其优点在于有固定的网格，通常满足质量守恒定律，并可以精确、高效地处理以弥散为主的问题。但对于以对流为主的问题，欧拉法容易引起过大的数值弥散和数值振荡。通过选用足够精细的空间网格和较小的时间步长可以控制此类误差，但是由此产生的庞大计算量阻碍了此方法在野外问题中的应用。

拉格朗日法不能用于直接求解溶质迁移偏微分方程。该方法是用大量的运动粒子来近似表示对流和弥散的，并能够准确而高效地求解以对流为主的问题，切实消除数值弥散。但该方法由于缺少固定模拟网络和固定坐标系，会引起数值的不稳定和计算困难。

混合欧拉-拉格朗日法结合欧拉法和拉格朗日法的优点，用拉格朗日的方法求解对流项，用欧拉法处理弥散及其他项。

二维水流或污染物迁移方程的数值解法最多，而且在技术上最常用，这些解法通常比解析法灵活。通常的解决方法是将流场分解成小单元，通过网络时间 t 上的参数值之间的差分来近似求解控制性偏微分方程，然后预测时间 $t+\Delta t$ 处的新值。

五、污染物运移的物理模拟

物理模拟的目的是以物理装置为手段真实地再现污染物在地下水污染系统各单元中的迁移转化过程。通过物理模拟不仅可以为数学模型提供各准确的参数值，为求解复杂的数学模型、定量地阐述各单元污染物的迁移、转化过程创造条件，而且还可深入地揭示污染物在各单元中迁移、转化的机制。因此，物理模拟常常是研究污染物在地下水污染系统中迁移、转化的主要内容，亦是研究工作中人力、物力的主要耗费者。

地下水污染系统本来就是一个完整的体系，但由于各单元的影响因素有明显的不同，加之系统的空间范围较大，整体试验的安装操作不便，因此，常常采用按单元分别进行模拟试验，建立各自的相应的数学模式，最后将各单元的数学模式联结起来进行整体系统的计算。

（一）表土层的模拟试验

模拟表土层的试验通常是采用盆栽的方法，其装置如图 3-1 所示，盆体一般用陶瓷盘（筒）或塑料盆（筒），尽量不采用泥质盆（筒），土样高 20～30 cm，直径 20 cm 左右，盆底最好呈漏斗形。土质依研究区域条件而定，盆底装种生物耕作层稍大的土壤，厚约 6～8 cm，用以模拟犁底层，其下设尼龙滤网和砂垫层。

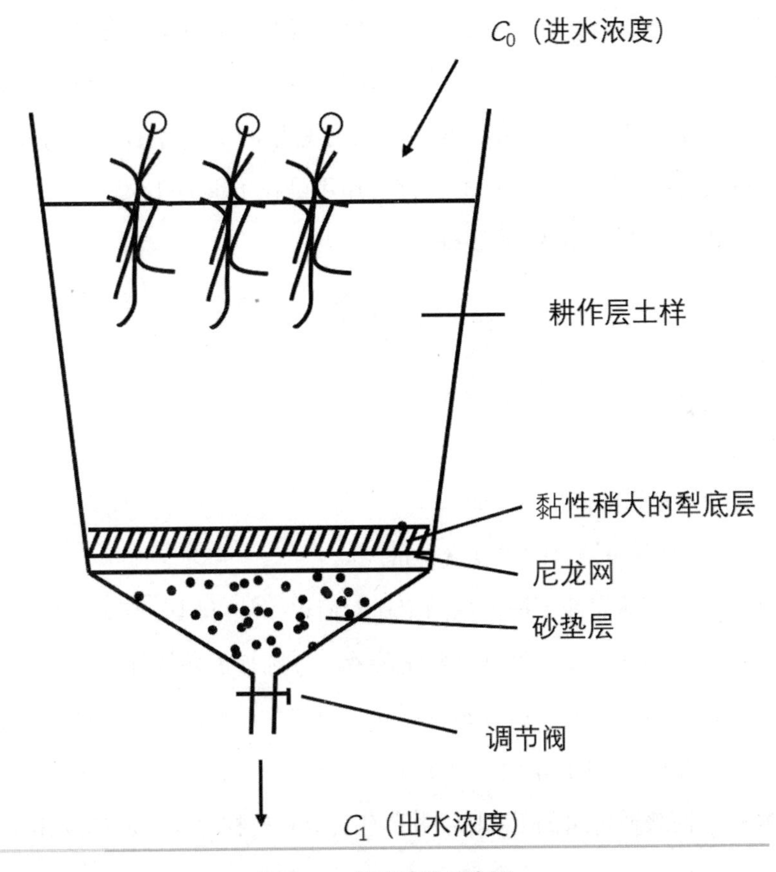

图 3-1　盆栽试验示意图

试验可有静态与动态两种。

静态试验：定期加入浓度为 C_0 的污水，底部不取样，待植物成熟、收割后再分别测定污染物在土壤的不同深度和植物的不同部位（根、茎、叶、果实）的污染物质的积累量。此种试验成果可用于研究不同污染物浓度的污水对植物和土壤的影响、各种不同污染物对植物和土壤影响的差别以及各种污染物在不同植物和不同土壤中的积累转化特性等。

动态试验：同样定期加入浓度为 C_0 的污水，从底部出水管定期取样分析，以作出污染物在土样中运转的 C-t 穿透曲线。动态试验除了能达到静态试验的上述各研究目的之外，还可建立表土层（耕作层）污染物质的运移模型，但是，考虑到污染物质在该层中迁移的复杂性——影响因素较多，很难分别加以考虑，因此，在实际工作中常常是根据质量守恒原理和达西定律采用黑箱模型来模拟。

盆栽试验的水力条件可以是饱水条件，亦可以是非饱水条件。饱水条件是模拟地表被水体淹没（如水稻田、地面水池等）的情况，而非饱水条件则是模拟旱田灌溉、大气降水等间歇入渗后的非饱水状态。

对于某些挥发性污染物，如氟乐灵、艾氏剂、氯丹、苯胺灵、乐果、对硫磷、DDT、硝基苯以及 NH_4—N 等，挥发作用对其在表土层的迁移、转化影响较大。因为，当表土层处于淹没渗入情况时，挥发作用主要发生于水体表面，即在渗入表土层之前已产生挥发，据测定，NH_4—N 在入渗之前的水体表面挥发可占总量的 10%左右，而有些有机物此种挥发量更大；当表土层处于非饱水状态时，挥发作用是在土壤的孔隙内进行。

挥发性大小常用传质系数 K_L 来表征：

$$K_L = -\left(d \times \ln \frac{C_{t+\Delta t}}{C_t}\right) / \Delta t \tag{3-16}$$

式中：K_L ——液相总传质系数（cm/h）；

d ——平均水深（cm）；

C_t ——t 时刻污染物的浓度（ppm）；

$C_{t+\Delta t}$ ——$t+\Delta_t$ 时刻污染物的浓度（ppm）。

挥发性污染物在水体表面的挥发性测定比较简单，如可用高纯水、自来水和普通污水置于三个烧杯中，再用某挥发性污染物配制溶液，分别加于各烧杯中，露天置于与现场温度、空气流动条件相似的地方，然后测定不同时间的水深和污染物浓度，将所测数据代入式（3-16），则可得到相应的 K_L 值，高纯水和自来水 K_L 的比较，可说明溶液的离子强度对挥发性的影响，而普通污水的 K_L 则表明当有其他有机物存在时的挥发作用。

（二）犁底层的模拟试验

犁底层通常是由于耕种农机具的压力和入渗水流的淀积以及黏粒的淋失综合作用的结果，厚度仅 6~8 cm，常呈片状结构，甚至有明显的水平层理，致密坚硬、孔隙度较小，透水通气性能差，其导水率（渗透系数）远小于表土层，且一般亦小于其下部的下包气带土层。

由犁底层的以上特征可以看出，它对污染物向下迁移主要起阻隔作用。定量地表征其阻隔作用的综合指标是导水率 k 值。测定犁底层导水率的方法比较简单。简述如下：

为了比较犁底层和表土层及下包气带土层的导水性能的差别，可在同一地点分别对上述三层土取原状土样，取样器的直径及高度均宜在 10 cm 左右，表层土取样深度为 5~15 cm，犁底层取样深度为 20~30 cm，下包气带取样深度为 30~40 cm。取样后在室内用“导水率测定仪”分别测定其各自的导水率 k 值。为了相互验证须取三组以上的样品进行试验。

对于犁底层的模拟试验还可进行土壤容重的测定、比重的测定以及土颗粒级配的分析等，这些指标亦将会反映犁底层的前述特性。

（三）下包气带的模拟试验

在室内进行下包气带土层的模拟试验时，通常都采用土柱试验。

土柱的管材一般采用塑料管和陶瓷管，不能用瓦管和有机玻璃管，前者管壁本身有吸附作用，后者则因透光而产生微生物作用等。柱直径可由几厘米到二三十厘米，土样高应保持在土样直径的两倍以上，以保证试验时水流均匀流动。试验装置如图 3-2 所示：

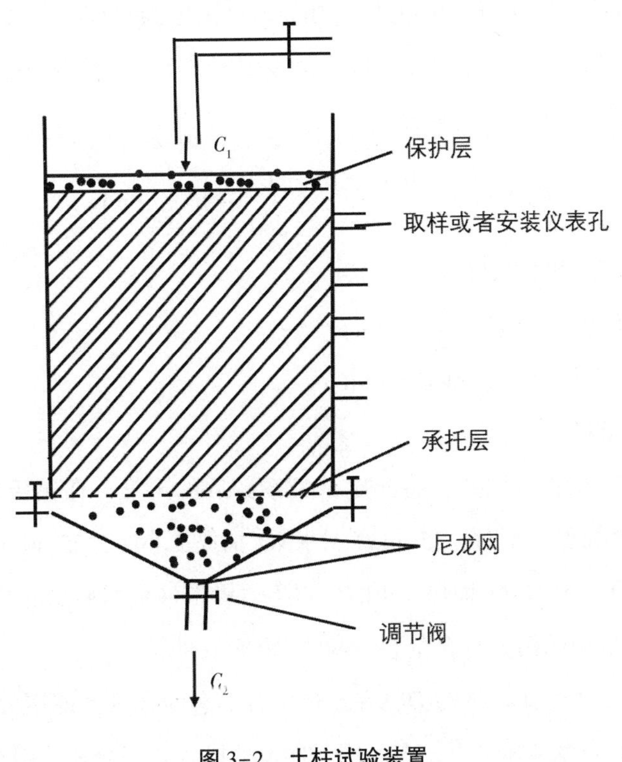

图 3-2　土柱试验装置

土样的装填可分为原状土和扰动土两种。原状土法是将天然土层拨去表土层及犁底层之后，在不破坏土层的天然结构的条件下将土样压入管内，很多试验表明原状土法试验的成败在于土样与管壁的接触处是否形成短路；扰动土法是在取土样的同时测定其容重。取土样后晾干粉碎，然后按天然状态下的土壤容重装入管内，即用相同的容重来使得扰动土的结构接近于天然土的结构。

土柱试验的水动力条件可以是饱水条件亦可以是非饱水条件。

通过土柱试验可以模拟污染物质在下包气带迁移、转化条件，如测定土壤介质的渗透系数（导水率）、水分特征曲线、有效孔隙度、弥散系数以及吸附、降解常数等。在此基础上则可建立起污染物在下包气带的运移模型。为地下水污染系统的整体水质模拟提供条件。由于污染物质主要是沿垂向运移，所以运移模型常按重向一维问题处理。

当研究污染物质在土壤介质的转化机制时，如研究重金属的价态和形态（交换态）、可给态和残留态变化等，则常常采用静态试验的方法，这时既可用土柱亦可用其他器具进行模拟试验。

利用静态试验研究铅、汞、镉、铬和砷的迁移，转化机制时，通常是测定这些污染物的土壤吸附分配系数 K_d 值，形态和价态在土壤中的变化以及在土壤颗粒表面上的分布等。

土壤吸附分配系数 K_d 值的静态试验方法是：分别称取 5 克烘干后的亚沙土和亚黏土样放入 100 mL 离心管中，加入 50 mL 以金属元素计浓度为 500 mg/L 的污染物溶液振荡 15 天，每天 4 小时，然后离心 1 小时后，取上清液用原子吸收仪测定经土壤吸附后的溶液体积和浓度，然后按下式计算分配系数。

$$K_d = \frac{(C_0 - C_t)V_t/G}{C_t} = \left(\frac{C_0}{C_t} - 1\right)\frac{V_t}{G}\ (\mathrm{mL/g}) \tag{3-17}$$

式中：C_0——溶液初始浓度（mg/L）；

C_t ——经土壤吸附后溶液的浓度（mg/L）；

V_t ——经土壤吸附后溶液的体积（mL）；

G ——土壤的重量（g）。

形态变化的静态试验方法是：将测定分配系数后的土样，在康氏振荡器上依次用 25 mL 的去离子水振荡抽提 1 小时，25 mL 1 M KNO_3 抽提 2 小时，25 mL 0. 005 M DTPA 溶液抽提 2 小时及 25 mL 1 M HNO_3 抽提 3 小时。以上各种溶液抽提后离心分离提取液，并用原子吸收仪测定抽提液中的污染物含量。

根据测定结果，便可知各种污染物在土层中各形态的含量，即用去离子水抽提者知水溶态、用 1 M KNO_3 抽提者知可交换态、用 DTPA 抽提者知可给态、用 1 M HNO_3 抽提者知

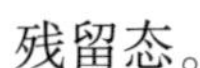

残留态。

价态变化的静态试验方法是：取 5 个 200 mL 的小瓶，分别加入 5 g 亚黏土或亚砂土及 50 mL 的上述五种微量重金属，其浓度可为 5 g/L，在康氏振动器上振动 15 天，每天 4～5 小时，用离心机分离倾去上清液，将土壤移入烧杯，烘干并捣成粉状，放入玻璃管固化，切成 2 mm 左右的薄片并抛光，最后用电子能谱仪测定，根据测定的峰值 eV 来判断各元素的价态变化。

此外，还可通过扫描电镜测定污染物在土壤颗粒表面上的分布情况。

（四）含水层的模拟试验

如前所述，含水层一般是由颗粒较大的砂石所组成，颗粒的比表面积较小，因此，对污染物质的吸附容量亦不大。此外，有机物的降解亦较微弱，所以，在研究工作中为简化起见常常忽略不计。但是，污染物质在含水层中的运移受水动力条件影响较大，而水动力条件又受含水层厚度、天然流场以及人工开采等因素所制约。如含水层厚度较大时应考虑垂向弥散；当含水层厚度较薄时则可以看作是水平二维问题等。

因此，模拟污染物在含水层中的运移，实际上是模拟污染物在多孔介质中的对流及弥散问题，即测定纵向和横向弥散系数以及地下水的孔隙平均流速等。测定的具体方法可分为室内渗槽法和野外现场测定法。

第二节　地下水污染物在饱水层中的运移

一、地下水运动的基本原理

地下水运动的通道是土壤中的孔隙，而土壤中的孔隙的几何形状是极其复杂的，大体上是粗细混杂和在各个方向上相通的。土壤本身是不均一的，其孔隙远非一束细长管可比。因此，地下水在土壤孔隙中的流速，是会因孔径和相应的土水势不同而在各个方向上有所变化，很难按其真实情况处理。所以在研究地下水的流速时，只能是在一定容积的土层中取其流速的全部平均值来进行研究。据此，一般认为说明液体在多孔介质中流动的达西定律亦适用于地下水的运动。

根据达西定律，地下水的通量（q），即在水压梯度方向上单位时间通过单位断面的水容积与水压梯度（$\frac{dH}{dx}$）成比例。水压梯度（$\frac{dH}{dx}$）是地下水流动的推动力。通量

(q) 与水压梯度 ($\frac{dH}{dx}$) 之间的比例常数 K 称为导水率 (或渗透系数), 亦就是单位水压梯度下的地下水通量。

在一维系统中:

$$q = -K\frac{dH}{dx} \tag{3-18}$$

式中: x ——水的流程。

式右端的负号表明水流方向, 由水压或土水势高处向低处流动。

比例常数 K 是由两方面的性质所决定的: 一是土壤本身的导水难易; 二是水的性质, 如黏滞度及密度等。有时为简化起见, 常设地下水的黏滞度及密度为定值, 则 K 值只随土壤的导水难易而变化。

达西定律运用于地下水的饱水流动和非饱水流动时不尽相同。在饱水流动中土水势为零, K 为常数 (不随水压值的大小而变化), 但在非饱水的流动中, K 是变数, 即土壤水吸力不同, K 值亦随之而变化。

二、污染物在多孔介质饱水层中的运移方式

近年来, 一些国外学者在地下水溶质迁移理论和试验研究方面取得了新的进展, 对污染物迁移的弥散系数提出了与时空相关的表达式; 大量的试验研究使得迁移方程中的衰减、离子交换、生物、化学反应的系数考虑更全, 取值更加合理, 并考虑了污染物的固相和液相浓度的相互转化关系, 吸附条件则由平衡等温模式发展到考虑非平衡吸附模式, 特别是在边界条件和初始条件设定方面, 更趋于合理和全面。“考虑到地下资料监测的复杂和变异性, 近几年国外对污染物迁移转化的随机模型也开始广泛研究, 新的成果不断问世; 在迁移载体水分运动方面, 又发展到考虑可动水体和不可动水体等因素。”①

自然界中许多流体运动发生在多孔介质中, 如地下水和油气在岩石孔隙中运动, 污水在砂过滤器中流动等。关于多孔介质比较完善的定义是: 多孔介质是含有固相的多相体系, 其他相可以是液相或气相, 固相部分称为固体骨架, 其他部分为孔隙; 固体遍布整个多孔介质, 具有较大的比表面; 孔隙中的许多孔洞相互连通。

简单来说, 多孔介质是指含有大量孔隙的固体。也就是说, 多孔介质是固体材料中含有孔隙、微裂缝等各种类型毛细管体系的介质。概括起来, 多孔介质可以用以下几点来描述:

---

① 张志红, 赵成刚, 李涛. 污染物在土壤、地下水及黏土层中迁移转化规律研究 [J]. 水土保持学报, 2005 (01): 176-180.

1. 多孔介质中多相介质占据一块空间。

2. 固相和孔隙应遍布整个介质，如果在介质中取一大小适合的体元，该体元必须有一定比例的固体颗粒和孔隙。

3. 孔隙空间包含有效孔隙空间和无效孔隙空间两部分。其中，有效孔隙空间是指其中一部分或大部分空间是相互连通的，流体可在其中流动；而不连通的孔隙空间或虽然连通但属于死端孔隙的这部分空间为无效空隙空间。对流体通过孔隙的流动而言，无效孔隙空间实际上可视为固体骨架。

（一）弥散运动方式

弥散是指多孔介质中两种流体相接触时，某种物质从含量较高的流体向含量较低的流体迁移，使两种流体分界面处形成一个过渡混合带，混合带不断发展扩大，趋向于成为均质的混合物质，这种现象称为弥散。弥散现象主要是渗透分散和分子的扩散作用，使地下水中污染物浓度发生变化的其他作用可称为综合吸收作用。弥散现象沿流体运动方向发生称为纵向弥散，若沿横切运动方向发生则称为横向弥散。弥散现象往往是由几种作用同时综合影响形成的。

1. 分子扩散

两种含某种组分浓度不同的液体在多孔介质中接触，即使在整个液体静止的条件下，也会发生物质的迁移，分界面逐渐变得模糊不清，形成一个过渡带，并随着时间逐渐扩大，直到两种液体中的物质浓度完全均匀一致，这就是分子扩散所引起的弥散现象。

分子扩散作用是由液体中浓度差的物理-化学势引起的，是分子布朗运动的一种现象。不仅在液体静止时有分子扩散，在运动状态下同样也有分子扩散，既有沿运动方向的纵向扩散，也有横向扩散。

扩散作用在地层中进行得很慢，特别是在黏性土层中更慢。虽然污染地下水在含水层中的弥散，原则上可以由单纯的扩散作用来实现，但这要视污染物的浓度与天然水中该种物质背景浓度的差异大小，即取决于浓度梯度。如果浓度梯度不是很大，这种弥散实际上是很缓慢的。

因此，如果迁移的距离大于数米或者要求预报的期限不是太长的，就可以在计算预报污染物的分布时，可以不考虑分子扩散作用。只有在没有渗流的条件下研究很短距离的迁移时，或在实验室研究中，才应考虑分子的扩散作用。

2. 渗透分散

两种不同浓度液体分界面处，除了由于分子扩散引起的弥散外，由于液体质点在渗流中的速度不同，也会引起弥散。物质随渗透水流一同迁移时速度不均所产生的弥散现象称为渗透分散或对流作用。这常常是自然界中引起弥散的主要原因。

（二）挥发运动方式

在包气带或饱水带中，当溶解的污染物或非水相污染物与气相接触时，会发生挥发作用。影响挥发的因素有化合物的水溶解性、蒸气压及土壤的吸附作用等。其中，蒸气压是影响有机物挥发的主要参数，受温度的影响较大。Cohen 认为温度每升高 10 ℃，挥发性将增大四倍，蒸气压表征了化合物蒸发的趋势，也可以说是有机溶质在气体中的溶解度。

根据亨利定律常数的大小，可以初步判断物质由液相向气相转移的速率。当亨利定律常数小于 3×10^{-2} Pa · m^3/mol 时，则认为化合物基本不挥发；当亨利定律常数大于 3×10^{-2} Pa · m^3/mol 时，则认为挥发作用是主要的物质迁移机制。

位于土壤深层的污染物，在从地表挥发至大气之前，须先迁移至地表，这个过程一般认为属于一维扩散。由于土壤的非均匀性，此时费克第一定律不适用，须用费克第二定律近似描述土壤中化合物进入大气的过程。

（三）吸附作用方式

吸附作用是污染物质在多孔介质饱和水中迁移转化的重要因素。土壤颗粒能有效地降低土壤水中的重金属和有机化合物，例如重金属中的铜、铅、锌、汞、镍、钴、锰、铁等，农药中的六氯化苯（666），氯福斯（敌百虫）碳福基等。吸附使有机物滞留于土壤和沉积物中，从而影响其移动性。土壤、沉积物对有机污染物的吸附实际上是由土壤、沉积物中的矿物组分和土壤、沉积物中的有机质两部分共同作用的结果。

由于矿物质表面具有极性，在水环境中发生偶极作用，极性水分子与矿物质表面结合，占据矿物质表层的吸附位，非极性的有机物较难与矿物质结合从而容易分配到非水相中去，即沉积物或悬浮颗粒物上，吸附对有机物作用明显。吸附速率取决于污染物质组分特性和浓度、岩土特性、液体的 pH 值、温度等。

（四）生物降解方式

土壤和沉积物中的微生物在许多有机物的中间和最终降解过程中起到了很大的作用。微生物在其代谢过程中，分解有机化合物，获得生长、繁殖所需的碳及能量。有机物的生物降解是一个氧化还原反应，有机物失去电子被氧化，电子受体得到电子被还原。通常，有机物被氧化时首先选择的电子受体为氧，其次是 NO_3^-、Fe^{3+}、SO_4^{2-}和 CO_2等。

影响有机物生物降解的因素主要有两类：一是污染物的特性（有机化合物的结构及物理、化学性质）；二是微生物本身的特性。不同的有机化合物，其生物可降解性不同。

结构简单的有机物一般先降解，结构复杂的后降解。分子量小的有机物比分子量大的有机物易降解。有机化合物主要分子链上除碳元素外还有其他元素不易被氧化。取代基的位置，数量和碳链的长短影响化合物的生物降解。易溶于水的化合物较难溶于水的化合物易被生物降解，不溶于水的化合物，其代谢反应只限于微生物能接触的水和污染物的界面处，有限的接触面妨碍了难溶化合物的代谢。

温度对土壤中微生物的活性影响很大，一般来说，在0~35 ℃温度范围内，增高温度能促进细菌的活动，适宜温度通常为25~35 ℃。大多数微生物对pH值的适应范围在4~10，最适宜值为6.5~7.5，过高或过低的pH值对微生物的生长繁殖不利。土壤中湿度的大小影响含氧量的高低，溶解氧和*Eh*的大小决定着生物降解过程中何种化合物作为电子受体。吸附作用阻碍有机物的生物降解。

三、多孔介质中溶质运移的理想模型

在研究复杂系统中的现象时，最有效的工具之一是理想模型法。下面将简单介绍和描述多孔介质中溶质迁移的几种理想模型。通过研究理想模型可以对弥散的机制和各种参数有更为深入的了解。

理想模型法是对复杂实际系统的一种简化处理方法，即用某些假想的、能够进行数学处理的、比较简单的系统来代替难以进行数学处理的复杂实际系统。通过对假想系统，即对理想模型的数学分析，揭示系统中各个变量直接的相互关系，并用物理定律或数学方程的形式确切表达出来。

对于同一个系统或现象，可以有许多种不同的简化方式，也就是说存在许多不同的理想模型。不同的模型中往往包含着不同的参数，可导出不同的结果。因此，理想模型的正确性必须通过实验来验证。在建立理想模型时，一方面，要注意模型尽量简单，忽略各种相对次要的因素，便于进行数学处理；另一方面，要抓住实际系统或现象中最本质的属性，把它们反映到理想模型中以避免理想模型的严重失真。

（一）建立理想模型的步骤

建立理想模型通常包括三个步骤：

(1) 设计模型。把实际的复杂现象或系统简化成能够进行数学处理的程序，同时保留研究现象的基本特征。

（2）分析模型。对设计的理想模型进行分析，导出研究现象的数学关系式，即定律。

（3）检验模型。在实验室进行控制实验或在现场对现象进行观察，以检验所得定律的正确性，并确定其中的数值系数。

在应用理想模型研究气体运动、流体运动、热传导、分子扩散等现象时，由于多孔介质中发生的溶质运移过程非常复杂，不可能在微观水平上对它进行精确的数学处理，因此就需要用某种简化的但仍能保留弥散现象基本特征的理想模型来代替。例如，把多孔介质设想为相互连通的毛管系统，把流体质点在多孔介质中的运动设想为微观的随机游动，对这些简化的模型就能进行数学描述。包括 Darcy 定律、Fick 定律以及各种守恒定律均可在理想模型的基础上用数学方法推导出来，并能揭示出各个参数之间的内在联系，然后通过室内或现场实验确定出这些定律中出现的各种系数。

（二）理想模型的类型

研究多孔介质中溶质运移的理想模型大致可以分为三类：第一类是几何模型；第二类是统计模型；第三类是前两者的集合，称为统计几何模型。下面简单介绍一下几何模型和统计模型。

1. 几何模型

几何模型是最早用来研究水盐运动的模型，该模型是对溶质运移过程进行充分简化而建立的。几何模型分为活塞流渗漏模型、单毛管理论模型、毛管束模型。

（1）活塞流渗漏模型。活塞流渗漏模型是由土壤中水分运动活塞流模型发展而来的，是理想化的溶质运移物理模型之一。其基本假定为：①土壤孔隙是一个直径为 D 的圆形直管；②溶质和水以同一流速 v 流动，并且不考虑流速分布和土壤与溶质的反应；③不考虑分子扩散作用；④不考虑土体结构变化。

该模型基于一种溶液向下渗入，就像活塞在冷缸中运动一样，将土壤孔隙中另一种溶剂挤走的假定。

（2）单毛管理论模型。单毛管理论也称为管流理论。将活塞模型中沿横断面的流速分布假定为层流就成为单毛管模型。

（3）毛管束模型。毛管束模型根据土壤水分特征曲线，把土壤看作一系列粗细不等的毛管组成的毛管束的组合体。该模型的假定为：①土壤由一系列粗细不等的毛管组成，用管径分布来反映土壤水分特征；②溶质在土壤中迁移主要是对流，分子扩散作用很弱，不可忽略不计；③土壤中水分为可动水和不动水两部分，二者之间质量交换处于瞬时平衡状态；④土壤结构不发生变化。

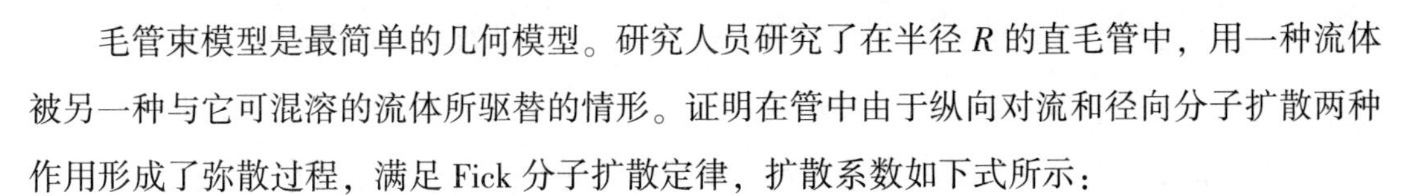

毛管束模型是最简单的几何模型。研究人员研究了在半径 R 的直毛管中，用一种流体被另一种与它可混溶的流体所驱替的情形。证明在管中由于纵向对流和径向分子扩散两种作用形成了弥散过程，满足 Fick 分子扩散定律，扩散系数如下式所示：

$$D_L' = (R^2/48D_d)\,|u|^2$$

这种简单的毛管模型已被应用到具有不同直径的毛管束实验中，实验证实所产生的弥散既依赖每个管中抛物线形速度分布，又依赖所有管中的平均速度分布。

用几何模型来描述多孔介质中的复杂现象是困难的。模型过于复杂，就难以建立起描述这些现象的数学关系式；反之模型过于简单，又不能充分反映现象的本质。例如，上述的毛管束模型和理想混合器模型都没有把十分重要的横向弥散现象包括在内。

2. 统计模型

随着计算机计算和存储能力的提高，统计模型越来越引起人们的关注，一些基于统计分析的三维孔隙模型相继出现，与真实孔隙结构相似，这些模型具有很好的几何相似性。

在研究多孔介质中溶质运移现象时，使用统计方法的根据是，示踪剂质点的运动带有一定的随机性。不仅示踪剂质点运动的分子扩散是随机的，而且多孔介质孔隙通道的出现也是随机的。后者使机械弥散带有随机性。因此，不可能精准地预测个别示踪剂质点的运动。但在建立了统计模型以后，就能够根据统计规律预测大量示踪剂质点运动的平均结果。

随机函数模型认为当溶质从某一点进入多孔介质中时，由于各种随机因素的影响，溶质质点不能完全按照原来的流向轨迹运动，从而发生偏离；另外，溶质质点在介质孔隙中的运动虽然在主体存在着沿流向运动的趋势，但在运动的时间和方向上存在着随机趋势。

用于描述弥散现象最简单的统计模型是一维随机游动模型。在这个模型中，一个质点沿直线移动多步，每一步长度相等，每一步的方向按相同概率的50%，可能向前走也可能向后走。它在 N 个位移后到达点 M 的概率 P（M，N），服从伯努利分布。由此能够推出纵向弥散系数与平均速度成正比的结论。

研究人员也研究了随机游动理论，并把它推广到了三维情形。从这一模型出发可以推导出，在 $t=0$ 时，从同一个点旁边出发的大量示踪剂质点，将围绕其中心呈正态分布，而中心则以流动的平均速度运动着。这一形态隐含着弥散系数在各个方向上都相对的结论。但事实上，示踪剂的传播不是各向同性的，也就是说，尽管介质是各向同性的，但纵向弥散一般不同于横向弥散。因此，该模型没有反映出弥散系数的张量本性。

另有研究人员通过砂岩 CT 扫描实验获取了岩石孔隙的几何信息和统计分布特征后，尝试利用蒙特卡罗方法和随机数生成算法，通过自编程序和 FLAC 重建一个具有相同孔隙统计特征和概率密度函数的岩石三维孔隙结构模型。研究得到各层孔隙的中心十分接近圆形截面中心，孔隙数沿圆周近似均匀分布；孔隙间距符合高斯正态分布；孔隙孔径由小到大其密度呈指数递减规律，并给出了各自分布的统计参数和概率密度函数。

总之，借助于理想模型可以导出多孔介质中有关渗流和弥散的所有基本方程，及其方程中的系数与基本的介质参数、流体参数和流动参数之间的关系。然而这些关系最终都要靠实验来检验和验证，参数的数值也要靠实验来确定。

第三节　典型研究区地下水污染物运移案例解析

典型研究区是以石油化工、精细化工、化工新材料、生物制药为主要产业结构的工业园区。该园区涉及多类型重点污染行业类别，且园区位于典型冲海积平原区域，地质构造较为特殊，在园区建立非饱和带溶质运移模型及饱和带溶质运移模型对于地下水污染源解析具有较为重要的意义，因此选定该园区建立典型研究区非饱和带及饱和带地下水流动数值模型、溶质运移模型。园区面积约 49.21 km^2。

一、地下水数值模型求解方法

数值模型用于求解代表地下水流运动的偏微分方程，并给出近似解，模型的主要特点包括：①模型仅在为问题定义的空间和时间域（离散值）中的指定点求解，这些点被视为整个区域的不连续状态变量；②描述地下水流运动的偏微分方程在某些点通过一组数学方程转化为状态变量的离散值；③其解是针对各种模型系数的一组指定的数值，而不是这些系数的一般关系；④使用计算机程序来求解大量必须同时求解的方程。目前，已发展出有限差分法（Finite-Difference Method，FDM）、有限元法（Finite Element Method，FEM）、有限体积法（Finite Volume Method，FVM）、边界元和粒子追踪等数值求解方法。①

（一）有限差分法

有限差分法（FDM）是根据含水层的特征和条件，将差分方程中的偏导数在小范围内用代数表达式进行变换，问题域被分割成一系列被称为节点的离散点，用一组离散的点替换连续介质，并为每个节点分配各种水文地质参数。FDM 可用于时间和空间离散化，利用

① 卢洪健．地下水模拟方法与应用软件研究进展［J］．地下水．2022，44（06）：49-52.

定义参数间时空关系的差分算子来替换偏导数，所建立的模型在每个节点上通过获取该节点上一组代数方程的解来求解，通常会采用一些迭代方法来求解简化方程。

该方法利用时间步长开始时的初始条件以及时间步长期间发生的含水层抽水或回灌率来计算时间步长结束时的未知水头。因此，在每一个时间步长中需要同时求解大量的方程，这使得该模拟技术对需要长期模拟大型含水层的地下水规划和管理目标来说非常耗时。

FDM 的优点是易于跟踪包括复杂加载路径和高度非线性行为的复杂系统，易于理解和编写程序，因此是求解大型非线性地下水流运动问题的一种经济方法。然而，对于不规则几何域，FDM 的使用是困难的。通常来讲，具有规则网格系统的传统 FDM 方法存在形状域不规则、边界条件复杂、材料非均质性等缺点。

（二）有限元法

在有限元法（FEM）中，不规则形状区域可以划分为一组具有不同尺寸或形状的单元。为了反映状态变量或参数值的变化，可以更改元素大小。采用直接法、加权残值法和变分法等方法对单元的偏微分方程进行近似，以获得一组代数方程。因变量的分段连续表示以及地下水系统的参数（可能）可以提高数值近似的精度。对于许多地下水问题，有限元法优于经典的有限差分模型。具有不规则形状区域、复杂边界条件和材料非均质性的地下水问题可以使用有限元建模，而 FDM 意味着复杂的插值格式来逼近复杂的边界条件。

将问题域划分为若干非重叠单元，作为有限元法求解地下水流动或溶质运移问题的第一步。将问题域替换为一系列节点和离散单元或有限元网格，这些元素通过将两个或多个节点连接在一起。然后，为每个节点分配一个节点号，为每个元素分配一个元素号，元素可以具有任意大小的一维、二维或三维，在每个要素中，应规定地下水流动特征。利用地下水流动和溶质运移过程的知识绘制网格是一种有助于以合理的计算负担和可接受的精度获得地下水系统解的方法。这可以通过流动或运输过程可视化和流网来实现，可以使用不同的有限元网格类型进行建模，结果可能相似。因此，建模时没有唯一的网格类型和大小选择。

与粗网格相比，使用细网格进行有限元建模可以得到更精确的解，从而导致精度较低。精细网格有更多的节点，需要更多的计算工作来获得解决方案，因此，它是计算负担和建模精度之间的权衡。网格大小可以通过使用更细的网格重复计算来确定，并查看结果的变化有多大。在建模的第一次重复中，可以使用几个节点生成粗略的有限元网格。因此，只需很少的计算工作就可以导出一个解。在重复建模过程中，可以准备更精细的有限元网格，这需要更多的计算工作，并导致更精确的解决方案。

（三）有限体积法

在有限体积法（FVM）中，通过将计算函数划分为控制体积，并将加权函数设置为统一于控制体积，生成了许多加权残差方程。在控制体积中，残差的积分必须等于零。问题域被划分为多个控制卷，没有重叠。将微分方程积分到围绕每个网格点的一个控制体积上。分段连续性表示网格点之间的变化，用于计算积分。结果是包含一组网格点的离散化方程。在离散化方程中得到了有限控制体积的守恒原理。质量、动量和能量等量的积分守恒在任何控制体积组和整个问题域上都是完全满足的。对于任意数量的网格点，即使是粗略的网格解也能显示出精确的积分平衡。在 FVM 中，不需要结构化网格，变量位于体积内，因此可以无创地应用边界条件。

在 FDM 中，偏微分方程中的一阶导数由相邻节点的自变量值之间的差来近似，考虑节点之间的距离，并考虑两个连续时间的步长增量的持续时间。在 FEM 中，因变量和参数的函数用于评估偏微分方程（PDE）的等效积分公式。虽然每种方法都有一些优点和缺点，但由于概念和数学上的简单性，FDM 通常更容易编程。在上述方法中，有两种求解偏微分方程的方法来获得因变量的网格点值。FEM 中使用的一种方法是，头部变量由网格点值组成，形状函数用于网格点之间的插值。另一种方法是在 FDM 中使用，忽略网格之间的水头变化，方程式包括水头的网格点值。

FDM 在不规则含水层边界和含水层内区域参数的紧密空间近似方面具有灵活性。然而，与常规矩形有限差分网格相比，不规则有限元网格的网格生成、输入数据集的规格说明和构造要困难得多。FVM 是一种将偏微分方程表示为代数方程并进行计算的方法。与 FDM 类似，在网格几何体上的离散位置计算值。与 FDM 相比，FVM 的一个优点是它不需要结构化网格，在粗非均匀网格和网格移动以跟踪界面或冲击的计算中尤其强大。

二、地下水模拟软件简介

随着计算机技术的飞速发展，利用科学的计算方法，对地下水污染物进行溶质运移分析已成为当前进行地下水污染防治必不可少的技术手段。目前，国外已经发展了一系列地下水数值模拟软件，如 GMS、Visual Modflow 和 FEFLOW、COMSOL Multiphysics 等（表 3-1）。国内很多学者采用国外主流地下水软件，或进行二次开发，针对中国地下水进行模拟应用研究，为地下水决策管理发挥了重要的基础支撑。

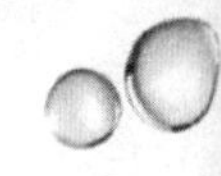

表 3-1　国际主流地下水模拟软件

软件名称	开发者	功能	特点
GMS	美国 Brigham Young 大学和美军排水工程试验工作站	综合 modflow、fem - water、mt3dms、seawat、pest 等地下水模型，用于地下水环境模拟的综合性图形界面软件	强大的前、后处理功能，良好的三维可视效果，是国际上最受欢迎的地下水模拟软件之一
Visual Modflow	加拿大 Wa - terloo Hydrogeologic Inc.	在 Modflow 模型基础上，综合 Modpath 等模型，应用现代可视化技术开发研制的地下水水流模型	基于有限差地下水水流模拟软件的三维软件
FEFLOW	德国水资源规划与系统研究所	用于二维和三维稳定、非稳定流和污染物运移模拟；带有非线性吸附作用、衰变、对流、弥散的污染物运移模拟	基于有限元的三维地下水水流及水质模拟软件
COMSOL Multiphysics	瑞典康模数尔公司	可考虑固、液、气相中自由、饱和、变饱和流动对应的溶质运移，最终求得地下污染物在非饱和带-饱和带中的迁移过程，真实意义上实现多组分、多过程耦合的数值模拟	基于有限元数值算法的多物理场建模与仿真软件

（一）Visual Modflow 软件

MODFLOW（Modular Three-dimensional Finite Difference Groundwater Flow Model）是由美国地质调查局于 20 世纪 80 年代开发出来的三维地下水流数值模拟模型。该软件以有限差分法为基本原理，即在不考虑水的密度变化条件下，孔隙介质中地下水在三维空间的流动可以偏微分方程来表示。通过模拟不规则形状水流系统中的定常和非定常流，其中含水层可以是承压、非承压或承压和非承压的组合，可以模拟来自外部应力的流量，例如流入井、地表补给、蒸散、流入排水沟和流经河床的流量。该软件可以模拟特定的水头和通量边界，还能够模拟穿过模型外边界的水头相关流量，从而允许以与模型区域外水源和边界块之间的当前水头差成比例的速率向模型区域内的边界块供水。除了模拟地下水流动外，MODFLOW 的应用范围已经扩展到溶质运移和参数估计等功能。

在 MODFLOW 软件基础上，加拿大 Waterloo Hydrogeologic Inc. 应用现代可视化技术开

发研制出 Visual MODFLOW，于 1994 年 8 月首次在国际上公开发行。Visual MODFLOW 以其求解方法的简单实用、适应范围的广泛及可视化功能的强大正成为最有影响的地下水模拟平台环境。然而实践也证明，对于复杂的地质条件、不饱和流动、密度变化的流动（海水入侵）、热对流等棘手的问题，Visual MODFLOW 往往并不适合。

（二）FEFLOW 软件

基于有限元法的 FEFLOW（Finite element subsurface FLOW system）软件由德国 WASY 水资源规划和系统研究所于 1979 年开发出来。FEFLOW 是现有的功能最齐全、最复杂的地下水模拟软件包之一，用于模拟多孔介质中饱和及非饱和地下水流与污染物的运移。FEFLOW 软件具有图形人机对话、地理信息系统数据接口、自动产生空间各种有限元网格、空间参数区域化及快速精确的数值算法和先进的图形视觉化技术等特点。由于它是为满足专门从事复杂地下水模拟工程的专家对技术的要求而设计的，对含水层分层、单元剖分、离散点插值、数据转换、边界条件赋值、河流边界、含水层均衡项等高效处理的特点，使其适宜于大区域地下水流模拟。

（三）GMS 软件

地下水模拟系统（Groundwater Modeling System），简称 GMS，是美国 Brigham Young University 的环境模型研究实验室和美国军队排水工程试验工作站在综合 MODFLOW、FEMWA-TER、MT3DMS、RT3D、SEAM3D、MODPATH、SEEP2D、NUFT、UTCHEM 等已有地下水模型的基础上，开发的一个综合性、用于地下水模拟的图形界面软件。其图形界面由下拉菜单、编辑条、常用模块、工具栏、快捷键和帮助条六部分组成，使用起来非常便捷。由于 GMS 软件具有良好的使用界面，强大的前处理、后处理功能及优良的三维可视效果，目前已成为国际上最受欢迎的地下水模拟软件。

（四）COMSOL Multiphysics 软件

COMSOL Multiphysics 是瑞典康模数尔公司于 1998 年发布的一款多物理场建模与仿真软件，COMSOL 以有限元数值算法为基础，通过求解偏微分方程（单场）或偏微分方程组（多场）来实现真实物理现象的仿真，用数学方法求解真实世界的物理现象。其应用范围涵盖从流体流动、热传导，到结构力学、电磁分析等多种物理场，用户可以根据需求快速地建立数值模型。COMSOL 中定义模型非常灵活，材料属性、源汇项以及边界条件等可以是常数、任意变量的函数、逻辑表达式，或者直接是一个代表实测数据的插值函数等。

COMSOL 使用全局隐式方法同时求解 Richards 方程的三维形式，可同时求解包气带-饱和带渗流，甚至裂隙流过程。同时，由于其本身基于多场耦合特性，求解所得到的渗流场可直接与三维反应性物质运移模拟（对流弥散方程）耦合，可考虑固、液、气相中自由、饱和、变饱和流动对应的溶质运移，最终求得地下污染物在非饱和带-饱和带中的迁移过程，真实意义上实现多组分、多过程耦合的数值模拟。同时，COMSOL 地下水模块可考虑多孔介质中的热传导和对流、相变、线弹性等过程，同时可与任意物理场（化学反应、动力学、电磁场）耦合。

COMSOL 本身可以针对污染物在点、线、面上以短历时或持续污染形式开展模拟，模型参数调整灵活方便，模拟时间也可根据需求修改。此外，COMSOL 一大优势就是多组分化学过程以及多物理过程模拟，根据需求可以进一步优化模型结构、模型参数、模型污染组分、模拟时间等。简言之，用户可以根据实际需要在现有的模型基础上开展进一步模拟验证工作。

本次工作采用 COMSOL Multiphysics 作为模型软件开展数值模拟研究，考虑到 COMSOL 模型界面复杂，我们结合实际需求，在原有模型基础上，进一步开发了简化版本的污染物运移模型，详细情况描述如下：

模型界面主要分为四个窗口（图 3-3）：菜单栏、参数输入、结果输出以及结果展示。在参数输入窗口，用户可以根据需求输入点源位置以及污染物浓度；根据输入参数，需要重新建立模型并在空间上重新剖分三角形有限元网格。在点击模型计算后，可以通过结果输出查看研究区三个地下水国家控制点上的对应污染物浓度随时间变化值，也可以通过菜单栏点击不同结果选项，并在结果展示窗口查看对应结果。

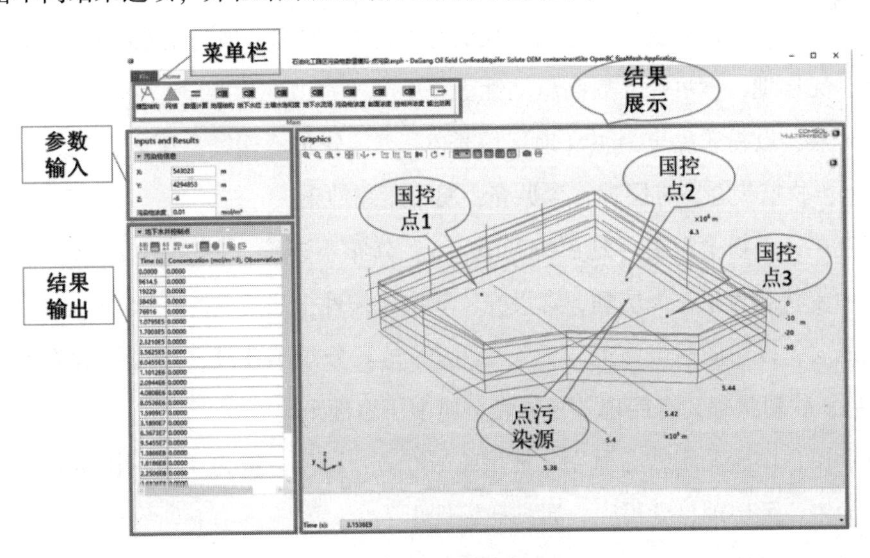

图 3-3 软件模型界面图

三、水文地质条件

（一）地层岩性

根据本次搜集的勘察资料和相关地基土层序划分技术规程，该区域埋深约30.00m深度范围内，地基土按成因年代可分为以下6层，按力学性质可进一步划分为13个亚层，现自上而下分述之：

1. 人工填土层（Qml）

全场地均有分布，厚度0.50~3.60 m，底板标高为2.73~0.07 m，该层从上而下可分为两个亚层。

第一亚层，杂填土（地层编号$①_1$）：局部分布，厚度一般为0.70 m左右，呈杂色，松散状态，由砖块、砼渣、废土组成。

第二亚层，素填土（地层编号$①_2$）：厚度一般为0.50~3.60 m，呈褐色，以可塑状态为主，无层理，以粉质黏土质为主，含石子、废土，属高压缩性土。

2. 新近冲积层（$Q_4^{3N}al$）

分布不连续，厚度一般为1.60~2.30 m，顶板标高一般为2.73~1.72 m，主要由粉质黏土（地层编号$③_1$）组成，呈褐黄-灰黄色，以软塑-可塑状态为主，无层理，含铁质，属中压缩性土。

3. 全新统中组海相沉积层（Q_4^2m）

厚度12.90~15.00 m，顶板标高为1.13~-0.28 m，该层从上而下可分为6个亚层。

第一亚层，以淤泥质黏土为主（地层编号$⑥_{1-1}$）：厚度一般为1.00~6.70 m，呈灰色，流塑状态，无层理，含贝壳，属高压缩性土。

第二亚层，以粉质黏土为主（地层编号$⑥_{1-2}$）：分布不连续，厚度一般为1.30~4.00 m，呈灰色，软塑状态，有层理，含贝壳，属中压缩性土。

第三亚层，以粉土为主（地层编号$⑥_{1-3}$）：分布不连续，厚度一般为0.60~2.20 m，呈灰色，中密状态为主，无层理，含贝壳，属中压缩性土。

第四亚层，以粉质黏土为主（地层编号$⑥_{1-4}$）：分布不连续，厚度一般为1.90~3.20 m，呈灰色，软塑状态，有层理，含贝壳，属中压缩性土。

第五亚层，以淤泥质黏土为主（地层编号$⑥_2$）：厚度一般为4.50~10.80 m，呈灰色，流塑状态为主，无层理，含贝壳，属高压缩性土。

第六亚层，粉质黏土为主（地层编号$⑥_4$）：厚度一般为1.40m~3.30m，呈灰色，以

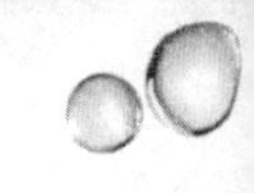

软塑状态为主，有层理，含贝壳，属中压缩性土。

4. 全新统下组沼泽相沉积层（Q_4^1h）

厚度 1.00~2.00 m，顶板标高为-12.59~-14.80 m，主要由粉质黏土（地层编号⑦）组成，呈浅灰~黑灰色，可塑状态，无层理，含有机质、腐殖物，属中压缩性土。

5. 全新统下组陆相冲积层（Q_4^1al）

厚度 5.50~9.60 m，顶板标高为-13.89~-15.85 m，该层从上而下可分为两个亚层。

第一亚层，粉质黏土（地层编号$⑧_1$）：厚度一般为 1.70~5.10 m，呈灰黄—黄灰色，可塑状态，无层理，含铁质，属中压缩性土。

第二亚层，粉土（地层编号$⑧_2$）：厚度一般为 3.50~9.30 m，呈灰黄—黄灰色，密实状态，无层理，含铁质，属中（偏低）压缩性土。

6. 上更新统第五组陆相冲积层（Q_3^eal）

本次搜集勘察钻孔最低至标高-26.49 m，未穿透此层，揭露最大厚度 5.50 m，顶板标高为-20.39~-24.43 m，主要由粉质黏土组成，呈褐黄—黄褐色，可塑状态，无层理，含铁质，属中压缩性土。

（二）地下水赋存条件

包气带：主要指地下水位以上的人工填土层（Qml）杂填土（地层编号$①_1$）、素填土（地层编号$①_2$）及新近冲积层（$Q_4^{3N}al$）粉质黏土（地层编号$③_1$），包气带厚度一般约为 0.50~1.70 m。

潜水含水层：主要由地下水位以下的人工填土层（Qml）素填土（地层编号$①_2$）、新近冲积层（$Q_4^{3N}al$）粉质黏土（地层编号$③_1$）、全新统中组海相沉积层（Q_4^2m）以淤泥质黏土为主（地层编号$⑥_{1-1}$）、以粉质黏土为主（地层编号$⑥_{1-2}$）、粉土为主（地层编号$⑥_{1-3}$）、以粉质黏土为主（地层编号$⑥_{1-4}$）、以淤泥质黏土为主（地层编号$⑥_2$）、以粉质黏土为主（地层编号$⑥_4$）组成，底板埋深一般为 15.20~18.00 m，厚度约为 13.90~17.10 m。

潜水相对隔水层：主要由全新统下组沼泽相沉积层（Q_4^1h）粉质黏土（地层编号⑦）、全新统下组陆相冲积层（Q_4^1al）粉质黏土（地层编号$⑧_1$）组成，该层总体透水性以极微透水为主，具相对隔水作用。

（三）地下水补、径、排条件

研究区潜水在自然条件下侧向径流极为缓慢，局部受地形、地势、地表水影响；垂向上主要由大气降水补给、以蒸发形式排泄，体现为入渗-蒸发动态类型。

本次量测稳定自然水位（2022 年 6—7 月），各观测井信息及观测结果见表 3-2，水位高程等值线图见图 3-4。研究区潜水水位埋深一般介于 0.72~2.68 m，水位高程一般介于 1.27~2.34 m。目前研究区潜水含水层形成了由西南向东北的地下水流场，潜水平均水力坡度一般约为 0.33‰。

表 3-2　监测井信息及监测结果表

编号	井深（m）	地面高程（m）	水位埋深（m）	水位高程（m）	备注
D01-W02	18.0	2.64	0.72	1.92	新建
D01-W03	18.0	2.81	0.87	1.94	新建
D01-W04	18.0	2.94	1.08	1.86	新建
D01-W05	18.0	4.42	2.12	2.30	新建
D01-W10	9.4	3.40	1.25	2.15	现有
D01-W19	14.3	3.15	1.24	1.91	现有
D01-W35	2.9	2.75	0.83	1.92	现有
D01-W65	3.1	3.07	0.73	2.34	现有
D01-W81	18.7	3.95	2.68	1.27	现有
D01-W99	3.7	2.66	0.83	1.83	现有

注：水位埋深指水位相对地表埋深，坐标系统采用 1990 年该地区任意直角坐标系。

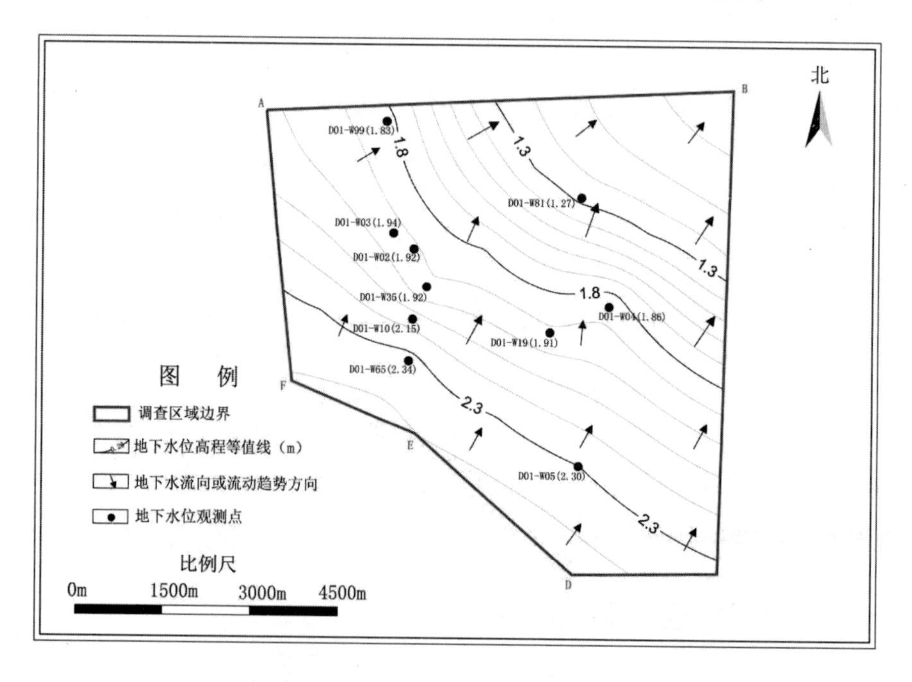

图 3-4　地下水水位高程等值线图

（四）水文地质基本参数

1. 抽水试验

本次抽水试验抽水层位为潜水含水层。

按单井抽水不带观测井考虑，抽水试验在水位水质监测井 D01-W02、D01-W03、D01-W04、D01-W05 中进行，井深为 18.0 m，为完整井。抽水试验计算结果见表 3-3 所示。

表 3-3　抽水试验计算结果一览表

井号	渗透系数 K（m/d）		影响半径 R（m）	
	计算值	平均值	计算值	平均值
D01-W02	0.14	0.14	14.39	12.56
D01-W03	0.15		13.09	
D01-W04	0.13		13.85	
D01-W05	0.12		8.92	

2. 渗水试验

研究区包气带厚度约 0.50~1.70 m，以粉黏土质为主，局部填土含砖渣、石子，通过现场双环渗水试验求得试验点 D01-W02 的垂向渗透系数为 4.853×10^{-5} cm/s、试验点 D01-W03 的垂向渗透系数为 6.900×10^{-5} cm/s，试验点 D01-W04 的垂向渗透系数为 8.746×10^{-5} cm/s，试验点 D01-W05 的垂向渗透系数为 1.057×10^{-4} cm/s，研究区面积较大，受填垫土质影响具有一定差异性，最终取研究区内 4 个渗水试验的平均值 7.767×10^{-5} cm/s 作为包气带渗透系数。研究区包气带垂向渗透系数见表 3-4。

表 3-4　渗水试验结果

编号	稳定注入流量（mL/s）	内环直径（cm）	入渗深度（cm）	毛细上升高度（cm）	试验水头高度（cm）	渗透系数（cm/s）
D01-W02	0.0833	25	22	90	10	4.853×10^{-5}
D01-W03	0.1083	25	25	90	10	6.900×10^{-5}
D01-W04	0.1167	25	32	90	10	8.746×10^{-5}
D01-W05	0.1333	25	35	90	10	1.057×10^{-4}
平均值						7.767×10^{-5}

四、基于数值模拟的源解析

（一）水文地质概念模型

水文地质概念模型是根据建模的目的，简化实际水文条件并组织相关数据，以便能够分析地下水系统，为建立水流-污染物运移数值模拟模型提供依据。通过水文条件概化，确定模型的范围和边界条件、水文地质结构，为建立数值模型奠定基础。

1. 地层结构

在收集研究区历史钻孔数据基础上，根据该园区水文地质调查报告获取的 16 口钻孔数据，依据沉积物和含水层特性，将研究区 30 米以内的地层属性从上至下概化为 6 层，岩层分层概化及其分层剖面示意图如图 3-5 所示。6 个岩层依次包括杂填土、粉质黏土、粉黏/粉土、粉/泥质黏土、粉土、黏土/粉黏，每层的平均厚度分别约为 1.44 m、4.35 m、6.52 m、6.69 m、5.95 m、5.05 m。其中，杂填土、粉质黏土、粉黏/粉土概化为潜水含水层，粉土概化为含水层，其余层位为弱透水或者隔水层。

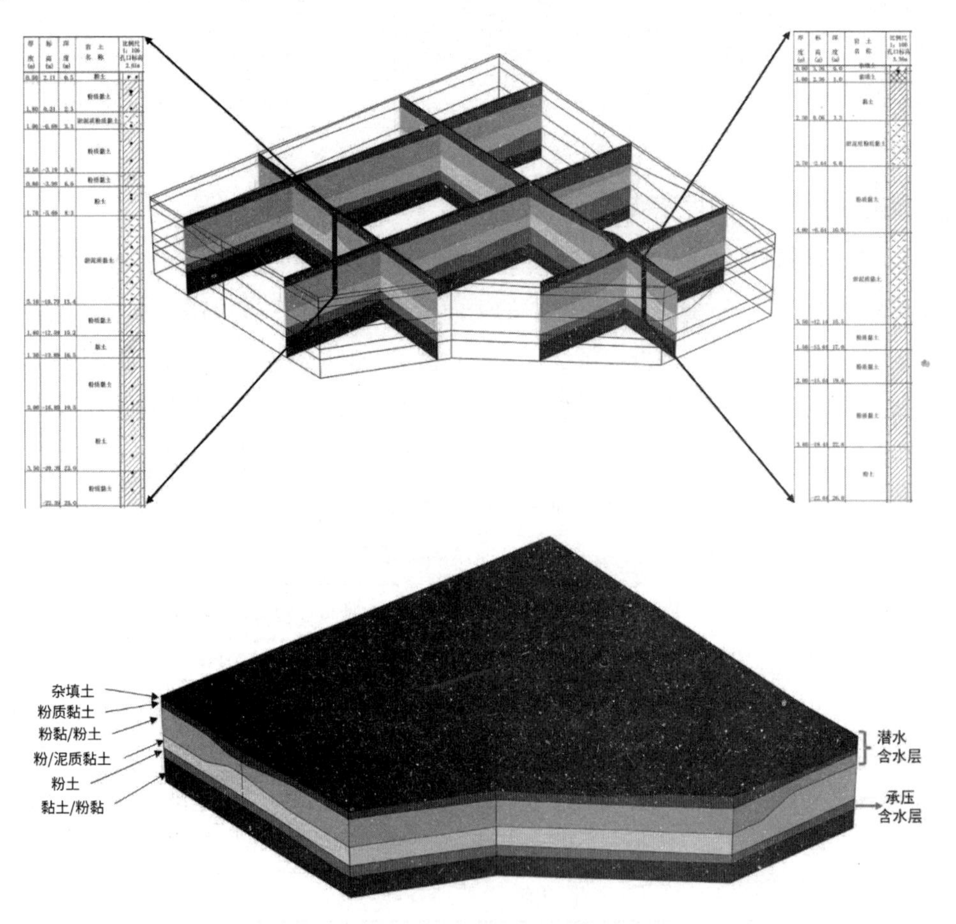

图 3-5 研究区岩性分层概化示意图

2. 水文地质参数

含水层参数主要是根据研究区的水文地质条件、岩土实验、野外抽水试验等工作成果来确定，理查德森方程参数依据相关文献获取经验值。各个含水层/弱透水层假定为水平各向同性、垂向上渗透系数约为水平的 0.8 倍。每个岩层的水文地质参数经过校正后得到

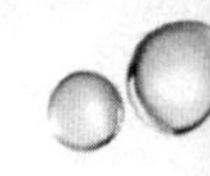

的结果如表 3-5 所示 L

表 3-5　研究区水文地质参数一览表

层位	岩性	厚度/m	平均渗透系数/（m/d）		孔隙度	理查德森方程参数		
			水平	垂直		进气值/（L/m）	n	残余含水量/%
1	杂填土	1.40	0.07300	0.05840	0.35	0.7	1.9	3
2	粉质黏土	3.80	0.03800	0.03040	0.42	0.6	1.8	3
3	粉黏/粉土	5.00	0.48000	0.38400	0.31	0.9	2.0	3
4	粉/泥质黏土	9.70	0.02500	0.02000	0.36	0.6	1.8	3
5	粉土	4.90	0.83000	0.66400	0.29	0.9	2.0	3
6	黏土/粉黏	5.10	0.00068	0.00054	0.38	0.6	1.8	3

（二）地下水流动数值模型

由于地下水系统具有整体性，在建立地下水模型时应考虑相对完整的地下水系统（包气带和饱和带），因此需要在模型建立时充分利用地下水系统的天然边界，尽可能考虑相对完整的水文地质单元，从地下水系统的角度出发，在研究区建立统一的地下水模型，以避免人为影响因素使模型失真。

1. 地下水渗流数学控制方程

可以通过求解 Richards 方程用来模拟地下水在非饱和带（包气带）中的流动过程：

$$\rho\left(\frac{C_m}{\rho g}+S_eS\right)\frac{\partial p}{\partial t}+\nabla\cdot\rho\left[-\frac{k_s}{\mu}k_r(\nabla p+\rho g\nabla z)\right]=Q_m \tag{3-19}$$

$$U=-\frac{k_s}{\mu}k_r(\nabla p+\rho g\nabla z) \tag{3-20}$$

式中：p——压力；

ρ——水的密度；

g——重力加速度；

C_m——比水容重；

S_e——有效饱和度；

S——储水系数；

k_r——饱和渗透率；

k_r——相对渗透率；

μ——水的黏滞系数；

z——高程；

Q_m——源汇项；

U——速度向量。

其中，C_m、S_e和k_r可根据 van Genuchten 相关模型确定：

$$S_e = \begin{cases} \dfrac{1}{[1 + |\alpha H_P|^n]^m}, & p < 0 \\ 1, & p \geq 0 \end{cases} \tag{3-21}$$

$$C_m = \begin{cases} \dfrac{\alpha m}{1 - m}(\theta_s - \theta_r) S_e^{\frac{1}{m}} (1 - S_e^{\frac{1}{m}})^m, & p < 0 \\ 0, & p \geq 0 \end{cases} \tag{3-22}$$

$$k_r = \begin{cases} S_e^i [1 - (1 - S_e^{\frac{1}{m}})^m]^2, & p < 0 \\ 1, & p \geq 0 \end{cases} \tag{3-23}$$

$$\theta = \begin{cases} \theta_r + S_e(\theta_s - \theta_r), & p < 0 \\ \theta_s, & p \geq 0 \end{cases} \tag{3-24}$$

式中：H_p——$H_p = p/(\rho g)$；

α——进气压力值；

n、m（$m=1-1/n$）和 i——拟合参数；

θ_s——饱和含水量；

θ_r——残余含水量。

在饱和带中，可以通过求解三维地下水控制方程获取渗流过程：

$$\frac{\partial}{\partial x}\left(K_x \frac{\partial H}{\partial x}\right) + \frac{\partial}{\partial y}\left(K_y \frac{\partial H}{\partial y}\right) + \frac{\partial}{\partial z}\left(K_z \frac{\partial H}{\partial z}\right) + W = \mu_s \frac{\partial H}{\partial t} \tag{3-25}$$

式中：K——渗透系数（下表 x、y 和 z 代表流动方向）；

μ_s——储水率。

2. 渗流数值模型

充分考虑模型水流在包气带和饱和带的差异性，根据已有观测水位，将模型分为包气带和饱和带两个模型。模型的总体情况介绍如下：

（1）模型时空剖分。模型在水平和垂直方向上尺度差异较大，为此采用不规则三角网格剖分格式。三角网格可以更好地捕捉到不规则的边界形状，而且能够有效表征任意不规则研究区，从而保障数值结果的准确性。包气带和饱和带模型网格剖分情况如图 3-6 所示：

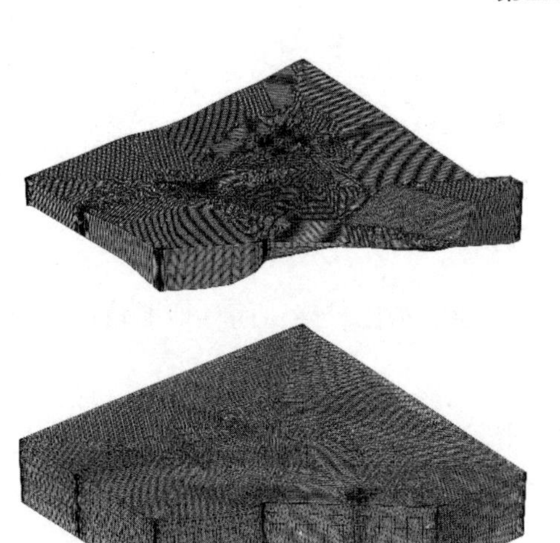

图 3-6　研究区数值模拟三维网格示意图

在时间剖分上，由于水流运动非常缓慢，模拟时间从污染物和水位监测值开始（2022），总模拟时长 100 年，每 10 年输出一个模拟数据。

（2）模型初始和边界条件。

初始条件：模型的水位初始条件根据 2022 年 6—8 月的水位统测值为基准，利用 COMSOL 线性插值等功能赋值到模型每个单元网格。

边界条件：模型西南部与河流相接触，地表水设置为给定水头边界（水位可根据时间变化）；模型其余侧面由于流量和具体水文地质特性未知，根据实测水位数据将其设置为三类边界，三类边界条件参数（导水度）根据实测水位进行模型校正；模型顶部接受降雨入渗补给（平均降雨量为 1.56 mm/d），考虑入渗补给系数大致为 0.2～0.4；工业园区降雨入渗系数假设可以忽略，因此设置为零通量边界；模型底部设置为隔水边界。具体边界设置如图 3-7 所示：

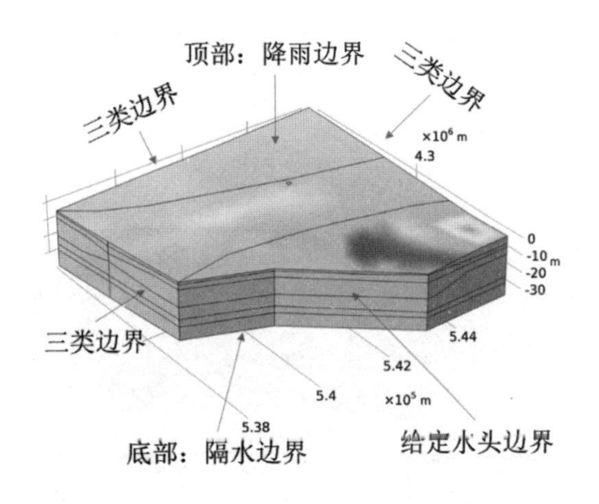

图 3-7　水流模型边界条件示意图

3. 水流模拟结果分析

模型结果参数（参数见表 3-5）经过校正后能够正确反映实际地下水流场特征。模拟数据结果表明在降雨入渗补给条件下，该工业园区在土壤表层有不同深度的包气带存在（图 3-8）。包气带呈现两个特征：

（1）靠近河流区域，由于地下水位较高，而且地形较低，导致包气带厚度较薄，甚至缺失。

（2）在工厂附近，由于降雨入渗补给减少，导致水位低，包气带厚度增加。

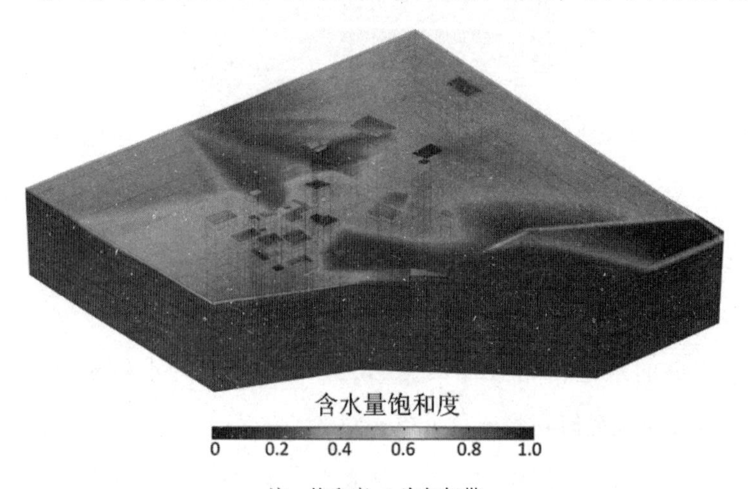

注：饱和度<1 为包气带

图 3-8　研究区沉积物含水量饱和度分布图

水位在区域分布如图 3-9 所示。从图中可以看出，地下水水位受以下几个因素控制：

（1）河流对地下水系统的补给量。

（2）降雨入渗在空间上的补给强度。

（3）含水层介质在空间上的非均质性。

上述影响因素导致河流区域地下水水位较高，在区域中心出现局部地下水低值以及高值区域。

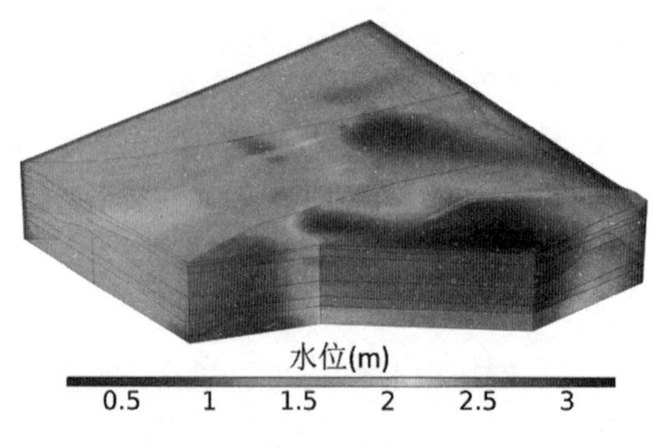

图 3-9　研究区三维水位空间分布

在地下水系统的水力梯度驱动下，地下水在包气带和饱和带发生流动。为了更直观地表述三维流场，我们画出了剖面流速（图3-10）。从图上可以看出，在两层含有粉土位置处，地下水流速明显高于其他岩层（弱透水层或隔水层），这是因为粉土的渗透系数远高于黏性土和粉质黏土（表3-5）。整体而言，海滨地区的地下水流速缓慢，最高在1×10^{-8} m/s的量级，约1（10^{-4} m/d），这是因为海滨地区地下水系统水力梯度偏小，而且其黏-砂交替沉积构成的沉积物渗透系数也较小。

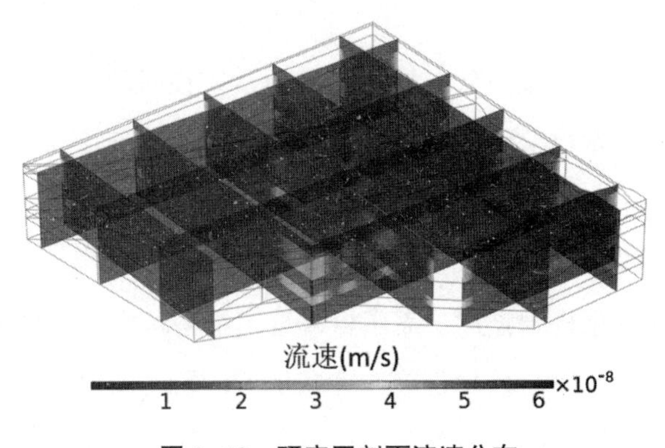

图3-10　研究区剖面流速分布

（三）地下水溶质运移模型的建立

考虑园区化工厂的影响，根据实际情况需求，选取乙苯、氯仿、苯、石油烃、铝、硫化物六种污染物作为溶质运移模拟的污染组分。研究区内污染源主要在化工厂指定场地内，污染浓度参考国家地下水质量标准（Ⅳ类）或污染物溶解度来确定。本次地下水溶质运移模拟过程主要考虑对流、弥散等物理过程以及吸附等化学过程。

利用对流-弥散-化学反应方程来刻画地下水系统中多组分反应性物质的迁移转化过程：

$$T\frac{\partial(\theta_s C_j)}{\partial t}+\nabla\cdot(-D\nabla C_j+qC_j)=\theta_s R_j \tag{3-26}$$

式中：T——滞后系数；

C_j——物质j的浓度；

D——水动力弥散张量；

q——水流通量；

R_j——物质j的源汇项（表征化学反应速率）。

本次研究是建立在忽略污染物自身及其与其他物质发生化学反应的基础上，所以模型需要给出的参数主要有含水介质有效孔隙度、水动力弥散系数等。由于没有现场实测数据，本次模型的有效孔隙度和弥散度采用前人总结的经验值。研究区含水层岩性主要为孔隙含水岩层，本次模拟根据不同岩层分区，赋值有效孔隙度；其他参数包括纵向弥散度为0.1 m，横向弥散度为纵向弥散度的1/3。

由于前期将模型分为包气带和饱和带，因此在模拟污染物运移过程中，也分为两部分单独开展模拟工作。

1. 非饱和带水分及溶质运移模型

（1）模型时空剖分

模型的空间剖分和水流模型一致，如图3-9所示。在时间上剖分上，由于水流过程缓慢，模拟时间从污染物和水位监测值开始（2022年），模拟步长为10年，即每10年输出一个污染物模拟结果。

（2）模型初始和边界条件

初始条件：模型初始条件根据用户需求可以选定某些特定污染物实测浓度，其中包括乙苯、氯仿、苯、石油烃、铝、硫化物等；抑或是默认场地内初始状态无污染。

边界条件：考虑到污染物可能通过潜在污染源在包气带中发生迁移转化，在模型中可以设定污染源的空间位置以及浓度，其余模型边界设定为零弥散通量边界，即物质只能通过对流过程流入/流出边界，而弥散通量等于0，边界条件如图3-11所示：

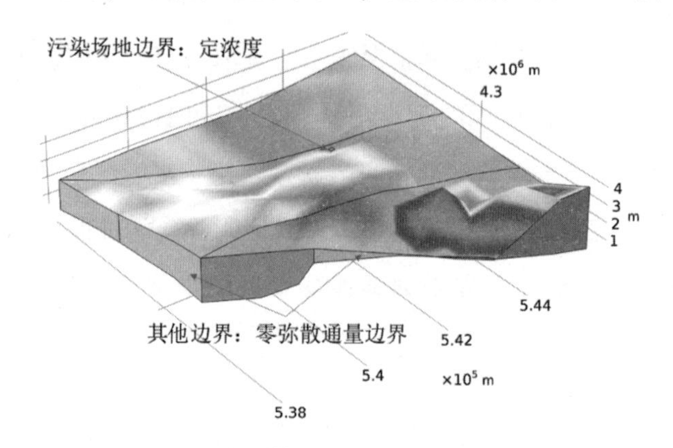

图3-11　非饱和带污染物模型边界条件示意图

2. 饱和带溶质运移模型

（1）模型时空剖分

模型的空间剖分和水流模型一致。在时间剖分上，由于水流过程缓慢，模拟时间从污染物和水位监测值开始（2022年），模拟步长为10年，即每10年输出一个污染物模拟结果。

（2）模型初始和边界条件

初始条件：模型初始条件根据用户需求可以选定某些特定污染物实测浓度，其中包括乙苯、氯仿、苯、石油烃、铝、硫化物等；抑或是默认场地内初始状态无污染。

边界条件：考虑到污染物可能通过潜在污染源经过包气带后进入饱和带，在模型中可以设定污染源的空间位置以及浓度，其余模型边界设定为零弥散通量边界，即物质只能通过对流过程流入/流出边界，而弥散通量等于0，边界条件如图3-12所示：

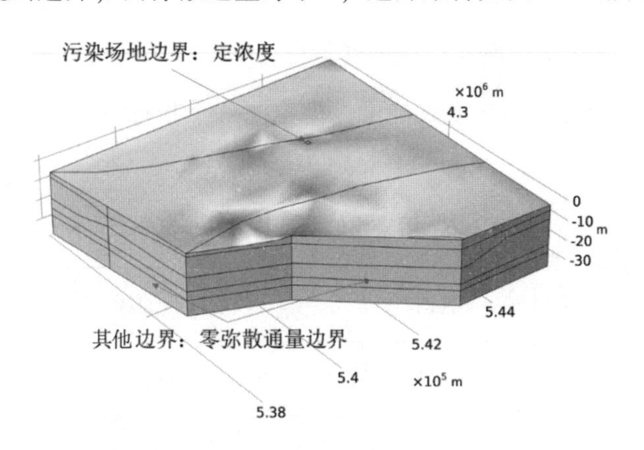

图3-12　饱和带污染物模型边界条件示意图

（四）模型的验证识别

在分析溶质模型结果之前，需要对模型结果的可靠性进行检验。经过不断调整优化水文地质参数（表3-5），获得较为准确的模拟流场。我们提取了研究区地下水位（潜水含水层）的模拟值，将其与实测数据进行对比验证（图3-13）。结果表明：模型模拟流场基本与测量水位吻合，一定程度上验证了数值模型的可靠性。此外，模型还较好地表征了地下水位的两个显著的特征。

（1）在工厂覆盖区域，由于路面硬化等人工措施影响，地下水补给量减少，导致地下水位偏低。

（2）河流区域受河水补给影响，水位整体较高。

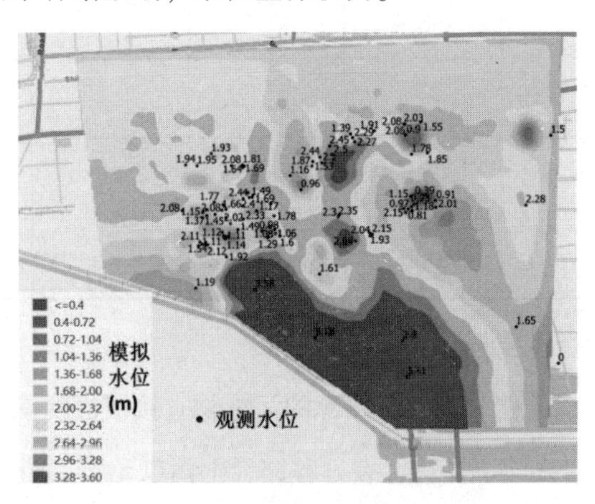

图3-13　实测水位与模拟水位对比图

（五）污染源对监测点地下水影响预测与评价

为了开展校正后模型对污染物运移扩散的预测研究，我们进行了两项预测研究。首先考虑污染物以点位（表3-6）所在厂区内任意位置为污染源，污染源浓度参考国家地下水质量标准（Ⅳ类）或污染物溶解度来确定，模拟同一个指标（多处源存在情况下）持续污染扩散情况。

表3-6　污染源位置及其浓度一览表

井位	乙苯	氯仿	苯	石油烃	铝	硫化物
	(mg/L)	(mg/L)	(mg/L)	(mg/L)	(mg/L)	(mg/L)
D01-W51	0.6					
D01-W90		0.3				
D01-W67			0.12			
D01-W78				15		
D01-W90				15		
D01-W37					0.5	
D01-W44					0.5	
D01-W17					0.5	
D01-W33					0.5	
D01-W81						0.1
D01-W77						0.1
D01-W97						0.1

1. 污染物的迁移途径主要描述

（1）土壤污染物垂直迁移。持续泄漏源的污染物直接缓慢泄漏进入土壤，吸附在颗粒上，并随着降水入渗等持续向下迁移，在迁移路径上污染土壤，进而贯穿整个包气带至含水层。

持续源的污染物进入地下环境接触土壤颗粒，在迁移路径上污染土壤，前期泄漏量可能被土壤颗粒吸附和被土壤孔隙吸收。

受污染的土壤在长期降雨入渗情况下，入渗雨水与受污染土壤颗粒接触，发生吸附-解吸作用，污染物随降水在重力下垂直向下迁移。

土壤中的某些挥发性污染物在浓度到达一定程度时会进一步挥发，垂直向上迁移，经稀释和衰减后上升至地表。

（2）土壤污染物水平迁移。受污染土壤在降水入渗情况下，污染物在吸附-解吸作用下存在水相中，水沿土壤空隙优先通道迁移，导致污染水平迁移，但是影响范围非常有限。

（3）地下水污染物垂直向迁移。受污染的地下水随水位的变化进而导致污染物与未受污染的毛细带土壤接触，导致污染物的垂直迁移。地下水中某些挥发性污染物在一定条件下挥发为气体，垂直向上迁移。

（4）地下水污染物水平迁移。地下水中污染物水平迁移包括纵向和横向两方面。

一方面，受污染地下水在水力梯度下沿水流方向流动，在纵向上与含水层介质接触，发生吸附-解吸作用，进而导致污染物在纵向迁移。

另一方面，在弥散作用下，地下水中污染物会迁移至横向，污染含水层介质，再在吸附-解吸作用下污染地下水。

2. 选定污染物的影响范围解析

本次模拟乙苯、氯仿、苯、石油烃、铝、硫化物污染物在释放 1000 年内的污染情况。为了更好地表征不同释放源位置以及浓度差异对污染物运移范围的影响，图 3-14 提供了模拟结束时污染物浓度在空间上的分布。可以看出，污染源位于模拟区东侧对地下水的影响范围更大，这是因为地下水在该处流速相对较大，且整体从模型东侧流出研究区域边界；而处于模型西部或者中部地区的污染源，由于受到复杂地下水流流场影响，污染范围相对较小。

在污染源持续不断的条件下，各类污染物的影响范围依据污染源释放浓度的 1%作为判别标准，得到各类污染物在水平方向上的影响范围如图 3-15 所示。可见，各类污染物影响范围随时间呈非线性增长趋势，即随时间增加，污染范围增长速率越快（图 3-15）。最终得到各类污染物的在模拟结束时期的影响范围是乙苯-1.39×10^6 m^2、氯仿-6.33×10^6 m^2、苯-7.76×10^5 m^2、石油烃-5.69×10^6 m^2、铝-9.89×10^6 m^2、硫化物-3.64×10^6 m^2。

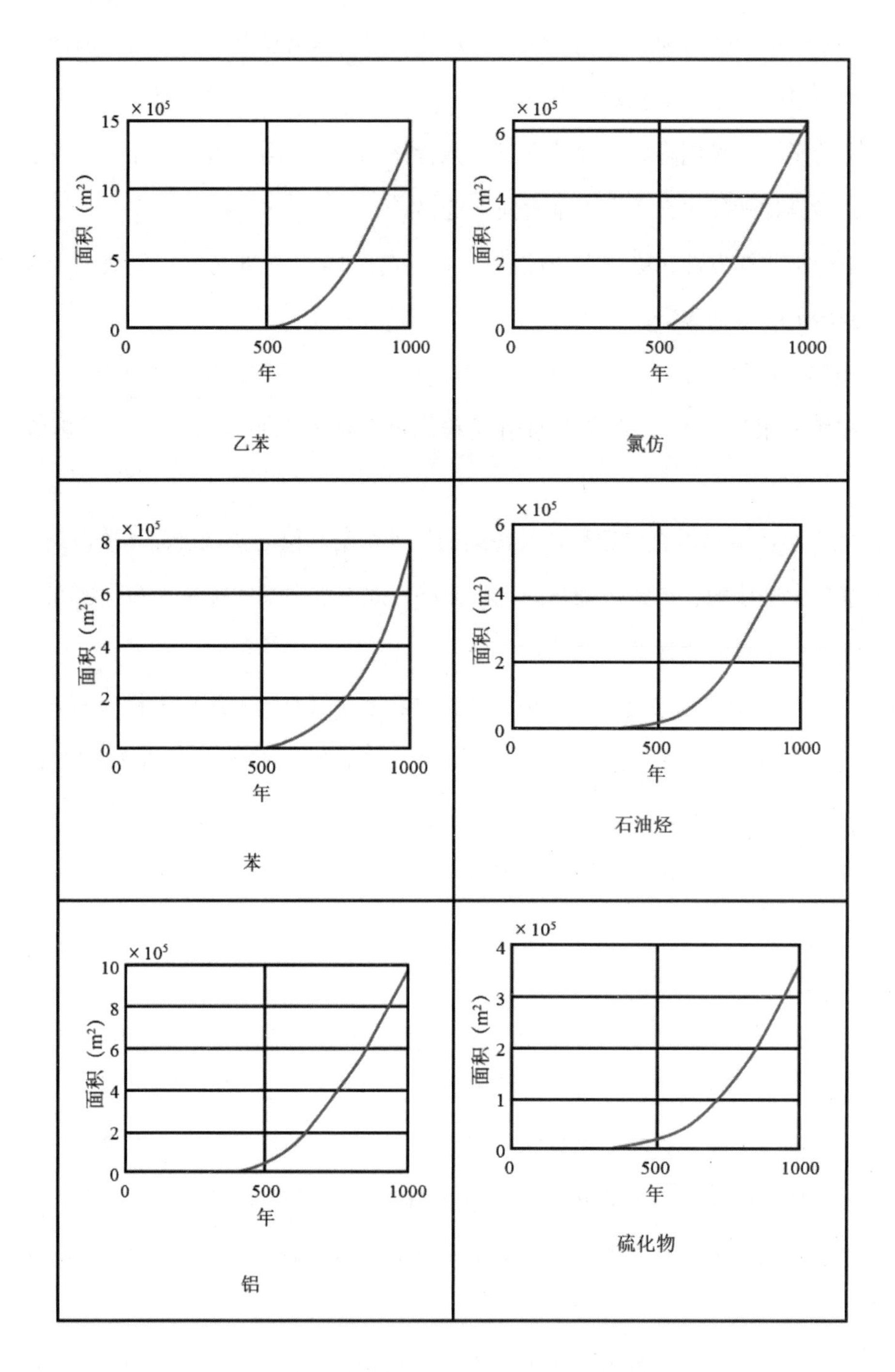

图 3-15　不同污染源污染面积随时间变化曲线

3. 典型污染物动态演变过程

在对污染物模拟的基础上，选取铝作为典型污染物开展动态分析，模拟结果如图 3-16 所示。从图 3-16 可以看出以下四点：

（1）随着时间的推移，污染物铝在四处不断泄漏的情况下，首先通过包气带进入饱和

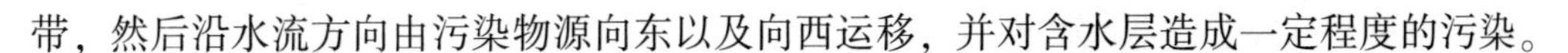

带，然后沿水流方向由污染物源向东以及向西运移，并对含水层造成一定程度的污染。

（2）迁移范围是以渗漏点为偏圆心，渗漏中心点污染物浓度最大，往外浓度不断减小，但是由于流速相对较慢，污染物扩散时间极其缓慢。

（3）模拟 100 年后，污染物最远运移了约 80 m，影响面积总共 1.03×10^4 m^2；500 年后，污染物最远运移了约 0.8 km，影响面积总共 1.31×10^6 m^2；800 年后污染物最远运移了约 1.7 km，影响面积总共 6.62×10^6 m^2；1000 年后，污染物最远运移了约 2.8 km，影响面积总共 9.89×10^6 m^2。

（4）此外，污染物在含水层中的运移有可能受到其他因素（包括没有考虑的人为因素）影响，从而影响污染物的运移路径及污染范围。

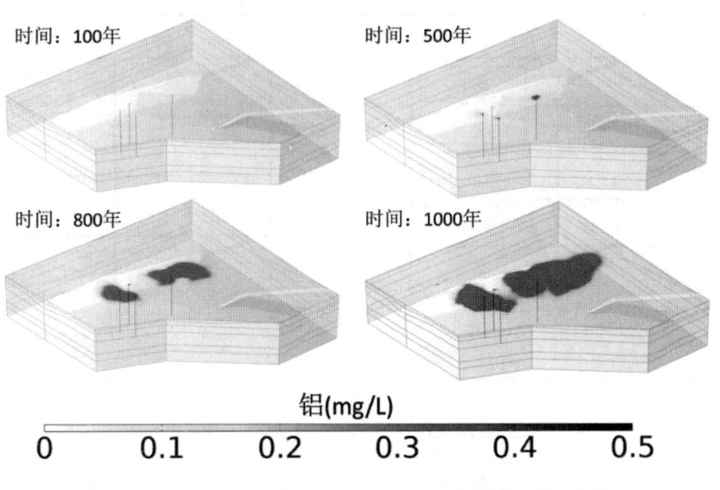

图 3-16　100、500、800、1000 年后污染物铝扩散范围

4. 污染源对监测点地下水影响识别

释放污染源在对流弥散过程驱动下，可能穿过包气带，最终流向该工业园区的三个国家地下水监测点。为此，我们在模型中设定三个国家监测点位，并实时模拟监测点上乙苯、氯仿、苯、石油烃、铝、硫化物的浓度时间变化情况。乙苯、氯仿、苯、石油烃、铝、硫化物等污染物在三个国家监测点位随时间变化如图 3-17 所示。可以看出，由于不同污染物释放的位置与监测井距离不同，导致监测井对污染物响应程度有所区别。其中，乙苯释放源对监测井 1 影响最大、氯仿释放源对监测井 3 影响最大、苯释放源对监测井 1 影响最大、石油烃释放源对检测孔 3 影响最大、铝释放源对检测孔 3 影响最大、硫化物释放源对检测孔 3 影响最大。

与污染物影响范围类似，监测井内污染物的浓度随时间呈非线性变化，越到后期浓度增加速率越快。总体来看，污染物需要在百年时间量级上才可能对监测井产生影响。从实际污染防治角度来看，乙苯、氯仿、苯、石油烃、铝、硫化物等污染物在目前污染情境下，短期内对监测井的污染风险较小。

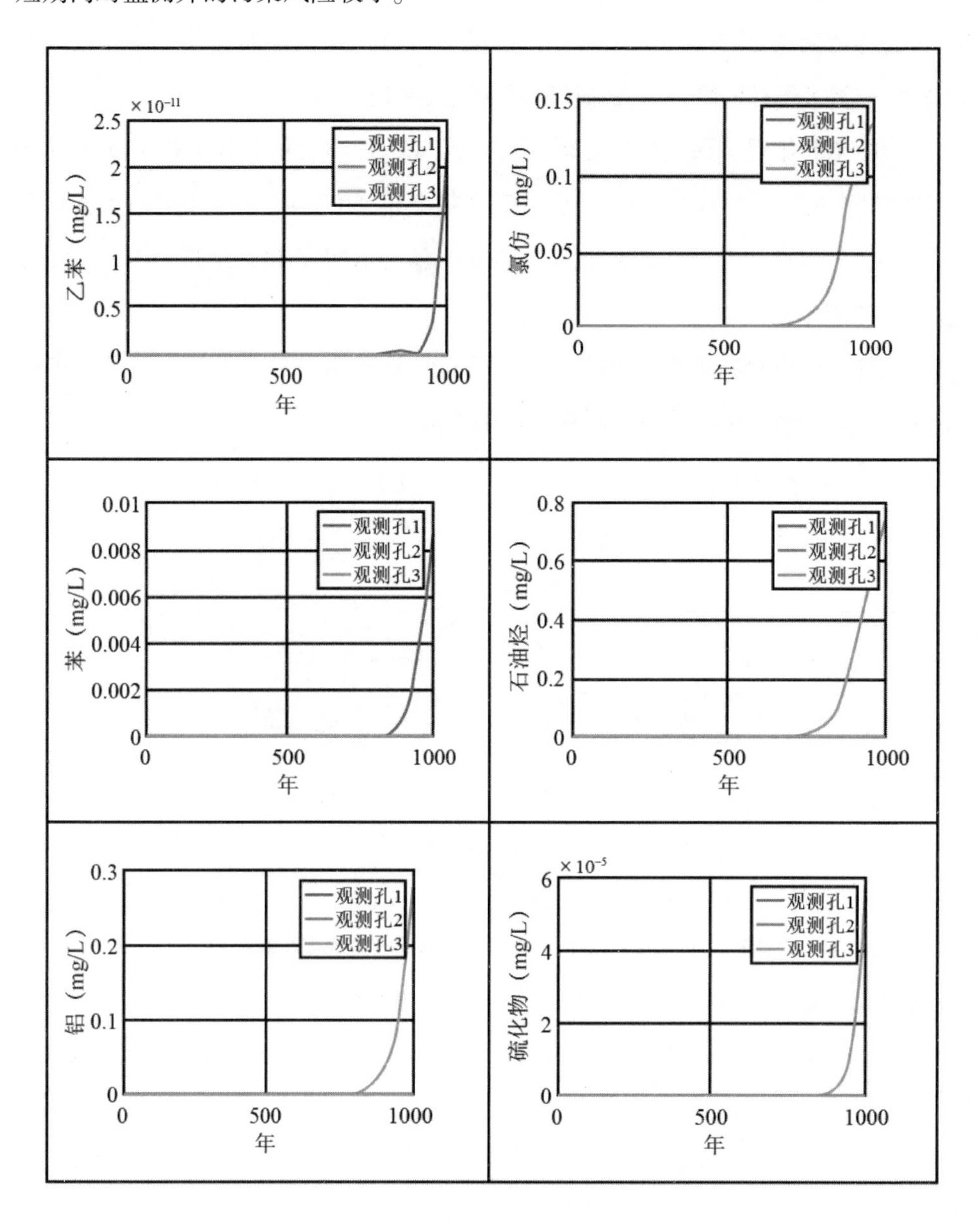

图 3-17　监测井位置处污染物浓度变化

（六）现有污染源对地下水及监测井的影响预测与评价

为了进一步追踪已经存在于土壤和含水层中污染物在含水层中的运移扩散行为，在默认没有额外污染源的条件下，利用已有模型开展了污染物运移数值模拟。以氯化物为例，我们模拟了500年以内的污染物时空分布（图3-18）。从图中可以看出，初始时刻氯化物在含水层中浓度较高；其后，氯化物一方面沿着水流发生对流作用，另一方面在浓度驱动下发生扩散和弥散过程，即从高浓度流向低浓度区域。简而言之，在对流过程和弥散过程影响下，污染物高浓度区域减少，空间上的浓度分布整体趋向于平均值。

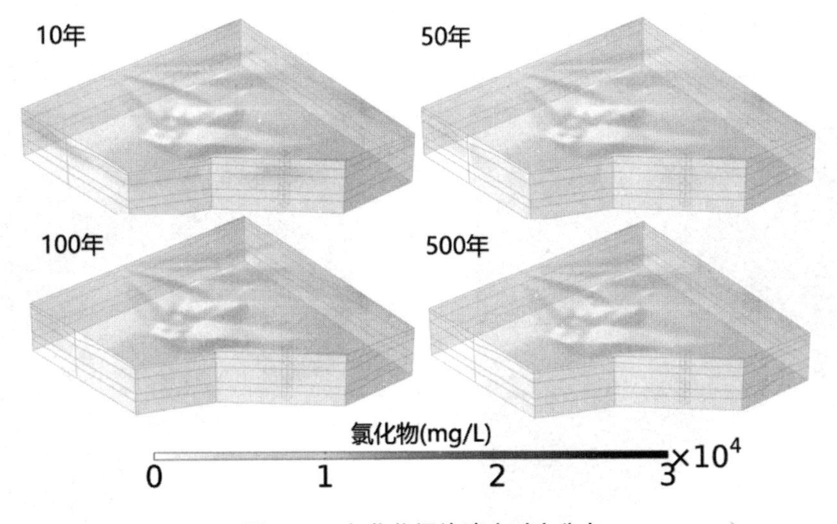

图 3-18　氯化物污染浓度时空分布

从三个国家监测井中得到的氯化物浓度变化图（图 3-19）可以看出，氯化物浓度随着时间逐渐降低，这是由于氯化物在对流和弥散过程的驱动下，高浓度区域逐渐减少，而低浓度区域逐渐增多。同时，基于模拟结果可以看出，氯化物经过大约 80 年后，三个监测井处的浓度均趋向于一个定值，表明氯化物在模拟后期在空间上趋向于均值水平。

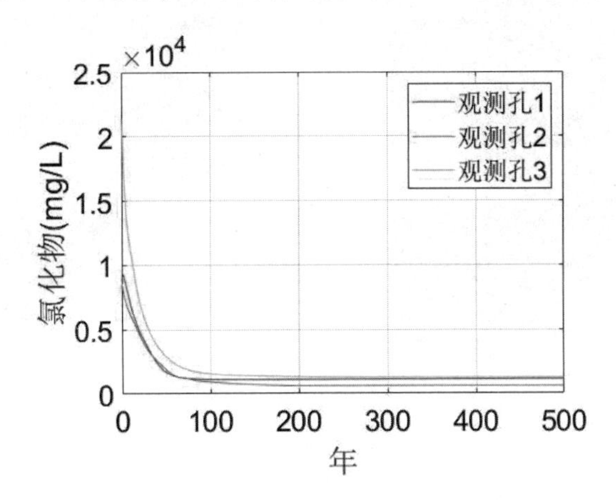

图 3-19　监测井位置氯化物浓度变化

（七）污染物潜在影响范围及其浓度反演

以污染物最终流入三个国家监测井来反演对应潜在污染源范围和浓度是地下水环境污染管控的重要内容，为此针对含水层监测井开展相关研究。首先第一步是确定潜在污染范围。我们以三个国家监测井为目标，利用反向模拟技术，基于对流-弥散过程原理，得到在某一个特定时间段内可能流入监测井中的空间范围（图 3-20）。从图 3-20 可见，可能流入国家监测井 1 的可能范围位于监测井的西侧，而可能流入国家监测井 2 和 3 的可能范围位于监测井的西南侧。

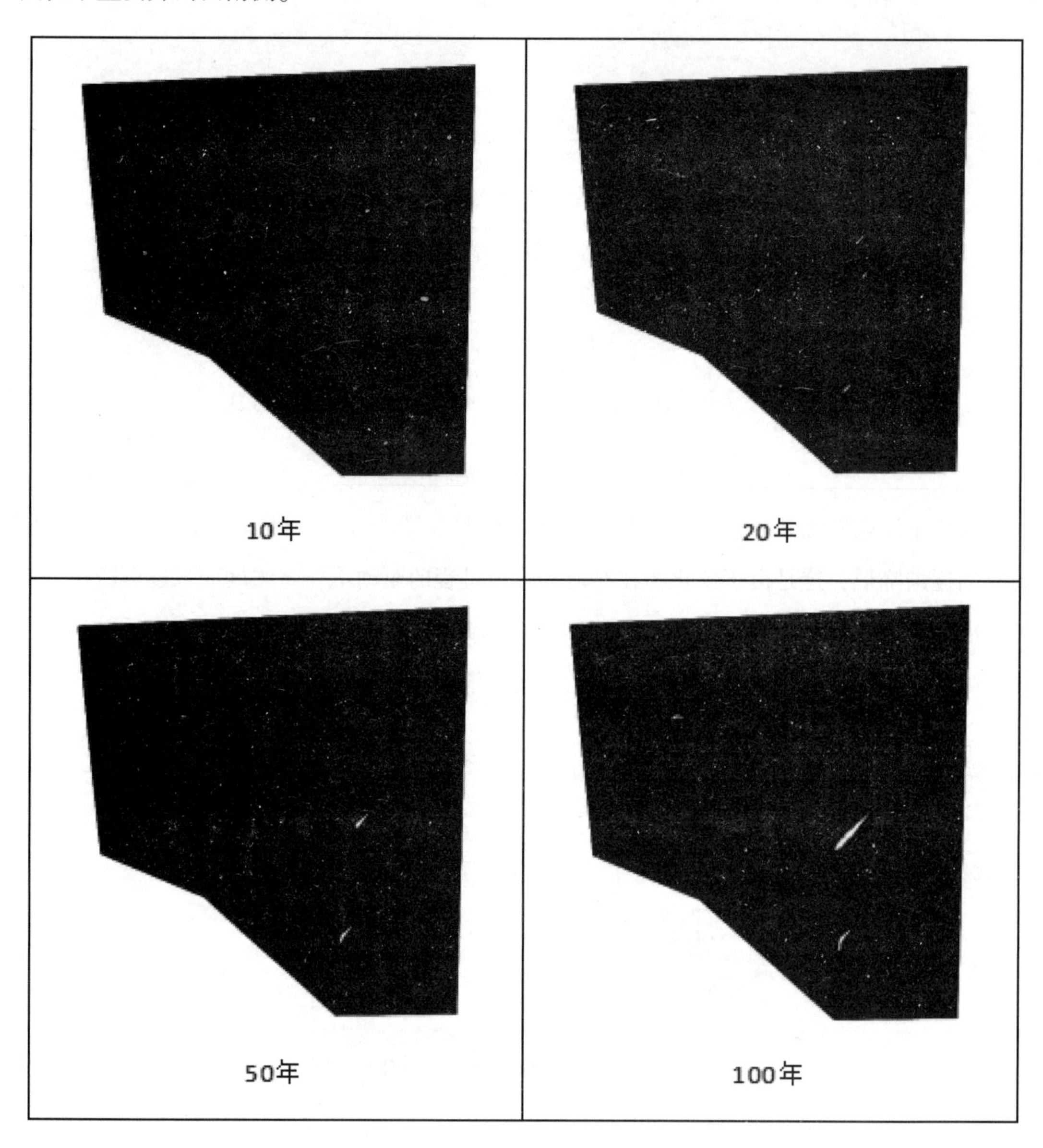

图 3-20　监测井潜在污染源范围（白色区域）动态变化

对可能影响范围进行空间上积分得到影响面积在未来 100 年内的动态变化图（图 3-21）。从图上可以看出，影响范围面积大体上随时间呈现线性增长趋势，基本遵循对流-弥散过程，也说明如果不采取任何防控措施，地下水污染范围和状况随着时间推移将愈加恶化。

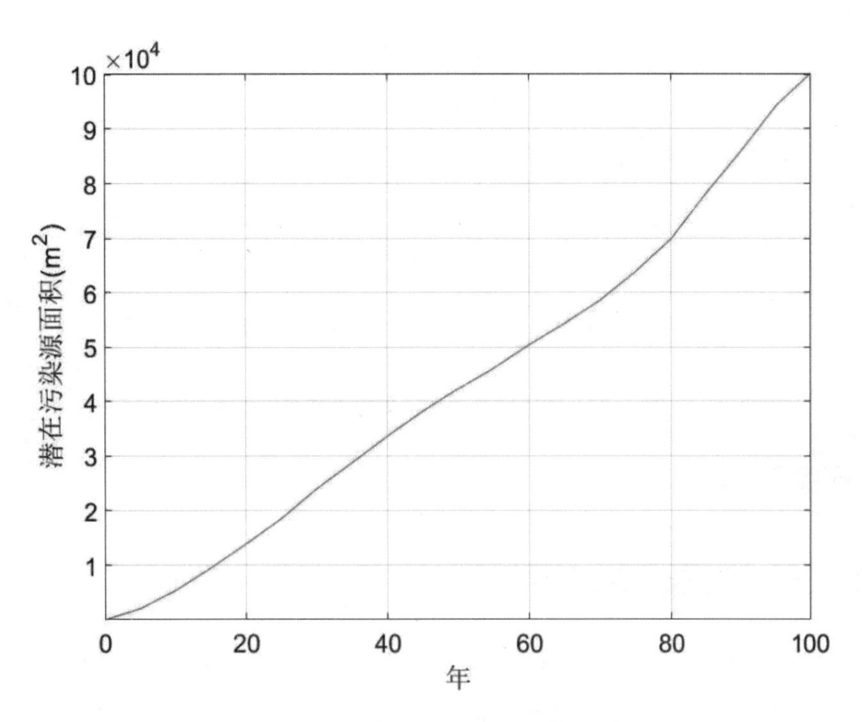

图 3-21　国家监测井的影响范围趋势

最后，我们在 50 年内可能污染源范围内任意选取一点，给定其初始浓度（18 mg/L），以国家监测井 3 作为假定目标，假设需要在 50 年后需要保障监测井 3 的铝浓度低于四类水标准（0.5 mg/L）。基于最优化算法，经过大量模型反演工作，确定了给定污染点源处铝浓度为 16.76 mg/L，未来 50 年铝在空间上的分布如图 3-22 所示：

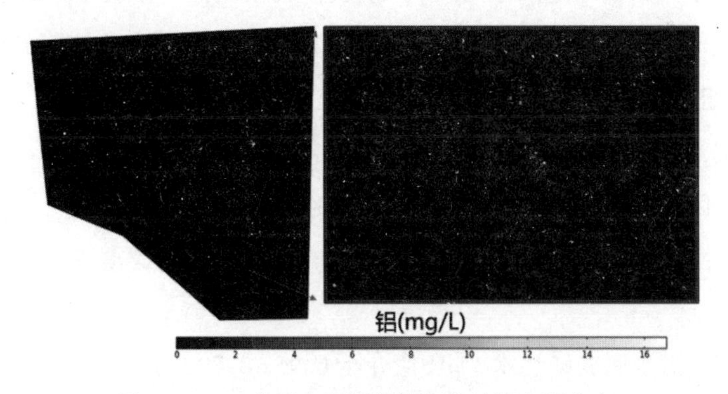

图 3-22　50 年后点源铝污染运移扩散空间分布

为了再次验证反演模型的准确性，我们以国家监测井 3 作为设定目标，假设需要在 50 年后需要保障监测井 3 的硫化物浓度低于四类水标准（0.1 mg/L），污染源点位仍然不变，我们设置初始污染物浓度为 1 mg/L，通过反演模型计算得到最终结果是 3.42 mg/L；其中，模型监测井 3 位置处的硫化物浓度随时间变化图如图 3-23 所示，最大浓度和所取的阈值 0.1 mg/L 基本保持一致，验证了反演模型的准确性。

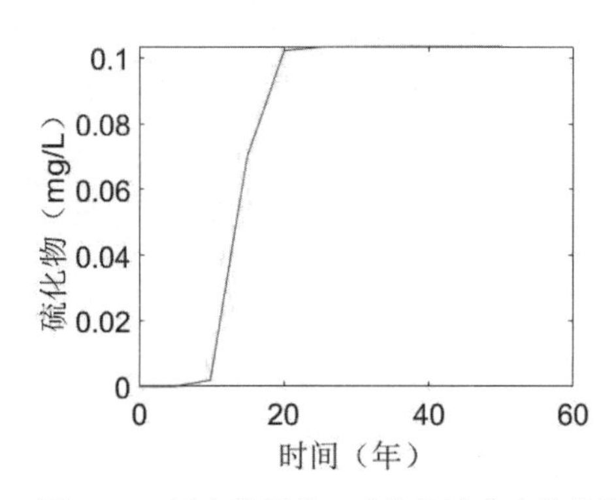

图 3-23　国家监测井 3 硫化物浓度变化曲线

五、案例分析总结

（一）案例中水文地质的条件

第一，研究区包气带主要指地下水位以上的人工填土层（Qml）杂填土（地层编号①$_1$）、素填土（地层编号①$_2$）及新近冲积层（$Q_4^{3N}al$）粉质黏土（地层编号③$_1$），包气带厚度一般约为 0. 50~1. 70 m。主要由地下水位以下的人工填土层（Qml）素填土（地层编号①$_2$）、新近冲积层（$Q_4^{3N}al$）粉质黏土（地层编号③$_1$）、全新统中组海相沉积层（Q_4^2m）以淤泥质黏土为主（地层编号⑥$_{1-1}$）、以粉质黏土为主（地层编号⑥$_{1-2}$）、以粉土为主（地层编号⑥$_{1-3}$）、以粉质黏土为主（地层编号⑥$_{1-4}$）、以淤泥质黏土为主（地层编号⑥$_2$）、粉质黏土为主（地层编号⑥$_4$）组成，底板埋深一般为 15. 20~18. 00 m，厚度约为 13. 90~17. 10 m。主要由全新统下组沼泽相沉积层（Q_4^1h）粉质黏土（地层编号⑦）、全新统下组陆相冲积层（Q_4^1al）粉质黏土（地层编号⑧$_1$）组成，该层总体透水性以极微透水为主，具相对隔水作用。

第二，研究区潜水水位埋深一般介于 0. 72~2. 68 m，水位高程一般介于 1. 27~2. 34 m，目前研究区潜水含水层形成了由西南向东北的地下水流场，潜水平均水力坡度一般约为 0. 33‰。

第三，研究区潜水属弱碱性水，pH 值介于 6. 95~8. 79 之间，总矿化度介于 6481. 97~65 427. 49 mg/L 之间。

第四，研究区潜水含水层渗透系数平均值为 0. 14 m/d。

第五，研究区包气带垂向渗透系数平均值为 7.767×10^{-5} cm/s。

（二）案例中基于数值模拟的源解析

第一，本次模拟乙苯、氯仿、苯、石油烃、铝、硫化物污染物污染情况。污染源位于模拟区东侧对地下水的影响范围更大，这是因为地下水在该处流速相对较大，且整体从模型东侧流出研究区域边界；而处于模型西部或者中部地区的污染源，由于受到复杂地下水流流场影响，污染范围相对较小。在污染源持续不断的条件下，各类污染物的影响范围依据污染源释放浓度的1%作为判别标准，各类污染物影响范围随时间呈非线性增长趋势，即随时间增加，污染范围增长速率越快。

第二，随着时间的推移，污染物铝在四处不断泄漏的情况下，首先通过包气带进入饱和带，然后沿水流方向由污染物源向东以及向西运移，并对含水层造成一定程度的污染；迁移范围是以渗漏点为偏圆心，渗漏中心点污染物浓度最大，往外浓度不断减小，但是由于流速相对较慢，污染物扩散时间极其缓慢；模拟100年后，污染物最远运移了约80 m，影响面积总共1.03×10^4 m^2。

第三，释放污染源在对流弥散过程驱动下，可能穿过包气带，最终流向该工业园区的三个国家地下水监测点。由于不同污染物释放的位置与监测井距离不同，导致监测井对污染物响应程度有所区别。其中，乙苯释放源对监测井1影响最大、氯仿释放源对监测井3影响最大、苯释放源对监测井1影响最大、石油烃释放源对检测孔3影响最大、铝释放源对检测孔3影响最大、硫化物释放源对检测孔3影响最大。与污染物影响范围类似，监测井内污染物的浓度随时间呈非线性变化，越到后期浓度增加速率越快。总体来看，污染物需要在百年时间量级上才可能对监测井产生影响。从实际污染防治角度来看，乙苯、氯仿、苯、石油烃、铝、硫化物等污染物在目前污染情境下，短期内对监测井的污染风险较小。

第四章　地下水污染预警方法及评价

地下水的污染预警主要是指对地下水的水质状态进行不间断的定量和定性的分析，确定其发生变化的趋势，根据监测结果给出不同的预警信息，便于对地下水水质进行保护。“因此地下水的水质污染预警体系应包括水质预警指标、水质的监测预警模型以及根据不同污染状况设定不同的预警等级，建立起一个地下水的水质预警数据资源库及决策支持体系。”① 首先要明确地下水污染预警的主要因素，然后采取合适的方法进行各因素的评价。

第一节　地下水污染预警方法

一、地下水污染预警概述

（一）地下水污染预警的概念

地下水污染是一个复杂的地球物理化学过程，具有长期性、复杂性、隐蔽性和难恢复性等特点。控制地下水污染最有效的办法就是预防，在地下水质量发生变异之前就提出预告和报警，及时采取防治措施，变逆向演替为正向演替，使地下水系统达到良性循环。

地下水污染预警是指在自然或人类活动作用于地下水环境时，对地下水发生的变化进行监测、分析、评价、预测，在达到某一质量变化限度时，能适时地给出相应级别的警戒信息。地下水污染预警是在预警理论的基础上，对地下水水质污染现状和发展趋势及造成的危害进行评价和预警，在地下水污染的警情发生之前，给予有效的、及时的警告，为合理开发利用地下水水资源和改善水质提供科学依据，并警示人们的开发利用活动对水质造成的影响，从而规范人类的行为。

地下水水质评价与污染预警的内容包括地下水现状调查、水质监测、水质变化及影响

---

① 裴晓峥．地下水污染预警体系的研究［J］．山西化工，2019，39（01）：44-46.

因素研究，地下水水质评价及变化趋势的预测，确定预警指标、预警模型及预警级别，建立预警数据库和预警决策支持系统。

从地下水资源可持续利用的角度来看，预警是为地下水资源可持续利用服务的。地下水水质的持续恶化作为一种生态环境问题，对其进行预警就是辨别和排除开发利用过程中出现的非持续利用征兆的人类行为，对地下水质量恶化及时做出报警，从而实现地下水资源的永续利用和生态环境的良性发展。因此，地下水水质评价与污染预警系统还应包含可持续发展预警所必需的预警指标体系和分析方法。

它是一种实时监测反馈系统，即对地下水及其影响因素进行各个方位的实时监测，提前反映可持续发展运行过程的发展动向和变幅，用人工智能的方法对这些观测要素的过去行为和当前行为进行分析并做出预测，提供地下水资源目前所处状态和未来发展趋势，能在发展周期发生变化时，预先发出信号，并给出解决方法，为决策部门提供依据的决策服务系统。

（二）地下水污染预警原理

地下水污染预警就是将预警的原理应用到地下水污染防治中。具体地讲，地下水污染预警机制的逻辑过程主要应包括以下五个阶段：明确警义、寻找警源、分析警兆、预报警度和排除警患。

从预警原理过程图可知，明确警义是前提，是预警研究的基础；寻找警源是对警情产生原因的分析，是排除警患的基础；分析警兆是关联因素的分析，是预报警度的基础；预报警度是排除警患的根据；而排除警患是预警目标所在。

1. 明确警义

明确警义是预警的起点，它包括警素和警度两方面。警素是指构成警情的指标，也就是地下水出现了什么样的警情。地下水预警就是要对水质影响的各要素变化过程中行将出现的“危险点”或“危险区”做出预测，发出警报，从而为地下水的管理、控制和决策提供依据。

“危险区”实为地下水系统发展过程中的一种极不正常的情况，在预警科中称为警素。警素的严重程度即“危险点”或“危险区”的危害程度被称为警度。

地下水污染的总体警素经过分解和细化可得到自然警素和社会警素。自然警素包括地质地貌、水文、土壤、气候等。社会警素包括工业生产布局，工业三废及生活污水的排放量，固体废弃物的治理程度，土地灌溉方式，耕作方式，污水灌溉农田的量，化肥、农药的施用，超量开采地下水，不清洁水源人工回灌地下等。在前文区域地下水质时空动态分析和区域地下水污染风险评价的基础上，将区域地下水污染预警警度分为无警、轻警、中警、重警和巨警五个等级。

2. 寻找警源

源是指警情产生的根源，是地下水中已存在或潜伏着的污染因素。警源可分为内源（内因）与外源（外因）两种。

内源是在自然背景条件下所生的警源，是指自然界中一些容易发生异常变化而导致自然灾害并由此引发地下水污染警情的客观信息。例如，在低洼湿地区地下水径流速度滞缓，多种易迁移元素堆积下来，造成地下水中矿化度远远高于标准值，这就是由天然背景条件所产生的警源，这类警源受内生因素的作用，是可控性较弱的警源。

外源是外部输入的警源，主要是人类活动所产生的污染源，是产生警情的主要因素。

3. 分析警兆

警情暴发之前总会有一定的先兆出现，即警兆。地下水环境系统的警兆包括景气警兆和动向警兆。景气警兆以实物运动为基础，表示地下水系统某一方面的景气程度，例如受内生警源影响的地下水水质的背景值，含水层的天然防护条件，地层的净化能力，含水层的补径排能力、降雨量等均属景气警兆；而工农业生产布局，农田灌溉面积，化肥、农药的施用量，点状污染源的分布及变化、面状污染源的分布面积、污水处理率、污水排放合格率等。这些并不直接表示地下水系统景气程度的价值指标等均属动向警兆。

分析警兆是预警过程中的关键环节，也最为复杂。分析警兆的关键是确定警兆指标，然后进一步分析警兆与警素的数量关系，找出与警素的五种警限相对应的警兆区间，即各指标的值处在警区的何种位置，然后借助于警兆的警区进行警素的警度预报。

4. 预报警度

预报警度是预警的目的，对于各项警情、警兆指标，通过警度预报系统分析报告“警”的大小。警度预报一般有两种方法：一是建立关于警素的普通模型，计算后根据警限转化为警度；二是关于警素的警度模型，直接由警兆的警级预测警素的警度，这是一种等级回归技术。

通常把警度划分为五个等级，即无警、轻警、中警、重警和巨警。这五种警度分别与警素指标的数量变化区间，即警限相对应。因此，相应地有无警警限、轻警警限、中警警限、重警警限、巨警警限。测定警度的关键在于确定警限。

5. 排除警患

提出相应的解决措施，减小地下水污染风险，减少或避免地下水水质恶化。

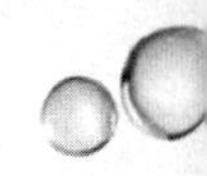

（三）地下水污染预警系统

1. 系统目标与设计原则

系统的总体目标是利用 GIS 组件开发技术，与地下水污染预警理论相结合，开发可脱离 GIS 平台独立运行的地下水污染预警系统。系统可进行研究区域的水质评价、水质预测、含水层固有脆弱性评价、污染源荷载风险计算、污染风险评价、污染预警分析，从而可以帮助决策者和管理者制定地下水保护的管理战略方针，采取相应的对策和措施有效地控制地下水的演变方向，使地下水资源的保护具有预见性、针对性和主动性，为实现地下水资源的可持续利用服务。

系统设计原则如下：

（1）科学性与规范性。系统采用先进的开发平台和技术，通过 Net 开发平台将 ArcGIS Engine 中提供的 GIS 组件有机地融合在空间数据管理中，同时力求系统的科学性与规范性，按照国家统一规范和数据格式建立空间数据库管理系统。

（2）实用性。系统的开发以能更多地满足实际应用的需要为原则，同时力求系统结构简洁、使用方便、界面友好，易于操作、管理，数据更新和系统升级。

（3）可靠性与稳定性。首先保证数据库中的所有数据准确可靠。另外，系统有很强的容错能力和处理能力，不至于因某个动作或某个突发事件导致数据丢失和系统瘫痪。

（4）开放性与可扩充性。系统的设计应充分考虑到系统的扩展和与其他系统的兼容，具备良好的功能模块化设计，便于更新与移植。在数据库设计以及系统功能等方面尽可能留有余地，方便系统的扩充和移植，当新的模块增加时，现有模块和整个系统结构不会受到大的影响。

地下水污染预警系统主要包括研究区信息、水质评价、水质预测、污染风险评价、污染预警等功能模块。

2. 系统的主要功能

（1）地下水水质现状评价。利用地下水水质监测数据，进行单井和区域地下水水质现状评价，评价方法包括指数评价法、模糊综合评判和 BP 神经网络方法。

（2）地下水水质预测。利用多年的地下水水质监测数据，可以采用灰色模型 GM（1，1）或时间序列分析方法预测未来几年的水质状况，确定地下水水质变化趋势。

（3）含水层固有脆弱性评价。含水层固有脆弱性是指天然状态下含水层对污染所表现的内在固有的敏感程度。不考虑人类活动和污染源的影响，而只考虑水文地质内在因素。

具体做法是将含水层埋深、净补给量、含水层介质类型、土壤介质类型、地形坡度、包气带介质影响、含水层渗透系数的空间分布信息，根据标准分类后，叠加分析得到研究区含水层固有脆弱性分区图。

（4）污染源荷载风险计算。污染源荷载风险是指各种污染源对地下水产生污染的可能性。首先根据污染源种类、污染物的数量、污染物释放的可能性和距离计算单个污染源产生污染的风险，然后利用 GIS 的缓冲区分析和叠加分析，得到研究区污染源荷载风险。

（5）污染风险评价。根据地下水使用的目的，确定地下水受污染可能造成的危害程度，综合考虑含水层固有脆弱性、污染源荷载风险和地下水污染危害，得到研究区地下水污染风险分布图。

（6）地下水污染预警。综合考虑水质污染现状、水质变化趋势、污染风险，进行研究区地下水污染预警分析，得到研究区地下水警度分布图。

（四）地下水污染应急预警

为了建立健全突发地下水环境事件应急机制，提高政府应对涉及公共危机的突发地下水环境事件的能力，制订地下水环境事件应急预案。

地下水环境事件应急预案主要内容包括组织指挥职责、地下水污染预防预警、应急响应、应急保障、后期处置等。

地下水污染防治应急措施主要包括增强供水厂对地下水污染物的应急处理能力，强化水处理工艺的净化效果，分区域、有重点地增强水厂对地下水污染的处理能力，编制地下水污染突发事件应急预案并定期演练。

二、水源地水质变化趋势的预警方法

水源地水质演化趋势预警拟通过整合包括水环境质量、水污染信息、地理信息等数据，结合水质预测模型、评价模型，充分利用高速的计算机网络、数据库等先进的信息处理技术，为流域水环境管理和环境决策提供有力的信息技术支持。整个系统共由三部分模块组成，分别是信息收集模块，水质预测模块和流域污染分析评价模块，水质预测模块具体工作流程如图 4-1 所示：

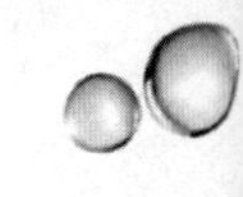

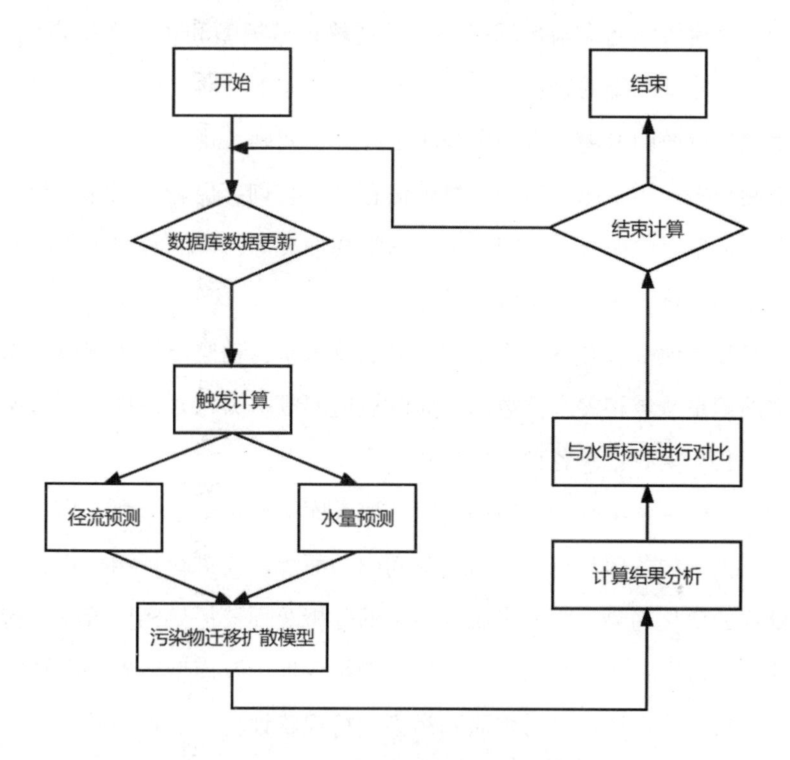

图 4-1　水质预测模块工作流程图

某地水库流域污染物数据采集通过相应的程序录入数据库中，通过相应的接口转换程序将数据转换为通用数据格式以满足系统的需要。系统数据转换结构如图 4-2 所示：

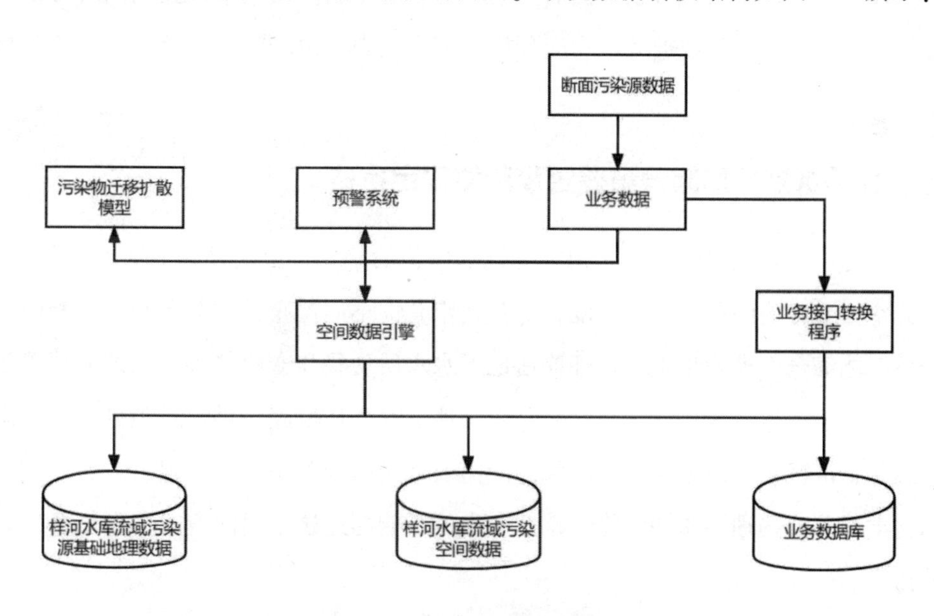

图 4-2　系统数据转换结构图

从图中可以看出，通过业务接口程序将数据转换到业务数据库中，然后结合该地水库流域污染源基础地理数据库，包括流域地形高程数据库、土地利用类型数据库、污染物数据库以及该地水库流域空间降雨数据库，通过迁移扩散模型和预警系统得到最后的结果。系统总体架构采用分层调用的思想，上层对下层调用，下层对上层完全透明，这样可以做到系统中各个模块有效的分离，且各个模块之间分工明确。

主要对监测数据、污染源、污染事故等信息进行查询、更新、删除、导出等操作。污染源信息主要包括单元的序号、空间坐标、污染物种类等，检测数据主要以水体为检测对象，按时间、断面名称、污染元素浓度等进行管理。

其中，信息收集模块包含各个雨量站监测点及水质自动监测站所记录的面源污染相关数据以及水文站记录流域相关水文数据，监测点监测频率为每月一次，而水质自动监测站则以日为时间步长，实时记录各种水质参数。

水质预测模块则主要由围绕流域构建的该地水库流域污染整治数学模型组成，模型通过输入信息收集模块的各项数据，对仿真时间内的面源污染进行预测分析，从而得出相应时间段内污染物的变化趋势，为未来流域污染的分析及预警提供相应数据支持，同时设置模型校准模块，通过实时校准算法，保证模型的精确性以及模型结果的准确性。

流域污染分析评价模块可以对水质和污染进行现状评价，通过不同时段、不同参数进行水质评价，可以指出水体的污染程度，主要污染物质、污染时段位置及发展趋势，从而为水污染的预防和控制提供有价值的参考依据。水环境质量评价采取单因子超标倍数法、模糊综合评判等多种方法，可以根据需要选取适当的方法。模块中，我们同时可以运用人工智能技术，将模型计算数据放入相应分析决策模块中，由决策系统得出定性的分析辅助决策。

三、地下水污染风险预警等级及阈值确定方法

地下水污染风险预警的核心是预警等级和阈值的确定。风险预警等级及阈值确定时，既要划分水体受影响的程度——警度，又要确定警情不同严重性的分界线——警限。为了使预警系统能够全面准确预报、合理评估地下水水质现状和变化趋势，在划分预警等级和划定阈值时应根据研究区实际情况，充分考虑地下水循环模式、供水对象分布、生态环境风险等因素，准确定量地划定污染阈值。阈值通常是指预警系统的界限值，当人类活动对地下水化学组分、物理性质和生物学特性产生的影响超过这个界限值时，可能会导致不同程度的污染。

地下水风险预警等级及阈值划定都处于探索阶段，尚未形成完善的理论方法体系。本节通过大量文献调研，较系统地归纳和总结了地下水污染风险预警等级及阈值确定方法研究现状，并评析了不同方法的优缺点和适用条件，以期为地下水环境保护和风险预警管理

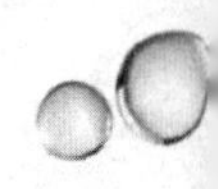

提供参考。

（一）相关标准法

相关标准法指的是以现有地下水国际标准、国家标准、区域标准以及典型行业排放标准中的指标及限值为依据，结合研究区生态环境风险、水文地质条件及污染源分布等因素，确定预警等级和阈值的方法。国内常用的标准有《地下水质量标准》《生活饮用水卫生标准》和《国家突发环境事件应急预案》等，国外常用标准有《饮用水水质准则》（WHO）、《欧盟水框架》（EWFD）。

相关标准在制定时，以地下水形成背景为基础，已经考虑了地下水使用功能、地下水的自净能力和污染物性质等因素，因此相关标准法具有普适性、通用性、简洁易行和标准明确的特点，适用于大空间尺度范围的区域预警等级及阈值确定。但是，地下水环境状况是个动态的过程，水量、水质和可持续发展程度均受到社会、经济、自然等诸多要素的相互作用，规范标准可能在一定程度上存在着滞后性。因此，在特殊地质条件或特殊行业存在的地区，该方法应用时会存在准确度较低、针对性不强的缺点。

不同的预警等级及阈值确定方法在应用时各有优劣。相关标准法适用于区域或者流域尺度下地下水污染风险预警等级及阈值的划定，在宏观的区域中该方法可以发挥其通用性，较其他方法具有简单易行、可靠明确的优点。不足之处在于当面对一些特殊水文地质环境时，该方法的灵活性和针对性较为欠缺。

（二）临界值法

基于临界值法的地下水污染风险预警等级及阈值划定方法指的是在分析研究区地下水水质状况、地下水污染风险，将设定预警因子不同污染等级的浓度临界值与风险临界值相耦合，或者将设定预警因子的浓度乘以不同的系数来确定阈值，并进行预警等级划分。对临界值的确定有通过建立数学模型、基于污染物风险评估结合污染物不同浓度对生物体的毒性反应调查等多种不同方法。

基于临界值法划分等级确定污染预警等级及阈值，方法简单明了、针对性强。但主要适用于特定事件分析，本方法的关键在于相关临界值的合理设定。

相比于相关标准法，临界值法具有较强的针对性和准确性，在预警因子的确定上有更大的选择空间，运用起来更加灵活，适用于特定事件的分析。对于预警因子临界值的设定，需要借助模型分析、风险评估等方法，因此临界值法的运用比较依赖充足且准确的基础资料，较适用于资料完善的研究区域。

（三）综合评判法

综合评判法是将一些边界不清，不易定量的因素利用数学方法转化为相似系数、关联度等，定量化或赋值后进行判定，或者将定性与定量分析结合起来的多准则评判法。在地下水污染风险预警等级及阈值划定的研究中，通常需要将一些定性的因素进行数学模型处理，或赋予权重，然后进行计算以划定阈值。

综合评价法主要包括层次分析法、模糊综合评价法、专家评价法等。综合评价法可以有效地吸收定性分析的结果，发挥定量分析的准确性，很好地解决了判断的模糊性和不确定性问题。但是将定性和定量结合起来的多准则评判方法方面的研究还须进一步探索和加强。

与临界值法相比，综合评判法则对于定量数据信息的要求较少，通过数学分析处理多个变量之间的关系，能够对定性因素做出较为贴近实际的量化评价，因此该方法多应用于一些变量较多或者不易定量因素存在的研究区。但是在实际运用时，综合评判法的数学计算较为复杂，多个变量之间的权重确定存在着一定的主观性。

（四）其他方法

在许多时候，由于研究区的条件比较复杂，带有一定的自身特殊性，预警等级及阈值划定中则需要采用上述方法的几种或者结合研究区背景特点采用其他方法，在分析研究地下水水质的基础上进行污染预警等级及阈值的确定。

四、地下水污染预警指标体系构建方法

预警是在发生灾难之前发出警告，提醒人们做出一些预警措施，来避免灾害的发生或者尽可能地减少发生后的损失，目前预警研究已经被应用于多方面。

地下水污染预警最早兴起于国外，源于地表水的预警研究。美国最早通过地下水水质监测与管理对其进行污染预警研究，并提出水质监管预警体系。随后出现了基于 DRASTIC 模型来对地下水污染进行预测，接着有些学者通过按照各类标准对监测指标确定预警阈值，来展开预警研究。目前，不少国家地区已经构建了相对稳定的水质监控预警系统，对地下水保护起到非常重要的作用。

相比之下，国内地下水污染预警研究开始于 21 世纪初。污染预警指标体系是预警研究的前提，由先前的单一指标逐步发展成多项指标，对地下水展开综合预警。但目前对于指标体系的构建没有形成统一规定，但大多研究表明，在构建指标体系时主要考虑地下水

防污性能、污染源特征、地下水动态和价值等。而污染预警体系是由指标体系所构成，目前构建预警体系的方法有很多种，主要包括定义分析法、层次分析法、过程分析法和综合分析法。定义分析法主要针对区域地下水某一重要的属性或特点进行深入分析，来判断地下水状态与污染状况，以便对地下水污染进行预警。层次分析法是将复杂的问题分为多个层次和因素，来定性定量地进行系统分析。过程分析法主要关注地下水中污染物化学物理过程的一种方法。而综合分析法则是把其他方法整合到一起，全面有效地对地下水环境污染状况做出预报，大大提高了结论的科学性和可靠性。目前，关于地下水污染预警研究仍处于探究阶段，需要我们继续努力，来不断完善地下水预警体系。

当前国内外对于地下水污染预警的研究仍处在起步探索阶段，在预警框架构建、预警模型建立和预警等级划分等方面尚未形成一套较为完善的方法体系。其中，地下水污染预警指标体系的构建是预警系统研究的基础和前提，通过构建一套能够准确反映地下水环境真实状态的预警指标体系，可为地下水污染预警等级的划分和预警系统的建立奠定基础，从而为地下水资源的保护和管理提供强有力的科技支撑。

（一）定义分析法

定义分析法就是通过对地下水某一方面属性或特征（地下水污染风险等）的概念及内涵进行深入剖析，从相关重要定义入手分析地下水环境质量的影响因素，构建与污染预警密切相关的指标体系，以体现出预警指标体系的显著特征，为地下水污染预警提供参考依据。

通过定义分析法构建预警指标体系的前提是要准确把握相关概念的客观实质内容。由于各种主观或客观因素的限制，不同研究人员在不同时期对同一研究对象的认识可能存在差异，甚至可能出现主观上的曲解，这就导致通过定义分析法构建指标体系时缺乏统一的评判标准，容易出现指标选取系统性不够的问题，从而影响指标体系的客观性和预警结果的准确性。

（二）过程分析法

过程分析法就是在对地下水污染的物理化学过程及规律进行充分探究的基础上，基于某些特定的模型或理论（“源-路径-受体”模型等），分析污染预警的主要因素，并根据分析结果构建相应的预警指标体系。

通过过程分析法构建污染预警相关指标体系时所关注的对象以污染源、污染物及污染途径等重要预警因素为主，但由于所分析内容的侧重点不同，所构建的指标体系也有所差异。

过程分析法由于是建立在一定的模型或理论基础之上进行分析，可详细描述地下水污染的过程及规律，因此较前述定义分析法而言指标选取的客观性和指标体系的系统性更强，但运用过程分析法建立模型时需要丰富的水文地质资料和水质水位等数据，且分析内容缺乏较为统一的参考依据，侧重点各不相同，进而使预警结果缺乏足够的说服力。

（三）层次分析法

层次分析法就是将复杂问题分解为若干个层次和因素的评价分析方法，是一种将定性与定量分析结合起来的系统性方法。国内外众多学者将层次分析法引入地下水污染预警研究中，其中较为普遍的是将可体现预警体系关键要素的某种评价目标（地下水污染风险评价等）作为目标层，将影响评价结果的一些主要因素作为准则层，并根据这些因素选取相应的指标因子构成指标层，建立以目标层、准则层（或要素层）和指标层为主体的地下水污染评价指标体系。

层次分析法是目前地下水污染预警指标体系构建过程中应用最为广泛的一种方法，具备相对统一的方法原则，切实可行，系统性强，并且通过将定性问题定量化，最大限度地降低了主观因素对预警结果造成的影响，说服力较强。但是在评价指标较多时，构造各层次和全面分析各层次间的关系会变得较为复杂。

（四）综合分析法

在某些水文地质情况较复杂或具有一定特殊性的研究区域，往往需要将上述方法中的几种结合起来或与其他特殊方法相结合构建地下水污染预警指标体系，以获得较为系统全面的预警结果。

综合分析法将多种分析方法进行有效结合，可较为全面地分析地下水的污染现状、污染过程及演化趋势，实现了各种方法间的优势互补。与相对单一的分析方法相比，从很大程度上提高了预警指标体系构建的科学性、综合性以及预警结果的可靠性。虽然综合分析法任务量大、操作较复杂、挑战性大，并且需要丰富的水文地质数据资料作支撑，但总体而言多方法融合是建立地下水污染预警指标体系的有效途径。

五、地下水污染预警研究中存在的问题

目前国内外在地下水污染预警概念的认识上存在不同的看法，体现在预警的方法上也不相同，如根据水质现状评价结论进行预警，或在预测水质未来变化趋势的基础上进行预警。

状态预警方法是根据地下水水质现状监测数据的评价结果进行的，其本质仍属于水质现状评价的范畴，目前国外主要采用该方法进行地下水污染预警工作。本研究认为仅仅依靠对地下水水质的监测与评价来进行污染预警的方法对于追查污染源、污染责任认定等工作是必要的，但难以满足保护地下水资源的需求，也难以达到地下水污染预警的目的。水质状态预警反映的是水质现状，无法体现预先警告的功能，且一旦监测发现地下水已受到污染，再根据水质现状评价结果发布预警也无法改变地下水被污染的事实，这种预警方法也将使保护地下水资源的一系列行动处于被动状态。

（二）水质趋势预警

水质趋势预警是在水质变化趋势预测基础上进行的，地下水水质预测的方法主要包括确定性和非确定性方法。

1. 确定性方法

确定性方法是预测水质变化趋势的有效手段，现阶段研究中多采用数值模拟的方法。采用确定性方法进行预警的优点是考虑了实际水文地质条件及污染物运移特征，水质预测结果较为准确；缺点是建立地下水数值模型需要大量的基础数据作为支撑，在水文地质资料不齐全的地区无法使用数值模拟的方法。

2. 非确定性方法

非确定性方法包括回归分析法、时间序列法、随机微分方程、灰色系统、模糊理论、神经网络理论等。采用非确定性方法进行预警的缺陷主要是未考虑实际的地质、水文地质条件与地下水系统的动力学机制。污染物在地下水中的迁移、转化受多种因素的影响，因此，忽略水文地质条件来进行预警的方法难以满足预警的要求。

第二节　地下水污染预警评价

影响区域地下水污染风险的因素有很多。我国地域辽阔，很多一线城市和二线城市中的工业化发展较为迅猛，在发展工业的同时，人们却忽视了地下水污染风险的管理。在环境风险评价中，从评价范围划归等级，区域地下水污染风险评价属于系统风险评价。影响地下水污染的因素有很多，其中环境因素是最为主要的一个因素。在实际的生活中，地下水污染特殊脆弱性、区域污染源特性评价等，这些都是区域污染风险评价方法中的主要内容，只有清楚地意识到地下水污染风险影响因素的多样性，才会更好地对其制定具体的解决措施。由此可见，地下水污染风险影响因素是多种多样的，只有不断地完善现有的地下水污染风险管理文件，才会在未来的发展中为我国区域地下水的评价方法给予可靠的保障。

一、地质因素的评价

地质因素反映了地质介质抵御污染的能力，本研究认为地质介质影响污染物从地表到达含水层的输移过程，用地下水脆弱性来表示。

对地下水脆弱性的研究已经有 20 多年，但目前国内外对地下水环境脆弱性定义还没有统一的认识，多是不同专家从不同的角度提出自己的看法。地下水脆弱性概念的研究，从开始只评价水文地质特征到后来同时考虑人类活动对含水层污染的影响，正在逐渐发展和完善。一般来说，地下水环境脆弱性是指地下水环境由于自然条件变化和人类活动影响遭到破坏带来一系列问题的敏感程度，具体地讲，就是可溶的污染物不发生停滞和反应地向下流动到达含水层顶面的难易程度，它反映了地下水环境的自我防护能力。研究地下水环境的脆弱性，区别不同地区地下水环境的脆弱程度，也就是定量化评价地下水潜在的易污染程度，从而提醒人们在开发利用地下水资源时，有针对性地采取相应的防护措施。

地下水环境脆弱性一般分为本质天然脆弱性和特殊综合脆弱性。本质脆弱性是指在天然状态下含水层对污染所表现出的内部固有的敏感性，它不考虑污染源或污染物的性质和类型，是静态、不可变和人为不可控制的。特殊脆弱性是对特定的污染物或人类活动所表现的敏感性，它与污染源和人类活动有关，是动态、可变和人为可控制的。也就是说，对于某一给定含水层，其本质脆弱性是恒定的，特殊脆弱性随污染源或污染物的不同而变化。

地下水脆弱性研究是目前国内外学者关注的热门课题，国内外现有的地下水脆弱性评价方法主要有迭置指数法、过程数学模拟法、数理统计方法和模糊数学方法。其中迭置指数法是应用最广泛、最易被人们接受的一种方法。迭置指数法是指对选取的评价参数的分指数进行叠加形成一个反映脆弱程度的综合指数，再由综合指数进行评价。过程数学模拟法是指在地下水和污染物运移模型的基础上，建立一个脆弱性评价数学公式，将评价因子定量化后，得到区域脆弱性综合指数。数理统计法是指在分析处理各类水化学数据的基础上，运用数理统计进行数值模拟或建立模型的评价方法。模糊数学综合评价法是指以模糊数学为基础，应用模糊关系合成的原理，将一些边界不清、不易定量的因素定量化进行综

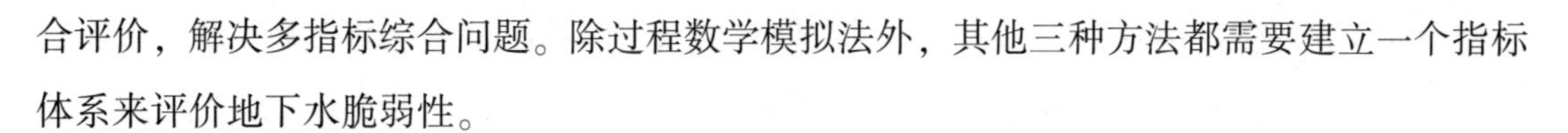

合评价，解决多指标综合问题。除过程数学模拟法外，其他三种方法都需要建立一个指标体系来评价地下水脆弱性。

以上方法中，迭置指数法是应用最广泛的脆弱性评价方法，典型的模型有 DRASTIC、GOD、SINTACS 等。DRASTIC 模型是地下水脆弱性评价应用最广泛的模型，中国地质调查局在《地下水污染调查评价规范》中也建议用 DRASTIC 模型进行地下水脆弱性评价。

（一）基于 DRASTIC 的地下水脆弱性评价

美国环保局提出的 DRASTIC 模型是地下水脆弱性评价应用最广泛的模型之一，DRASTIC 是宏观尺度大范围区域地下水脆弱性评价的经验模型，其中共选取七个参数：地下水埋深 D（depth of water-table）、净补给量 R（net recharge）、含水层介质 A（aquifermedia）、土壤介质 S（soil media）、地形坡度 T（topography）、包气带介质影响 I（impact of the Vadose）、水力传导系数 C（hydraulic conductivity of the aquifer）。

根据 DRASTIC 计算公式进行地下水脆弱性评价的过程为：首先将研究区域进行网格剖分，依据不同比例尺的地形图、地质图、水文图、水文地质图、土壤类型图、降雨量图等图件，利用 GIS 软件分别获取地下水埋深、净补给量、含水层介质、土壤介质、地形坡度、包气带介质影响、水力传导系数七项参数数据。依据获取的各项参数数据，利用 GIS 软件进行叠加计算，得出地下水脆弱性评价结果。

尽管 DRASTIC 方法在世界各地应用最广泛，但仍然有许多局限性，不应盲目照搬。其局限性如下：

第一，DRASTIC 方法的前提是假设各地区的含水层都分别具有均一趋势。各国各地区的水文地质、气候等条件的不同，致使 DRASTIC 方法存在一定的局限性。

第二，DRASIIC 方法中补给量和含水层渗透系数越大，地下水污染的可能性越大的看法是片面的。

第三，DRASTIC 方法中七项参数的权重值是一成不变的。实际上在不同的地区，地质条件不同，七个参数的权重会发生变化，这个时候应该根据具体的地质条件把权重值做出相应的改动，否则会影响评价结果的准确性。

第四，地下水脆弱性评价是一个典型的定性与定量相结合的问题。DRASTIC 方法采用加权评分法掩盖了各评价因素指标值的连续变化对地下水环境脆弱性的影响。

（二）基于可拓理论、层次分析法及 DRASTIC 的评价方法

DRASTIC 模型在评价参数选取及赋值、各参数权重赋值上存在不足，另外，DRASTIC

模型中缺少脆弱性等级划分的标准。用层次分析法来计算各评价参数的权重系数，可以解决 DRASTIC 在评价参数权重赋值上的人为因素干扰问题；将可拓理论引入地下水脆弱性评价研究中，解决了在脆弱性等级划分中存在的人为干扰问题。进行脆弱性评价时，首先，将研究区进行网格剖分，利用 GIS 软件获取各评价参数的数据；其次，用层次分析法计算各评价参数的权重值；最后，用可拓理论进行脆弱性等级的划分，通过计算机编程计算利用 GIS 软件输出研究区的地下水脆弱性分级值。地质因素和地下水水化学因素需要输入的参数为七项评价因子，包括地下水埋深、净补给量、含水层介质、土壤介质、地形坡度、包气带介质影响及水力传导系数，输出的结果为地下水脆弱性等级图。

利用地下水脆弱性来表示地质因素，用 DRASTIC 模型进行地下水脆弱性评价，同时引入可拓理论和层次分析法解决了 DRASTIC 模型在脆弱性等级划分及参数权重赋值上存在的人为干扰因素。地质因素的评价程序包括评价因子选取及赋值、评价因子权重赋值、评价区网格剖分、可拓评价模型的建立、各因子关联度计算、各事件关联度计算、评价结果及验证。

地质因素的评价程序如下：首先结合实际的水文地质条件和 DRASTIC 模型选取评价因子，尽可能选取有代表性的因子；再根据各因子所属的类别进行赋值，赋值时要重点考虑各因子对于地下水脆弱性的影响程度；根据各因子的相对重要性程度，利用层次分析法进行权重赋值；用可拓理论构建评价模型；计算任一单元格中各因子与物元模型中各级事件中相应因子的关联度；计算任一单元格所属的事件与物元模型中各级事件的关联度；用 GIS 软件得出评价结果，即所有单元格所属的不同脆弱性等级；最后利用历史或现状地下水水质监测数据对评价结果进行验证，若监测数据与评价结论一致，则输出评价结果；若监测数据与评价结论不一致，则需要重新进行评价。

（三）地下水脆弱性的应用

地下水脆弱性评价对于地下水的利用与保护具有一定的支持作用，主要应用领域包括地下水水质防护区划、地下水开采许可管理等。

1. 地下水水质保护区划

地下水水质保护应根据地下水的脆弱性进行分区甄别对待，有严格保护区、重点保护区、一般保护区等。

严格保护区对应地下水高脆弱区，属于地下水水质保护的红区，禁止任何污染的进入。应严禁施用农药、化肥，禁止建设加油站、输油管线、污水排放点和城市及医疗固体垃圾场，现有垃圾等污染源应尽快治理和搬迁。

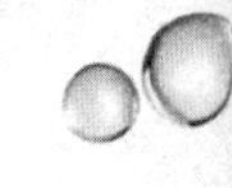

重点保护区对应中脆弱区，应禁止继续建设新的可产生污染的项目。现有的农药、化肥施用以及排污企业和垃圾场等，应逐一进行调查，评价其对地下水的影响，并采取必要的措施进行治理。

一般保护区不仅要注意污染控制，还要考虑地下水系统防护结构的完整性。

2. 地下水开采许可管理

地下水开采的管理主要是开采许可量。一个地区或地下水系统的地下水可开采量包括日常可持续的开采量，也包括临时应急抗旱或事故污染时可启用的备用开采量。地下水日常可持续开采量应控制在地下水的可开采量范围内，与地下水系统的补给量有紧密关系；而备用水源的临时短期可开采量主要依据开采井的单井出水量和避免出现环境地质问题及生态问题的水位限制。因此，地下水水量脆弱性低的地区，宜作为集中开发区或备用水源区进行管理；而水量脆弱性高的地区则不宜大规模开采，仅适宜少量生活用水、工艺用水或临时应急开采。

地下水水量的脆弱性不仅与地下水循环特征有关，也要兼顾对生态系统、地质灾害的影响，因此，应设定分区水位标准，防止出现不可逆的生态和地质环境问题。

对于地下水系统人为开采的脆弱性（水量脆弱性），也可以利用一个区域的可开采量或可开采模数进行分级分类评价。但目前的可开采量评价方法大多按照补给量进行折算，未考虑含水层单井出水量、含水层调蓄能力等因素。因此，通过补给量、含水介质类型、含水层厚度等进行地下水对开采的脆弱性综合评价是必要的。

我国应积极推进地下水脆弱性的评价工作。首先结合我国国情和水情，提出简单适用和相对成熟的地下水脆弱性评价标准和规范，指导地下水脆弱性的评价工作。同时，选择典型地下水系统，进行地下水脆弱性评价和分区试点。结合最严格水资源管理制度的实施和地下水脆弱性管理方法，研究提出我国地下水水质分区分类保护的新思路和新战略，弥补我国地下水水质安全保护方面的薄弱性。

二、地下水污染源的评价

降水入渗是地下水的主要补给来源之一，因此，地表的人类活动是影响地下水质量的一个关键因素。当地表污染物进入地下时，其在土壤及地下水中的输移转化受物理、化学及生物作用等多种因素的影响。物理过程包括对流、弥散、挥发、过滤、脱气等，化学过程包括酸碱反应、吸附-解吸、离子交换、氧化-还原、沉淀-溶解、阻滞、络合等，生物化学过程包括蒸腾、细菌呼吸、衰减、细胞合成等。地表人类活动可能改变地下水的补给、径流和排泄过程，引起地下水水位及水质的动态变化，地下水污染预警中需要明确污染物从污染源释放的过程及其在地下迁移转化的机制。

特征污染物是指由污染源释放出来的有代表性的，可能造成地下水污染的污染物组分。污染物从地表到含水层的输移过程一般较长，在地质因素、地下水动态因素、地下水价值因素一定时，影响污染源中污染物释放及其在土壤和地下水中迁移转化的主要因素包括污染源的类型及分布、污染防护措施、污染物性质等。污染源的分布包括空间位置、污染物的排放或储存量，污染物的种类包括有机物、无机物、放射性物质和病原微生物等，污染物的性质包括毒性、迁移性和衰减性。

地下水污染预警研究中针对污染源评价的需求共选取了七项参数：污染源类型、污染物的量、污染防护措施、污染持续时间、污染物毒性、污染物迁移性和持久性。基于一定的计算方法可将以上七项参数的属性进行耦合，获得表征特征污染物的指标。地下水污染预警研究中采用指标迭置法建立的污染源评价模型为：

$$W_j = \sum_{i=1}^{m} a_j b_i \quad j = 1，2，\cdots，n；i = 1，2，\cdots，m \tag{4-1}$$

式中：W_j——第 j 个单元的污染源指数；

i——评价因子；

a_j——第 i 个评价参数在第 j 个评价单元中的赋值；

b_i——第 i 个评价参数的权重；

n——单元数；

m——因子数。

权重系数的确定采用层次分析法。

地下水污染受多种因素的制约，污染源类型、污染物的量和污染持续时间决定了产生的污染物类型和量，污染防护措施影响可能进入地下的污染物类型和量，污染物毒性、迁移性和持久性影响污染物迁移特征及对人体健康的潜在影响。地下水污染预警中针对污染源因素主要考虑污染物进入地下水的可能性，以及地下水可能的污染范围和污染程度，相对污染源和污染物类型而言，污染物的性质对地下水污染的影响更大。

三、地下水动态因素的评价

地下水动态因素反映了地质历史的发展过程与地下水的历史演变，地下水动态包括地下水水位和水质的动态变化，反映了外界因素作用下地下水的动态。

地下水水位动态变化的预测方法可归类为确定性和非确定性方法。其中，确定性方法主要为解析法和数值法；非确定性方法有回归分析法、时间序列法、灰色系统理论、人工神经网络、混沌理论等方法。非确定性方法由于未考虑实际的水文地质条件，适用于缺乏地质资料的地区，该方法的预测结果一般难以满足地下水污染预警的需求。本研究建议在地质资料较丰富的地区采用数值法预测地下水水质的动态变化，在缺乏资料的地区可采用非确定性方法。

地下水数值模拟的过程包括地下水均衡分析、水文地质概念模型建立、数学模型建立、计算域的离散、模型识别和验证、水质动态变化模拟预测等。地下水水质动态变化评价中需要输入的参数包括含水层厚度及岩性、包气带厚度及岩性、地表高程、含水层顶底板高程、水位及污染物浓度、补给量和排泄量等，输出的结果为模拟预测的不同时间、不同地区地下水中污染物的浓度值。进行地下水系统数值模拟时，首先要建立研究区地下水水流、水质数学模型，然后利用数值模拟软件对数学模型进行求解，预测地下水水质未来的变化趋势。

将地下水动态因素用地下水水质动态变化来表示，并通过数值模拟手段来进行水质动态变化的评价，评价的程序为，地下水均衡分析、水文地质概念模型的建立、数学模型的建立、计算域的时间和空间离散、模型的识别、模型的验证、水质动态变化评价结论。

在建立数值模型之前，先用均衡法对计算区地下水的各项补给量和排泄量进行均衡分析，为数值模型的构建提供基础数据；然后将含水层特征、水力特征、计算范围、边界条件和水化学特征进行概化，建立概念模型；并建立地下水水量、水质数学模型；在空间上对研究区进行剖分，在时间上根据水质及水位的变化大小确定时间步长；根据历史水质、水位资料对模型进行识别，使计算数据与观测数据的误差最小；根据识别后的模型，利用水位、水质监测数据对模型进行验证；根据识别和验证后的模型，预测地下水水质、水位的变化，地下水污染预警中重点关注水质的变化情况。

四、地下水价值因素的评价

地下水价值因素（可采资源量）评价方法主要包括水量均衡法、解析法、电模拟法、数值法、比拟法、水文分析法，以及其他以观测资料统计理论为基础的方法。

（一）水量均衡法

水量均衡法也称为水量平衡法，是全面研究均衡区在均衡期内的地下水补给量、储存量和消耗量之间的数量转化关系。它是根据物质守恒定律和物质转化原理分析地下水循环过程，计算地下水水量。

水量均衡法的基本原理：对某一地下水系统来说，在任一时间段（均衡期）内的补给量和消耗量之差，等于该系统中地下水体积的变化量。

水量均衡法主要用于评价各种条件下的地下水补给资源量，初步确定地下水可开采资源量，或为确定地下水可开采资源量提供依据。理论上，水量均衡法适用于任何地下水系统的水资源评价。但由于某些均衡要素中的水文地质参数难以确定或准确性较差，会造成计算误差较大，难以准确给出地下水各要素随空间的变化；此外，水量均衡法也不能准确确定地下水的可开采资源量，同时很难给出具体的地下水开发利用方案。

水量均衡法的计算步骤主要包括均衡要素的确定，均衡计算分区的划分，计算参数的确定，补给量和排泄量、储存量、变化量等的计算。

（二）解析法

解析法是运用地下水井流公式对含水层中的地下水资源进行评价的方法。解析法是通过数学分析方法得到待求物理量（如地下水水头、溶质浓度等）与其影响因素（边界条件、初始条件、源汇条件、介质参数等）之间的解析关系式，据此确定该物理量在时间和空间上的变化规律。解析法所采用的数学方法主要是解微分方程定解问题的各种方法（分离变量法、积分变换法等）和复变函数保角映射的一些方法，还有其他种类的数学分析方法。解析法适用于理想条件下的水文地质条件，如泰斯假设、裘布依假设等，解析法的优点是当实际条件与求解析解时所假定的条件相符合时，得到的解析公式是相应问题的精确解；同时，一定条件下的精确解也是检验相应条件下问题的各种近似解（如数值解）的准确程度的尺度。

解析法不适用于以下情况：含水层边界形状尤其是供水边界形状极不规则；含水层存在明显的非均质性和各向异性；边界的位置、边界上的水头或流量随时间变化；承压区和无压区在平面上并存，其间的分界线随时间变化；含水层有不均匀越流，存在“天窗”或有河床渗漏等。

（三）电模拟法

电模拟法是以导电介质中电流的流动与地下水在多孔介质中服从达西定律的运动在数学描述上的相似性为基础设计的，即以电场模型代替按一定比例缩小的渗流区域，根据电模型中测得的各电位值绘制等水位线，以模拟渗流场相应点的水头值和等水位线来求得渗流场中的水头、水力梯度、渗流速度及渗流量。电模拟法的主要缺点是缺少通用性，模型的修改复杂，而且只能用于地下水流的模拟，因此不能用于水质模拟。

（四）数值法

数值法是以地下水运动的微分方程的定解问题为基础，将表示水位随时间和空间连续变化的函数离散化，求得函数在有限节点（或结点）上的近似值，数值法是一种近似解法。数值法的基本思想是将描述地下水系统状态的连续函数在时间、空间上离散化，并求该函数在有限个离散点上的近似值。数值法的常用方法为有限差分法和有限单元法，都是将描述地下水运动的定解问题用不同的方式离散化，使复杂的定解问题转化成简单的代数方程组，再求出有限点上不同时刻的数值解。

数值方法不仅可以有效地解决地下水流问题，也能解决地下水水质和热运移问题。如海水入侵、弥散所引起的污染物传播问题、地热系统的模拟等。数值法可以解决复杂水文地质条件和地下水开发利用条件下的地下水资源评价问题，如非均质含水层、复杂边界含水层以及多层含水层地下水开采等问题。利用数值法可进行地下水补给资源量和可开采资源量的评价；通过对已知地下水动态（地下水位）的拟合，可以识别水文地质条件，如水文地质参数、边界条件、均衡项等，这有助于进一步认识水文地质条件；还可以预测各种开采方案条件下地下水水位的变化，即预报各种条件下的地下水状态，为地下水管理提供决策依据。

（五）比拟法

比拟法就是用条件相似的老水源地的实际开采资料来比拟估算新水源地的允许开采量。一般常用降深比拟法或综合可采模数法进行计算。

1. 降深比拟法

降深比拟法是利用已知水源地（或开采区）的实际降落漏斗中心的最大降深，根据水文地质条件和水动力条件相似的原则，用比拟法求出未来开采井群区的最大下降值。将求得的最大下降值与实际开采的允许下降值对比，论证所定开采量的合理性。有时，尚难以确定今后的开采动态能否达到稳定，为使计算结果更切合实际，可利用稳定流和非稳定流干扰井群公式进行多种方法的对比计算。降深比拟法一般用在基岩或岩溶地区，水文地质条件较为复杂，而开采区已有的资料比较丰富；同时要有较充沛的补给条件，且以降水入渗补给为主要补给源。

2. 综合可采模数法

综合可采模数法就是借助水文地质条件相似而又研究得比较清楚的含水层的开采模数来计算被比拟的含水层的有关参数，依照所求的开采模数确定被比拟的含水层的允许开采量。该法通常是在水源地的普查和详查阶段采用。“对于某些水文地质条件复杂而又不容易搞清楚补给条件的地区，在采取多种方法论证允许开采量的保证程度时，在勘探或开采阶段也可采用综合可采模数法。”①

（六）水文分析法

地下水径流是水循环的一部分，地下水的补给量必然转化为地下水径流，而一部分地下水径流则在适当的位置溢出地表，转化为地表径流。因此，可运用陆地水文学的方法评价地下水资源量，主要的方法有基流分割法、泉域法和暗河测流法等。

河川基流量是指河川径流量中由地下水补给河水的部分，即河道对地下水的排泄量。基流分割就是将河川径流中的地表径流量和地下径流量分别计算出来，从而计算出地下水排泄量。泉域法是根据泉水流量和其汇水区域（也称泉域面积）求得地下径流模数的方法，由于泉是地下水的天然露头，每个泉系统都是一个独立的地下水系统，即具有独立的补给、径流和排泄系统，因而可用泉域法评价地下水资源。在岩溶地区，大气降水渗入地下后，主要沿管状或脉状通道运动，并汇集成主流及多级支流的地下河系，称为暗河系。暗河出口或天窗的流量，基本上体现了这些露头控制区的地下径流量。因而可选择有代表性的暗河出口或天窗，测定其枯水期的流量，同时圈定对应的地下流域面积，这样就可以计算出该区的地下径流模数，这种方法称为暗河测流法。

五、地下水污染预警评价存在的问题

（一）地下水污染风险的内涵和评价的理论基础有待进一步探讨

从目前的情况来看，我国地下水污染风险的内涵和评价体系还有待进一步完善。我国有关学者在研究地下水脆弱性的时候，并没有从根本上意识到地下水污染风险评价方法的主要内容，而是具有针对性地对其水层进行了细致的分析。

在我国有些地区，水污染风险并没有引起人们的重视，也往往在实际的生活和地下水功能价值评价研究中被忽视，笔者认为这种错误的研究方式将会严重地阻碍我国区域地下水污染风险评价的建设和发展。

（二）评价结果主观性较强，缺少验证

我国区域地下水污染风险评价方法，在实际的评价中存在着评价结果主观性强，缺少

---

① 杜晓舜，夏自强．浅层地下水资源评价的研究［J］．商丘师范学院学报，2003（02）：63-65.

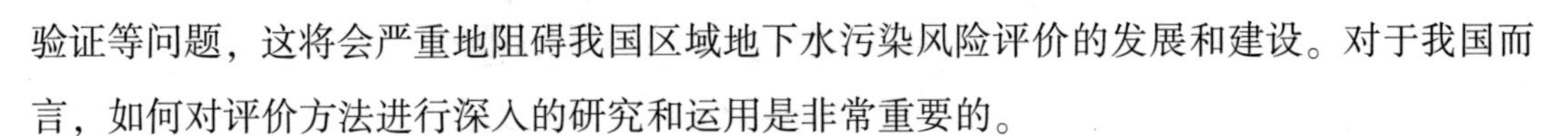

验证等问题，这将会严重地阻碍我国区域地下水污染风险评价的发展和建设。对于我国而言，如何对评价方法进行深入的研究和运用是非常重要的。

社会在进步，科学技术在发展，只有不断地运用现代化的技术对其进行风险评价和管理，才会更好地实现全方位的发展。在对区域地下水污染进行风险评价的过程中，一定要全方位、多角度地对其进行研究，采用定性与定量相结合的方法，这样才会使评价结果更加具有客观性和合理性，能够符合我国现代化的发展状况。

（三）数据储备较弱，尚未建立技术性文件

21 世纪是一个多元化的信息化时代，只有清楚地意识到区域地下水污染数据储备的重要性，才会更好地推动我国未来经济的建设和发展，从目前的情况来看，我国很多地区的区域地下水仍然存在着数据不准确、资料管理不科学的情况，这样将会严重地阻碍我国地下水污染的发展和建设。

鉴于上述原因，建议在未来的发展中，我国有关部门应该对地下水区域污染风险评价方法进行正确的管理和研究，只有不断地完善我国现有的区域地下水建设，才会更好地推动我国污染风险评价的长期发展，以便协助和监督环境风险评价工作更好的开展。由此可见，在区域地下水污染风险评价方法中，对数据进行储存是非常重要的。只有这样才会更好地保证区域地下水文件的完整性，为我国环境保护的未来发展提供便利的条件。

第五章 地下水污染修复技术

我国是水资源严重短缺的国家，由于污染严重，许多地区地下水水质严重恶化，已不能被工业和生活使用，这使我国水资源短缺的形势更加严峻。因此，对受污染的地下水环境修复变得越来越重要，其修复技术的研究已引起国内外学者的广泛关注。但是地下水存在于土壤空隙和地下岩石裂隙中，地质条件复杂，污染物通常溶解于水中或吸附于土壤和岩石表面，构成了水—土—岩复杂的环境系统，增加了修复难度，因此探索有效的修复方法是目前研究的热点。

自开展地下水污染治理至今，地下水修复技术在大量的实践应用中得以不断改进和创新。目前，较典型的地下水污染修复技术主要有三种：抽出-处理技术，简称 P&T 技术；生物修复技术；反应渗透墙技术，简称 PRB 技术。

第一节 抽出-处理技术

一、抽出-处理技术分析

（一）抽出-处理技术的概念及特点

抽出处理技术（简称 P&T）是捕捉地下的污染羽水体并将其抽出地面，采用各种处理技术将其净化后使用或重新输入地下。本方法关键在于井群系统的布置，要能够高效控制地下污染水体的流动，而受污染水体抽出地面后则采用常规的污水处理方法，如吸附法、反渗透法、气浮法等物理方法，或混凝沉淀法、氧化还原法等化学法，活性污泥法、生物膜法等生物法。经过处理的水大部分回注地层。

地下水抽水处理修复重点包括如下两方面内容：

第一，对于污染晕扩散的有效控制。随着污染场地地下水被抽取，地下水的流场也出现了改变，利用此种水流场的改变能够有效控制污染范围的增加。

第二，对于地下水溶解相污染物进行有效移除。利用地下水的抽取可以将地下水中溶解相污染物转移到地表之后对其进行有效移除。

P&T 修复技术的最大优点就是适用范围广、修复周期短。最为突出的一个很典型例子就是某市运输粗苯的车辆侧翻，造成粗苯泄漏污染了附近两口灌溉井，现场采取了抽水处理法，井内水污染很快得到控制，并在短时间内水质恢复到受污染前的水平。另外，该技术设备简单，易于安装和操作；地上污水净化处理工艺比较成熟。

该技术也存在一定的局限性。主要有以下几点：①由于液体的物理化学性质各异，只对有机污染物中的轻非水相液体去除效果很明显，而对重非水相液体来说，治理耗时长而且效果不明显；②该技术开挖处理工程费用昂贵，而且涉及地下水的抽提或回灌，对修复区干扰大；③如果不封闭污染源，当停止抽水时，拖尾和反弹现象严重；④需要持续的能量供给，以确保地下水的抽出和水处理系统的运行，同时还要求对系统进行定期的维护与监测。

根据国外多年研究总结，目前 P&T 技术的治理对象主要有 12 种污染物。其典型治理目标为三氯乙烯，此外还有一些卤化挥发性有机物，如四氯乙烯、氯乙烯等。对于非卤化挥发性有机物 BTEX（苯、甲苯、乙苯、二甲苯）以及铬、铅、砷等也可采用 P&T 技术进行治理。

（二）P&T 技术修复系统构成

P&T 技术的修复过程一般可分为两大部分：地下水动力控制过程和地上污染物处理过程。该技术根据地下水污染范围，在污染场地布设一定数量的抽水井，通过水泵和水井将污染了的地下水抽取上来，然后利用地面净化设备进行地下水污染治理。在抽取过程中，水井水位下降，在水井周围形成地下水降落漏斗，使周围地下水不断流向水井，减少了污染扩散。最后根据污染场地的实际情况，对处理过的地下水进行排放，可以排入地表径流、回灌到地下或用于当地供水等。这样可以加速地下水的循环流动，从而缩短地下水的修复时间。目前已有的水处理技术均可以应用到地下水 P&T 技术的地上污染物处理过程中。只是受污染地下水具有水量大、污染物浓度较低等特点，所以在选用处理方法时应根据地下水特点进行适当的选取和改进。

P&T 技术中选择合适的抽提井位置和间距是设计中很重要的一步。抽提井的位置应保证高浓度污染区的羽流地下水可以被快速地从污染区转移。一方面，抽提井的设置应能完全阻止污染物的进一步迁移。另外，如果污染物是抽出地下水的唯一目标，地下水的抽出率应该在保证阻止羽流迁移的基础上尽量小，因为抽出的地下水越多处理费用越高。另一方面，如果地下水需要净化，抽出率就需要提高从而缩短修复时间。当地下水被抽出后，临近的地下水位就会下降并产生压力梯度，使周围的水向井中迁移。离井越近压力梯度越大，形成一个低压区。在解决地下水污染问题时，抽提井低压区的评估是一个关键，因为它能表征抽提井能达到的极限。

二、抽出-处理技术原理

抽水井开始抽水后，其周围的地下水水位下降，并产生一个地下水向井孔流动的水力梯度，越靠近井孔，水力梯度越大，在井孔周围产生降落漏斗。降落漏斗代表抽水井所能影响到极限范围，因而必须准确判断降落漏斗。对于承压完整井稳定流采用裘布衣公式进行计算，如公式（5-1）所示：

$$Q = 2.73\frac{KM(h_2 - h_1)}{\lg\frac{r_2}{r_1}} \tag{5-1}$$

式中：Q——抽水井流量（m^3/d）；

K——含水层渗透系数（m/d）；

M——含水层厚度（m）；

h_2、h_1——距离抽水井较远的计算点 2 的承压水头，距离抽水井较近的计算点 1 的承压水头（m）；

r_2、r_1——计算点 2 及计算点 1 到抽水井的距离（m）。

潜水完整井稳定流计算公式如以下所示：

$$Q = 1.366\frac{K({h_2}^2 - {h_1}^2)}{\lg\frac{r_2}{r_1}} \tag{5-2}$$

式中：h_2、h_1——距离抽水井较远的计算点 2 的潜水位，距离抽水井较近的计算点 1 的潜水位（m）；其他符号同前。

由裘布衣公式可以确定抽水流量以及抽水井的影响半径，而设计抽水井的关键是选择合适的抽水井位置，以保证其捕捉区能完全覆盖污染物。如果采用井群，则需要确定任意两口井之间的最大距离，且该距离可确保阻止污染物从井群间向外扩散。单井捕捉区，可采用公式（5-3）计算：

$$y = \pm\frac{Q}{2Bu} - \frac{Q}{2\pi Bu}\arctan\frac{y}{x} \tag{5-3}$$

式中：Q——抽水井流量（m^3/d）；

B ——含水层厚度（m）；

u ——区域地下水流速（m/d）。

对于垂直于地下水流向的多口抽水井，其下游侧流线距离与单口井类似，抽水井水力捕捉区边界范围如表 5-1 所示：

表 5-1　抽水井群水力捕捉区边界特征值

水力捕捉区边界特征值	2 口井	3 口井	4 口井
垂直流向抽水井流线间距	$\frac{Q}{Bu}$	$\frac{1.5Q}{Bu}$	$\frac{2Q}{Bu}$
抽水井上游流线间距	$\frac{2Q}{Bu}$	$\frac{3Q}{Bu}$	$\frac{4Q}{Bu}$
最佳井距	$\frac{0.32Q}{Bu}$	$\frac{0.36Q}{Bu}$	$\frac{0.40Q}{Bu}$

当地下水污染羽范围、地下水流速和方向探明后，关键问题是确定抽水井数量和间距。应利用含水层试验确定地下水抽取流量，并在污染羽分布图上绘制出单井水力捕捉区，注意抽水井水力捕捉区曲线方向应与污染羽匹配。如果捕捉区完全覆盖污染羽范围，则设置一口抽水井就能达到修复目的；可以通过调节抽水井流量放大或缩小水力捕捉区范围。如果单井捕捉区不能覆盖污染羽范围，就须布设更多的抽水井，以保证井群水力捕捉区范围覆盖污染羽范围；还应注意单井之间的相互干扰，如要保证各口单井具有相同的允许降深值，则不同的单井抽水量不同。

影响地下水污染处理的抽出-处理技术修复效率的主要因素包括以下四项：

第一，污染物与水的不混溶性。许多污染物在水中的溶解度相当低，极难从地下冲洗出来。

第二，污染物扩散进入水流动性有限的微孔和区域。污染物通过扩散进入水流动性有限的微孔和区域以后，由于它们的尺寸很小且不易接近，冲洗十分困难。

第三，含水介质对污染物的吸附。解吸的速度慢，因此将吸附在地下土壤上的污染物冲洗下来是一个相当慢的过程。

第四，含水介质的非均质性。由于含水介质的非均质性，使得不能准确预测污染物和水流的运移规律，而查明这种规律对污染物的冲洗十分重要。

三、抽出-处理技术设计

抽水-处理技术是目前应用最广泛、最简单的一种恢复污染含水层水质的方法。整个净化过程的花费显然应是净化程度的函数，当最大允许污染物浓度确定之后，整个净化过程的设计应取决于三点：花费应当最小；净化后的地下水中某些化学成分的最大含量不能超过规定指数；抽水井的运转过程应尽可能短。

抽取污染的地下水和确定井位是一个复杂的问题，采用下述的简单方法和步骤就可避免工作中的错误判断。在进行净化前应确定污染源已被排除掉或限制住，然后再进行净化含水层才是有意义的。制定的净化标准首先应是现实可行的，被污染的地下水体只有在某个浓度等值线内才能划归净化抽水井的截获带内。

假定含水层的污染带已被查明确定，某些化学物质的分布状况也已弄清，地下水的流向及流速也已知，我们就可按下述步骤进行：

第一，准备一张与前述系列曲线同比例的地图，图上应标注出地下水流向，化学物质最大允许浓度等值线也应在地图上勾绘出来。

第二，把经过加工的地图叠置在单井抽水时取不同 $\frac{Q}{Bu}$ 值所绘制的系列截获带边界曲线上，使两张图上的地下水流向保持平行。移动浓度等值线，使闭合的等值线完全包括在某一标准曲线范围内，读出这标准曲线的 $\frac{Q}{Bu}$ 值。

第三，因含水层厚度 B 和地下水的渗透流速 u 为已知，按照所读的 $\frac{Q}{Bu}$ 值便可计算出口值。

第四，如果井的设计抽水能力可以达到上面所计算的 Q 值，说明一眼井就能满足该含水层的净化抽水工作，应建立的抽水井位置正好是曲线上的井点在地图上的投影。

第五，如果一眼净化抽水井不能达到所要求的抽水量，则须设置两眼抽水井，在两眼井净化的系列标准曲线上重复上述步骤来确定抽水量及井位，依次可类推到第三、四眼井及更多井的规划过程。但应注意两眼以上井抽水时的干扰作用，井位除按同比例尺地图及标准曲线迭置确定外，井距还应按公式 $2d=\frac{Q}{Bu}$（对两眼净化抽水井）和 $d=1.2\frac{Q}{Bu}$（对三眼及三眼以上井群）来验证。

第六，确定注水井的位置：如果抽出的污染地下水经处理后要重新注入含水层，仍可按上述步骤一、二进行。只是绘有化学物质最大允许浓度等值线的地图上，地下水流向应同标准曲线上的天然地下水流向保持平行，但方向相反。注水井应位于浓度等值线范围之外，靠近地下水天然流向的上游方向，这样也能确保最大允许浓度等值线范围内所有被污染的地下水都会由抽水井排出。

注水井的存在会增大地下水的水力坡度，使地下水流速变大，有助于缩短抽水净化时间。这种技术的缺点是当污染带延续的距离很长时，在最上游方向的尾部水体流动相对很

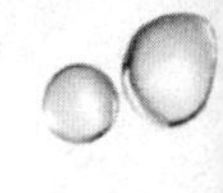

慢，为清除这部分水体必定要花较多时间。为解决这一矛盾，当抽水延续一段时间后，可将抽水井位置向地下水流的上游方向移动，在原抽水井与污染带尾部的中间位置另开净化井抽水。

四、污染场地地下水抽出-处理技术设计的优化

（一）污染场地地下水抽提环节的优化设计

不同污染源所引起的污染情况不同，尤其是不同污染场地具有较为强烈的区域性差异，这使得污染场地的地下水抽提环节设计必须严格参照污染场地中的具体地质条件和污染物质的具体情况等来科学开展污染场地地下水抽提环节设计。

首先，抽提井的设计规划是整个抽提环节中的核心部分，其不仅关系到抽提系统的工作效率，而且还会对后期的地下水污染修复环节产生严重的影响，因此，必须充分参照前期勘查过程中的调查结果以及分析数据合理布置抽水井的位置布局，依据污染场地地下水资源的水压力以及渗透系数等合理选用恰当运行参数的抽水泵，同时还应当密切注意抽水井与注水井的配合程度，根据水力坡度以及平衡效果对抽水井与注水井的位置和数量进行科学的设计规划，严格防范污染物抽出不彻底以及污染区域扩散等严重问题出现，尤其是对于污染程度较为严重的场地区域内可以采取分阶段的抽出方式来进行处理，即按照地下水中污染物质的浓度高低依次将其抽出，这样就能够有效防止由于污染物质的浓度梯度差异而导致的污染物质扩散及二次污染现象发生。

其次，在对污染场地中的地下水进行抽提的过程中必须实时监测抽提出来的地下水中各类污染物质的密度以及成分等诸多重要参数指标，并根据这些重要的抽提反馈数据及时对抽提系统方案进行科学合理的调整改进，脉冲式抽水方式在这一类项目中被广泛地应用，主要是因为脉冲式抽水方式能够有效克服污染场地中存留在土壤中的污染物质在地下水被抽提上来后所产生的渗透压力的作用下再次流入地下水内，从而极大地提升了污染物质的抽提效率，能够有效减少抽提工作量，为后期的地下水污染修复环节做好铺垫工作。

（二）污染场地地下水抽出后修复处理环节设计

污染场地的地下水被抽提到地面之后必须对其中的污染物质进行分离处理才能够再次投入使用和重新排放到用水网络中，因此，污染场地地下水抽出后的修复处理环节对于确保水质安全和降低污染物质影响具有十分关键的作用。

首先，由于污染场地中的污染源差异性较大且地下水中所存留的污染物质成分的特殊

性，在对其进行修复处理时必须对抽提上来的地下水进行成分检验，并结合检验结果采取相应的净化修复处理措施，具体的处理方式可以合理参考地表生活以及生产过程中产生的污染性水源处理方案对其进行净化处理，一般对于含有较多细菌和真菌等生物类污染因子的地下水主要采用生物法对其进行修复处理，比如利用微生物的有氧呼吸作用对其进行厌氧处理或者采用生物反应器等对其进行灭活处理，从而有效降低地下水中的生物类污染物质。

其次，采用过滤渗透、活性吸附以及化学降解沉淀等多种形式的物理化学类修复处理方法也能够有效净化地下水中的污染物质，尤其是对于矿产区域以及畜牧生产区域内抽提上来的污染场地地下水的修复处理效果更好。再者，若想彻底修复污染场地中地下水中的污染问题常常需要采用多种修复处理方法相结合的方式进行处理。同时，还应当根据地下水的具体污染情况对其进行多次反复的修复净化处理，从而才能够真正达到污染场地地下水的修复处理效果。

（三）污染场地地下水的监测环节的优化设计

由于在对污染场地地下水采取抽出处理的过程中，地下水中各种污染物质以及微量元素等各项重要指标的含量始终处于动态变化的过程中；同时，污染场地被抽提上来以后该区域内的地下水位以及含水量也处于变化的状态中，为了确保整个抽水系统的处理效率和施工运行的安全性，必须对污染场地地下水的监测环节给予充分的重视。

首先，在地下水抽出处理的过程中可以将水位监测装置合理安装在修复边缘处，对地下水位以及水分含量进行实时的观察监测，同时认真做好水位变化的周期性记录，从而为抽水泵功率选择和抽提水量进行适当调整，有效防止由于抽提过量而导致的场地塌方等严重安全问题发生。

其次，还应当对抽提出来的地下水中的各项污染物质成分进行科学严谨的检测处理，从而为地下水的修复处理方案设计提供科学精准的参考依据，同时还应当对地下水中的污染情况进行分段检测的措施，将整个污染场地中的地下水进行区域划分，确保能够及时获得地下水中污染物质的扩散情况，为进一步调整和优化地下水抽提技术和修复技术提供精准而强大的数据支撑。

此外，还应当对污染场地中土壤中的水分含量、渗透压以及污染物质成分含量等进行严格的检查，有效防范吸附在土壤中的污染物质。由于渗透压以及地下水浓度降低等原因而再次流入地下水中造成污染物质扩散现象发生；同时，还应当对修复处理之后的地下水进行严格的水质检查，只有水体中的各项指标达到规定值后才能够排放出去。

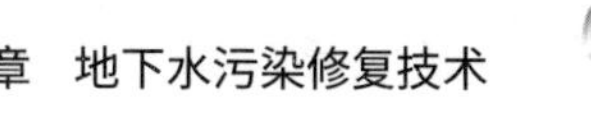

五、抽出-处理技术与其他技术联用

当污染刚发生时，地下水污染物浓度较高，特别是在污染源附近，此时采用 P&T 技术非常有效，能够极大程度地减轻污染，去除污染物，同时控制污染范围。但在地下水污染修复的后期，P&T 技术的效果越来越差，成本越来越高。所以，地下水污染场地的后期处理往往采用地下水曝气、微生物原位处理、原位化学氧化、热脱附技术、渗透反应格栅、植物修复和 MNA 等综合方法。联合修复技术，还可达到同时控制和治理多种污染物的目的，这是典型的分阶段修复的策略。因此，研究复合法修复地下水已成为我国当前环保研究的热点。与单独使用 P&T 技术相比，联合其他技术（如原位修复、监测自然衰减等）共同修复占据很大部分比例。

例如，对某些类型的碳氢化合物（主要是石油产品及其衍生物、苯酚、甲酚、丙酮和纤维素废物等易于生物降解的物质）进行现场生物修复是一项成熟的技术，该技术的关键是通过注入井或渗透通道输送氧气和营养物质来增强污染物微生物降解。原位生物修复应用的一个限制因素是，维持微生物种群所需的最低污染物浓度可能超过健康风险的基准值，特别是涉及重石油烃的场地。同时，原位生物强化修复的缺点包括：①有毒中间代谢产物的积累；②不利于生物降解的水化学条件变化，如铁、锰浓度增加。P&T 技术有助于降低地下水水位，控制流量扩大包气带厚度，使更多的氧气扩散进入包气带介质从而促进污染物的生物降解。而且，抽出的污染地下水与电子供体（地面供应的乙醇等）混合后，通过地下滴灌排入浅层土壤发生生物降解。剩余没有降解的污染物迁移到地下水位以下后被重新抽出到地面进入修复循环程序。因此，为取得良好的修复效率，P&T 技术与原位生物降解可以协同使用。

利用 P&T 技术联合原位生物修复系统和热强化子系统，对受氯代烃污染的土壤和地下水进行分区修复，可同时修复高浓度和中低浓度区域氯代烃，提高修复效率，降低修复费用。

利用 P&T 联合原位化学氧化技术可修复多种有机污染场地，原位化学氧化技术可以缓解 P&T 的拖尾和回弹效应，同时 P&T 可以增大氧化剂在地下水中的影响半径，增加氧化剂与污染物的接触面积。结合原位化学氧化技术反应见效快、修复相对彻底与 P&T 水力影响范围大的技术特点，通过合理的水力控制，增强原位注入技术的修复效能。对于渗透系数低的地下水污染场地，可联合使用 P&T 和大直径渗透反应格栅技术进行地下水修复，抽/注水井群系统提高了正水力梯度，增大地下水流速，进而促进了污染地下水通过渗透反应格栅发生降解，以控制污染物扩散。因此，联合修复技术能弥补 P&T 技术的缺点，是地下水防控技术的发展趋势。

第二节　生物修复技术

生物修复技术则更为廉价和简便，利用天然存在的或特别培养的生物（植物、微生物和原生动物）在可调控环境条件下将有毒污染物转化为无毒物质。经过多年的发展，生物修复技术已经由细菌修复拓展到真菌修复、植物修复、动物修复，由有机污染物的生物修复拓展到无机污染物的生物修复。微生物修复就是利用厚生微生物在污染场地不同区域的好氧、兼氧、厌氧微生物反应降解污染物的环境修复方法。

一、生物修复技术分析

20 世纪 70 年代以来，人们逐渐认识到生物修复技术在污染地下水修复中的巨大潜力。其中，最早的地下水原位生物修复研究出现在 1975 年对汽油泄漏的处理，通过向地下注入空气和营养成分可以使地下水的含油量降低。该技术在应用初期主要是进行有机污染修复，后来随着反硝化菌的发现，又逐渐被应用于地下水硝态氮污染的修复中。有人进行了硝态氮污染地下水原位生物修复技术的研究，结果显示，地下水中硝酸盐的去除率可达到 98. 8%。

生物修复可分为天然生物修复和强化生物修复。天然生物修复是在不添加营养物的条件下，土著微生物利用周围环境中的营养物质和电子受体，对地下水中的污染物进行降解，该技术在修复被石油产品污染的场地中得到广泛的应用。而强化生物修复技术则是通过适宜的营养物质、电子受体及改善其他限制生物修复速度的因素，提高生物修复速度、加速污染物降解。一般而言，利用土著微生物降解污染物的降解效率低，强化土中微生物降解污染物的效率就十分关键。研究表明，微生物的降解效果，降解温度、营养物质、污染物的生物可利用率等因素有关。通过传送营养物质、电子受体、表面活性剂、共代谢基质等增加微生物的活性。

生物修复中可以采用的微生物从其来源可分为土著微生物、外来微生物和基因工程菌。研究表明，地下 500~600 m 深处都有土著微生物存在。许多地下水中的微生物可以降解许多天然或人工合成的有机物，而由于土著微生物对环境的适应性强且污染过程中已经历一段自然驯化期，因而是生物降解的主要菌种。由于某些微生物只能降解特定的污染物；不能将污染物全部去除；修复现场环境中的微生物可能由于竞争或难以适应环境等因素而导致实验结果有较大差别；受环境因素的影响较大，与物理法、化学法相比，治理污

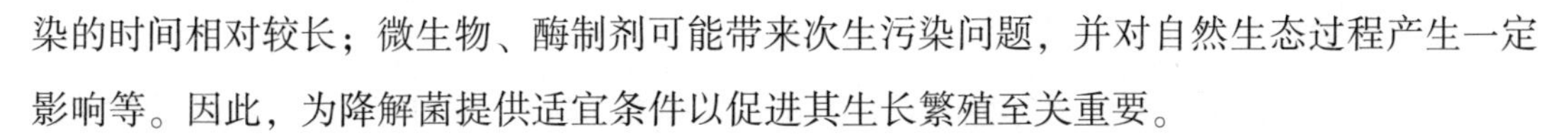

染的时间相对较长；微生物、酶制剂可能带来次生污染问题，并对自然生态过程产生一定影响等。因此，为降解菌提供适宜条件以促进其生长繁殖至关重要。

针对以上出现的问题，生物修复技术与其他修复方法联合使用无疑是一种有效的方法，充分发挥各种技术的优势，以更有效地分解和去除污染物质。植物修复技术是利用天然植物生长代谢原理吸收和降解水或土壤中的污染物。因其具有成本低、不破坏地质结构、适于大范围修复等优点，广泛用于土壤及地下水中的有机物、重金属、微量元素的降解。由于特定的植物生长速度慢，受到气候、土壤等环境条件限制，目前难以得到广泛应用。

综上所述，目前地下水污染原位修复技术在处理对象、处理周期、环境友好性、处理成本等方面存在一定差异。

二、生物修复技术原理

（一）微生物修复重金属污染的原理

1. 微生物对地下水中重金属离子的固定

微生物对重金属离子的固定包括微生物的生物吸附和富集作用，胞外络合作用及胞外沉淀作用。通过上述各种作用，将土壤和水体中的重金属离子吸附、固定在微生物细胞的某一结构上或者通过代谢产生一些具有沉淀作用的产物，降低重金属离子的移动性和生物有效性，从而达到修复土壤和水体重金属污染的目的。

重金属污染环境的微生物修复近几年来受到重视，它主要包括生物吸附和生物转化还原两方面的技术。

可以通过表面吸附来固定重金属的微生物包括大部分的真菌和细菌，如蜡状芽孢杆菌、枯草芽孢杆菌、大肠埃希氏杆菌、铜绿假单胞菌、荧光假单胞菌、白腐真菌、土曲霉、黑曲霉、酒曲菌、金黄青霉菌、啤酒酵母等。这些微生物能够在较高金属浓度下生长，细菌胞外的荚膜或黏膜层可产生多种胞外多聚体，主要以多种杂合多聚体形式存在，如糖蛋白、脂多糖等，胞外多聚体能够吸着自然条件下或废水处理设施中的重金属和放射性核素，因此可以降低和去除无机物的毒性。这种特性与它们本身固有的或诱导的抗性有关，还与外部环境条件有关，如 pH 值、氧化还原电位、无机阴离子、无机阳离子、溶解性有机物、颗粒性有机物、黏土矿物和盐度。

微生物对金属的转化还原包括金属价态的改变、无机金属的有机化和有机金属的无机化。微生物通过多种渠道如氧化还原、甲基化和脱甲基化作用等使重金属在活动相与非活动相之间转化，从而影响重金属离子的生物有效性和生物毒性。

2. 微生物挥发修复重金属

微生物挥发作用是利用微生物的吸收、积累和挥发而减少一些挥发性污染物（如汞和硒），即微生物将重金属污染物吸收到体内后将其转化为气态，释放到大气中；或者利用某些微生物的甲基化作用，将金属转化成其相应的甲基化金属有机化合物，甲基化金属有机化合物的沸点降低，挥发性增强，有利于金属污染物的挥发。

蜡状芽孢杆菌、大肠埃希氏菌和黑曲霉等，在含 Cd^{2+} 化合物中生长时，体内能浓缩大量的镉。一株能使镉甲基化的假单胞杆菌，在有维生素 B_{12} 存在的条件下，能将无机二价镉化物转化生成少量的挥发性镉化物。微生物可使铅甲基化，产生甲基铅 $(CH_3)_4Pb$（四甲基铅具有挥发性）。纯培养的假单胞菌属、产碱杆菌属、黄杆菌属及气单胞菌属中的某些种，能将乙酸三甲基铅转化生成四甲基铅，但不能转化无机铅。

3. 微生物沉淀修复重金属

金属可在细胞表面形成金属磷酸盐和金属硫化物沉淀，能通过胞外沉淀作用固定重金属离子的微生物主要有：硫酸盐还原菌、硫弧菌、脱硫肠状菌、固氮杆菌属、假单胞杆菌属、根瘤菌属、土壤杆菌属、生枝动胶菌等。

柠檬酸杆菌属可以促进磷酸镉沉淀，因为与其结合的细菌细胞壁上的磷酸酶使甘油-2-磷酸成为 HPO_4^{2-}，该无机磷酸产生系统也可以使沉淀铀成为磷酸双氧铀；荧光假单胞菌和柠檬酸杆菌都可以使 Pb 以磷酸铅的形式积累在细胞壁上；产气克雷伯氏菌和瘤疡分枝杆菌可使 Cd 和 Cu 以硫化物形式沉淀在细胞壁上。

4. 金属硫蛋白、植物螯合肽和其他金属结合蛋白

所有的微生物，如蓝细菌、细菌、微细藻类和丝状真菌均有金属结合蛋白。金属硫蛋白是富含半胱氨酸的短肽，既可以结合必需的金属元素（如铜和锌），也可以结合非必需的金属元素（如镉）。植物螯合肽是小分子的半胱氨肽——γ-谷氨酰肽，藻类和植物有谷氨酰肽，能使重金属脱毒。

（二）磷酸盐的生物修复

地下水中磷酸盐主要来自生活污水中含磷洗涤剂的入渗。自然界中有很多细菌能从外界环境中吸收可溶性的磷酸盐，并在体内转化合成多聚磷酸盐积累起来，作为贮存物质。

聚磷菌一类细菌可以对磷超量吸收，即在生理上能够大量地摄取外源磷，以聚磷酸盐颗粒存在于细胞内。聚磷菌有不动杆菌、假单胞菌、莫拉氏菌、大肠埃希氏菌、分枝杆菌和贝日阿托氏菌等。这些菌在好氧条件下可超出生理需求过量摄取磷，形成多聚磷酸盐作为贮存物质，同时在细胞分裂繁殖过程中利用大量磷合成核酸，即：

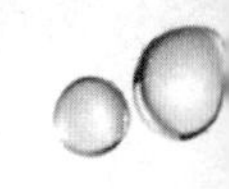

$$ADP+H_3PO_4+能量 \rightarrow ATP+H_2O$$

当细胞处于厌氧胁迫下，积累在体内的聚磷酸盐会分解，如果环境条件恢复，细胞又会积累磷：

$$ATP+H_2O \rightarrow ADP+H_3PO_4+能量$$

因此氧是影响生物除磷的重要因素，应保持溶解氧充足，大于 2 mg/L 利于聚磷菌吸磷。在 5~30 ℃的温度范围内，pH 值为 6~8，都可以取得较好的除磷效果。

（三）石油烃类的生物修复

石油是一种由烃类和少量其他有机物组成的复杂天然混合物。长期以来，随着人们对石油的开采与利用，石油产品不断进入自然环境，特别是随着石油工业的大力发展，大量的石油废弃物排入水体或土壤中。更为严重的是由于海上钻井操作失控或油船泄漏，石油大量溢出，对江河、湖泊、海洋及农田造成了严重的污染。

石油烃中含有多种致癌、致畸和致突变的潜在性化学物质，主要有烷烃、烯烃、脂环烃和芳香烃，随石油的泄漏进入地下水造成污染。石油污染中最常见的污染物质为苯、甲苯、乙苯、二甲苯、苯酚和苯甲酸，其中苯和甲苯是致癌物质。石油污染生物修复的应用开始于 1989 年美国消除阿拉斯加泄漏石油的污染。利用微生物降解能力修复石油污染的主要原理是：微生物可利用石油藻类作为碳源进行同化降解，使其最终完全矿化，转变为无害的无机物质（CO_2和 H_2O）。

1. 修复石油的微生物种类

到目前为止，已查知能降解石油中各种烃类的微生物共 100 余属、200 多种，它们分别属于细菌、放线菌、霉菌、酵母以及藻类。水体中石油的降解以细菌为主，常见的有棒状杆菌属、假单胞菌属、无色杆菌属、分枝杆菌属及微球菌属等。因石油是多种烃类的混合物，因此，通常由多种微生物共同作用才能使其彻底降解。

2. 石油烃的生物降解原理

（1）烷烃化合物的生物降解。烷烃类化合物较难被微生物降解。微生物对烷烃的降解特点是：链烃比环烃易降解；正构烷烃比异构烷烃易降解；直链烃比支链烃易降解。直链烃中碳链长短可降解性也不同，一般来说碳链长的比短的易降解。烷烃的降解主要有以下三种方法：

第一，烷烃的氧化首先是末端的甲基被氧化，经过醇、醛再氧化生成脂肪酸，经 β-氧化，生成乙酰辅酶 A，在有氧条件下进入三羧酸循环（TCA）循环，并完全氧化成 CO_2 和 H_2O。

第二，若正烷烃分子末端第二个碳上氢经亚甲基氧化，生成仲醇，再氧化生成甲基酮，这种氧化方式叫次末端亚甲基氧化。此反应是发生于短链烷烃类。

第三，正烷烃分子两端甲基氧化，可形成二羧酸。皱褶假丝酵母氧化正癸烷，可生成癸二酸。

（2）烯烃类化合物的降解。微生物对烯怪的代谢主要是产生具有双链的加氧化合物，最终形成饱和或不饱和脂肪酸，然后再经 β 氧化进入 TCA 循环而完全被分解。完全分解的最终产物是 CO_2和 H_2O。烯烃的降解亦有三种途径：

第一，双键氧化是在双键处形成加氧化合物，即二元醇，再氧化生成醇酸。

第二，末端甲基氧化生成烯醇、烯醛和烯酸。

第三，次末端氧化生成烯醇。

（3）脂环烃类化合物的降解。能降解脂环烃类的微生物很少，研究发现铜绿色极毛杆菌能在环已烷中生长，使环已烷先生成过氧化合物，再转化为内酯，然后再氧化生成戊酸、甲酸、甲醛等。

（4）芳香烃类化合物的降解。芳香烃化合物都是苯及苯的衍生物，一般都比较难被微生物降解，大部分芳香烃类对微生物都有抑制作用，能使菌体蛋白质凝集，使生长受阻或死亡。但在一定浓度下，芳香烃也能被一些细菌、放线菌降解。

三、生物修复设计原理

生物修复技术设计的主要内容是将电子受体、微生物营养和活性微生物本身有效地输送至受污染的目标区域。

在设计开始阶段，需要对已知的材料包括现场地质和水力数据，进行生物修复工程的可行性论证。其内容包括以下三方面：

1. 污染地特征

为了选择和制定生物修复工程的方案和路线，应对污染地理化、生化数据进行调查，调查项目包括污染物的理化性质（气压、沸点、溶解性、分子量、扩散性等）、污染物在环境中的分布、降解速度常数（生物、非生物的）以及污染环境的 pH 值、可利用营养、渗透性、溶解氧、氧化还原电位、地下水位深度、污染深度、范围等。

2. 生物可行性分析

生物可行性分析是获得包括污染物降解菌在内的全部微生物群体数据、了解污染地发生的生物降解作用以及促进这种降解作用的合适条件等方面数据的必要手段。这些数据与污染地调查数据一起构成生物修复工程的决策依据。

3. 处理可行性研究

通过在实验室所进行的实验研究提供生物修复设计的重要参数，并用取得的数据预测

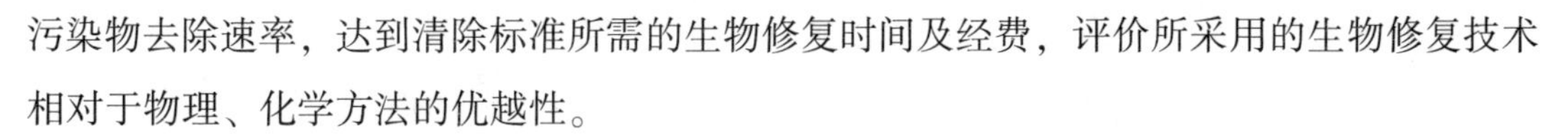

污染物去除速率，达到清除标准所需的生物修复时间及经费，评价所采用的生物修复技术相对于物理、化学方法的优越性。

根据现场可行性论证的结果和修复的要求进行仔细分析，确定修复工程需要达到的具体目标，也就是设计目标。根据修复工程要求，选择合适的生物修复工艺过程，确定了生物修复工艺，即可选择相应的工艺参数。例如，对于地下水生物修复，主要的参数包括水井的作用半径范围、地下水抽取速率、微生物营养添加浓度和流量等。

生物修复需要进行的时间可以根据总的需氧量和氧的输送速率来估算。主要设计步骤如下：

（1）确定是否需要向生物修复区域输送微生物营养。

（2）预测生物修复过程中可能出现的化学和微生物学方面的变化，设计对应的措施。

（3）设计输送系统。

（4）执行长期监测计划。

对于好氧生物修复过程，供应电子受体——分子氧有物理方式和化学方式。物理方式是直接输送空气或者纯氧或者输送经过充氧的水流。纯氧能够大幅度提高溶解氧的浓度，但是成本也相应提升；经过曝气充氧的水可以直接注入饱和带，但是溶解氧浓度受限制。化学方式是提供能够转化为分子氧的化学物质，如过氧化氢、MgO_2、CaO_2等化合物。微生物的营养成分一般是通过渗流，或者通过钻井注入。

生物修复工程的成功包括下述三方面：

（1）证明污染物在修复过程前后的浓度大幅度降低。

（2）证明在与污染地相似条件下原地取样得到的微生物具有转化污染物的潜力。

（3）有一个或更多的证据证明，生物降解潜力可以在野外实现，最基本的方法是从污染地附近取样品（土壤、水体）组成微宇宙，并证明其在降解污染物过程中的耗氧速率最快。

第三节　其他修复技术

一、物理性修复（防控）技术

（一）原位空气扰动

空气扰动，通过从地下中去除蒸汽形态的污染物来进行场地修复。空气扰动中需要钻一眼或更多地深入饱水带的注入井。通过空气压缩机来向井内注入气体（一般为空气或氧气），促进地下水中的污染物气化。随着气体通过地下水重新返回地面，气体会携带污染蒸汽进入含水层上方的包气带，可用 SVE 集中收集处理或直接排放。

空气扰动技术对挥发性强的污染物（如轻质汽油中的苯、甲苯、乙苯、二甲苯）有很好的效果，对类似柴油、煤油一类的较难挥发的物质效果不佳，另外，当地下水中含有大量 Fe^{2+} 的时候会因 Fe^{2+} 被通入的氧气氧化而影响修复效果。该技术对高渗透性的包气带有很好的效果。该技术成熟可靠，已有多个商业案例。

（二）多相抽提

MPE 技术是一种通过抽提井内真空抽提/潜水泵提升等手段同时抽取渗流带、毛细带、饱和带土壤和地下水的气态、水溶态和非水溶性液态污染物到地面处理系统的原位快速修复技术。MPE 技术一般应用于中至低渗透性地层中，适用于处理易挥发、易流动的非水相液体（NAPL）污染（如石油类、有机溶剂等），对地面环境扰动小，修复效率高，修复工期短。MPE 修复系统由多相抽提单元、多相分离单元、污染处理单元和电气控制单元等部分组成。抽提单元是系统核心组成，包括根据修复需求布设的抽提井群、抽提动力设备和抽提管路等。根据抽提系统划分，MPE 有单泵抽提、双泵抽提以及生物抽除等形式。分离单元包括气液相分离器、油水相分离器等，相分离器通常采用重力式气液分离器及聚结板或管式油水分离器。污染处理单元包括废气处理装置、废水处理装置和自由相收集处理装置等，根据污染物特性选用相应的废水及废气处理工艺，如催化氧化法、空气吹脱法、活性炭吸附法等处理；而分离得到的非水相液体一般做危险废物处理。电气控制单元连接以上全部单元可控装置，实现系统运行参数控制。

MPE 修复方式包括以下三种：

第一，从抽提井直接提取液体，通过真空强化提高抽出能力和影响半径，调动被毛细管力束缚而无法进入抽提井中的 NAPL，还可以进行污染羽流的水力控制，防止地下水污染的迁移。

第二，真空负压强化低渗透区域的土壤气相抽提效果，促进包气带、毛细带和饱和土壤吸附污染物的挥发。

第三，通过强化地下氧气流通，强化非饱和土壤中的好氧微生物对污染物的生物降解，MPE 对微生物群落的影响在修复中可发挥重要作用。MPE 的有效性在很大程度上取决于同时开展这些协同作用的能力，须根据目标需求针对性控制影响以上修复过程的关键

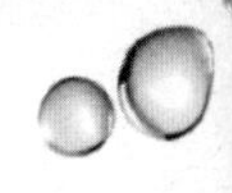

过程因素，从而实现修复效率的提高。①

（三）水动力控制修复技术

水动力控制修复技术原理是建立井群控制系统，通过人工抽取地下水或向含水层内注水的方式，改变地下水原来的水力梯度，进而将受污染的地下水体与未受污染的清洁水体隔开。井群的布置可以根据当地的具体水文地质条件确定。因此，又可分为上游分水岭法和下游分水岭法。

上游分水岭法是在受污染水体的上游布置一排注水井，通过注水井向含水层注入清水，使得在该注水井处形成一个地下分水岭，从而阻止上游清洁水体向下补给已被污染水体；同时，在下游布置一排抽水井将受污染水体抽出处理。

而下游分水岭法则是在受污染水体下游布置一排注水井注水，在下游形成一个分水岭以阻止污染水向下游扩散，同时在上游布置一排抽水井，将初期抽出的清洁水送到下游注入，最后将抽出的污染水体进行处理。

（四）流线控制法

流线控制法设有一个抽水廊道、一个抽油廊道（设在污染范围的中心位置）、两个注水廊道分布在抽油廊道两侧。首先从上面的抽水廊道中抽取地下水，然后把抽出的地下水注入相邻的注水廊道内，以确保最大限度地保持水力梯度。同时在抽油廊道中抽取污染物质，但要注意抽油速度不能高，但要略大于抽水速度。

（五）屏蔽法、被动收集法

屏蔽法是在地下建立各种物理屏障，将受污染水体圈闭起来，以防止污染物进一步扩散蔓延。常用的灰浆帷幕法是用压力向地下灌注灰浆，在受污染水体周围形成一道帷幕，从而将受污染水体圈闭起来。

被动收集法是在地下水流的下游挖一条足够深的沟道，在沟内布置收集系统，将水面漂浮的污染物质，如油类污染物等收集起来，或将所有受污染的地下水收集起来以便处理的一种方法。

二、化学修复（防控）技术

化学修复是通过化学反应（氧化或还原）来使有害的污染物转化为毒性较低、迁移性

---

① 张祥．多相抽提修复过程监控技术研究及应用［J］．应用化工．2020，49（08）：2132-2136+2142.

较低且更稳定的物质的修复方法。氧化还原反应包含了从一个化合物中转移电子到另一个化合物，一个是被氧化的（失去电子），一个是被还原的（获得电子）。最常用的处理有害污染物的氧化剂有臭氧、过氧化氢、次氯酸盐、氯和二氧化氯。最常用的处理有害废物的还原剂是硫酸亚铁、亚硫酸氢钠和亚硫酸钠。

化学修复技术可以在短时间内迅速降低污染物浓度，工艺成熟有大量的场地经验。但投资较大，且可能对含水层的地球化学性质造成影响，反应产生的沉淀可能堵塞土壤的空隙，使土壤的渗透能力降低。

（一）地下水曝气技术

在天然状态下某个具体地点的地下水，通过水动力弥散、吸附、稀释、挥发等作用过程，污染物浓度会发生降低，但整个地下水系统中污染物总量并未发生改变。地下水及含水体介质中的微生物对污染物起降解作用，但经历时间漫长，并且由于微生物分布不均匀性，导致降解作用产生显著的空间变异性。因而地下水污染修复主要采取人工修复方式。

20 世纪末，德国率先采用地下水曝气技术（AS）修复地下水中挥发性有机物污染。地下水曝气技术是在土壤抽气技术基础上形成的，修复机制如下：将空气注入饱和带含水介质中，以气流为载体，通过吸附、溶解、挥发作用，将含水层中的挥发性污染物带到包气带，再通过抽气井收集挥发污染物并传送到地表进行处理。AS 技术对地下水中的石油、氯化溶剂、甲基叔丁基醚等污染物的去除率可达 95%以上，但由于气体在土体介质中的运动受颗粒直径、孔隙体积、曝气压力、曝气量等因素控制，目前仍缺乏统一的设计依据。

从结构系统上来说，原位曝气系统包括以下几部分：曝气井、抽提井、监测井、发动机等。从机制上分析，地下水曝气过程中污染物去除机制包括三个主要方面：第一，对可溶挥发性有机污染物的吹脱；第二，加速存在于地下水位以下和毛细管边缘的残留态和吸附态有机污染物的挥发；第三，氧气的注入使得溶解态和吸附态有机污染物发生好氧生物降解。在石油烃污染区域进行的原位曝气表明，在系统运行前期（刚开始的几周或几个月里），吹脱和挥发作用去除石油烃的速率和总量远大于生物降解的作用；当原位曝气系统长期运行时（一年或几年后），生物降解的作用才会变得显著，并在后期逐渐占据主导地位。

1. AS 修复过程

在土壤和地下水的修复过程中，由地下储油罐的泄漏以及管线渗漏等产生的污染物绝大多数属于可挥发性有机物（VOC）。这些可挥发有机污染物主要是石油烃和有机氯溶剂，它们是现代工业化国家普遍使用的工业原料。由于石油烃和有机氯溶剂都以液态存在，并且难溶于水，被称为非水相液体（NAPL）。

污染物从储罐泄漏后在重力的作用下，在非饱和区将垂直向下迁移。当到达水位附近时，由于NAPL密度的差异，密度比水小的LNAPL（轻非水相液体）会沿毛细区的上边缘横向扩散，在地下水面上形成漂浮的LNAPL透镜体；而密度比水大的DNAPL（重非水相液体）则会穿透含水层，直到遇到不透水层或弱透水层时才开始横向扩展开来。不论是LNAPL还是DNAPL，在其流经的所有区域，都会因吸附、溶解以及毛细截留等作用，使部分污染物残留在多孔介质中。地层中的污染物由于挥发和溶解作用在非饱和区形成一个气态分布区，而在饱和区形成污染物羽状体。

AS修复由于有机污染物泄漏而引起的地下水污染是一个多组分多相流的复杂动力学过程，这个复杂多相系统污染物可能存在的状态以及污染物迁移转化的途径。AS过程包括以下几个主要过程：对流、分子扩散和机械弥散；相间传质；生物转化。

2. AS技术的适用

（1）适用范围。通常，AS应用于挥发性、半挥发性、可生物降解的不挥发性有机物造成地下水和饱和土壤污染的地方，也可应用于脱水作用（在残留受污染土壤中的气体提取）不可行的地方，包括高含水层以及厚的玷污带。

（2）不适用条件。污染物存在自由基。曝气能够产生地下水丘，有可能导致自由基迁移以及污染的扩散。附近有地下室、地下管道或其他地下建筑，除非有气体提取系统来控制气体的迁移，否则在这些地方实施AS，很可能会导致潜在的浓度聚集危险。受污染的地下水位于封闭的含水层里。AS不能用于处理封闭含水层，是因为注入的空气会被该层截留，不能扩散到不饱和带。

3. 原位地下水曝气系统设计

原位地下水曝气系统在设计时应当考虑几项重要的参数：气流分布规律（或空气影响区），曝气井深度、气流注入压力和流量、注气模式（脉冲或连续注入），井身结构和施工、污染物类型及分布范围。

（1）曝气井布置。曝气井的位置应该包围整个污染物区域，或者在其扩散流动方向进行阻截。每一个注入井的半径影响范围需要通过现场试验确定，可以设立试验井，在其周围辐射方向设立观察井，并测量以下参数：①地下水位变化。②溶解氧和氧化还原电位变化。③地层中空气压力。④地下顶空压力，即在地下观测位置形成顶空，其平衡压力代表周围静态压力，这是一个最简单和可靠的参数测定方法。⑤有时可以采用示踪气体，例如氦气或者六氟化硫，其中六氟化硫与氧气的溶解度类似，能够更好地揭示氧气的迁移扩散情况。⑥地层电阻的变化，可以产生三维变化图像。电流可以是直流电（ERT），也可以是 500 Hz 的交流电（VIP）。ERT 方法比较可靠，但是安装数目比较多的电极需要钻取工作量比较大，成本升高，限制了该方法的使用；VIP 方法可以利用现有的观察井，容易实施。还有一种方法称为 GDT（Geophysical diffraction tomography）技术，可以得到更加精确和定量的结果，但是也比较复杂。⑦监测实验区域污染物浓度变化情况。

基于已经成功应用曝气修复的场地经验，建议曝气井间距为 4.5~6.0 m，并以三角形布置，且曝气井的间距不应超过 9 m。另外，曝气井采用三角形布置可以增加单个曝气井影响区域的重叠区。

当污染源下游存在一个较大范围的溶解性污染羽时，可在污染羽下游端垂直于地下水流方向布设一道曝气井帷幕，以防止污染带影响范围向下游扩大。

（2）曝气深度。对于曝气井的深度，原则上应比污染区最深处再深约 1.5 m，但实际工程中受土壤结构等场地条件影响，可适当减小距离。但是，曝气井的底端离污染区域越近，则越有可能会有部分污染区不能与空气通道直接接触。实际深度一般不超过地下水水位以下 9~16 m 的深度。曝气井的深度影响空气注入所需要的压力和流量。

（3）曝气压力和流量。曝气压力必须克服注入点以上水头高度对应的静水压力和使水进入饱和介质的毛细管压力。注气压力通常取值为 0.1~0.6 MPa。

实际注气压力应大于计算所得最小注气压力，保证弥补在管道、配件、注射头（或扩散器）等上的水头损失而引起的系统压力损失。砂质含水层进气压力相比于静水压力微不足道，但对于细粒土，进气压力和静水压力在同一数量级上。

在实践中，并不是压力越高、空气流量越大，曝气效果就越好。所以，为了增加空气流量或者扩散曝气半径范围而增高压力时需要倍加小心。尤其是在开始阶段，空气通道还没有形成，过高的压力容易导致气流短路。此时，需要逐渐提高压力，循序渐进。曝气流量范围一般在 140~560 L/min，曝气压力范围一般比静水压力大 70~105 kPa。在选择空气流量时，也需要考虑为了回收蒸汽而进行抽提的能力。

（4）曝气模式。地下水曝气系统可以采用连续和间歇（又称脉冲）曝气两种模式运转。在连续曝气条件下，由于土体气相饱和度的提高，可能阻碍甚至导致地下水绕过曝气影响区。若采用间歇曝气模式，则会减弱该现象。此外，在间歇曝气过程中，通过气流通道的形成和封闭有利于地下水的混合作用，这也会减弱扩散限制效应，有助于污染物自溶解相向气相传递。间歇曝气状态下空气影响区往往比连续曝气状态下更大。

再有，对于 LNAPL 污染物如汽油类产品污染，间歇曝气会造成地下水位的隆起和消散反复发生，这将会使得更多的氧气被带入地下水位以下，帮助微生物的好氧降解。同时，汽油污染物也会被携带至非饱和区，有利于气相抽提系统的去除。还有，间歇曝气方

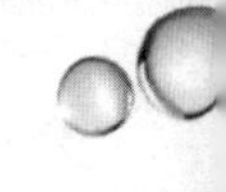

式下，一个较大规模的多区域多井曝气工程，其运行成本也将得到大幅降低。但是也须注意，间歇式的操作方式也可能导致井周围的土壤筛选分层现象产生，使比较细的土壤颗粒沉积在下层，导致阻塞现象。

（5）曝气井的构造。

曝气井的构造与深度有关，与浅层曝气井相比，深层曝气井的构造更加复杂一些。曝气井也可以采用聚氯乙烯（Polyvinyl Chloride，PVC）管材加工而成。一般建议采用钻孔后安装曝气管的方式，以确保井壁与四周有充分的封堵，防止气流短路现象发生。曝气井直径较小时有利于空气的注入，通常采用 1～2in（2. 54～5. 08cm）左右。但是，在深度比较大时，小口径的井所需要的压力可能比较高。曝气井底部开槽花管的位置和长度应当使得气流最大限度地进入污染地层，工程中一般常用开有 10 个槽口的花管。

另外视场地具体情况，针对场地饱和带土层对挥发性有机物有一定吸附性的情况，可采用特定类型的表面活性剂（如 SDBS）进行强化修复。因此，额外需要单独施工表面活性剂溶液或表面活性剂泡沫注入井。

（6）表面活性剂强化工艺。

当考虑采用表面活性剂进行强化修复时，须结合 Batch 试验和二维模型试验初步对表面活性剂溶液的合理浓度进行优化，以获取最佳强化效果，即曝气影响范围扩大程度以及挥发性有机污染物的增溶和解吸附性能得以有效发挥。以 SDBS 溶液对砂土中 MTBE 污染物的去除为例，研究表明当其浓度达到 200 mg/L 和 500 mg/L 后增溶和解吸附特性才开始发挥作用。

此外，地下水盐分浓度对表面活性剂的性能有显著影响。表面活性剂可采用灌注井注入方式或直接利用压缩空气吹送表面活性剂泡沫带入两种方式。

（7）曝气技术设备选择。①空气压缩机或者鼓风机：根据对压力的需要选择设备，一般当压力小于 12～15 psi 时，可以选择鼓风机，而压力比较高时，应该选择空气压缩机；②真空抽气机；③管道及连接件；④空气过滤器；⑤压力测量和控制仪表；⑥流量计；⑦空气干燥设备。

（二）原位化学氧化

针对地下水有机污染物去除问题，一些学者提出了原位化学氧化技术，即将化学氧化剂注入地下，通过氧化还原作用去除土壤和地下水中三氯乙烯、四氯乙烯等含氯溶剂，以及苯、甲苯和二甲苯等有机污染物。原位化学氧化技术无须开挖土体，不破坏土层结构，氧化剂种类多样，也可与其他修复技术联合使用。

原位化学氧化技术的优点有：

一是化学氧化修复适用于多种污染场地的修复，包括木材厂、加油站等；二是可修复的污染物类型丰富，包括 BTEX、PAHs、TCE、DCE 及 PCP 等；三是可用于单一污染物场地修复，也适用于多种污染物的复合污染场地修复；四是修复可采用单一氧化剂，也可采用多种氧化剂联合修复。因此，在对国内有机污染场地进行修复时，美国案例具有一定的参考价值，修复工程设计具有一定的指导作用。

原位化学氧化技术主要包括以下几种技术：

1. Fenton 高级氧化技术

Fenton 试剂是一种通过 Fe^{2+} 和 H_2O_2 之间的反应，催化生成羟基自由基（HO·）的试剂，后人将 Fe^{2+}/H_2O_2，命名为传统 FenLon 试剂。Fenton 试剂介导的反应称为 Fenton 反应。

H_2O_2 在催化剂 Fe^{3+}/Fe^{2+} 存在下，能高效率地分解生成具有强氧化能力和高负电性或亲电子性（电子亲和能为 569. 3 kJ）的羟基自由基 HO·（电极电位为+2. 73 V，仅次于氟）；HO·可通过脱氢反应、不饱和烃加成反应、芳香环加成反应及与杂原子氮、磷、硫的反应等方式，与烷烃、烯烃和芳香烃等有机物进行氧化反应，从而可以氧化降解土壤和水体中的有机污染物，使其最终矿化为 CO_2、H_2O 及无机盐类等小分子物质。

Fenton 反应的研究主要用于有机合成、酶促反应以及细胞损伤机制和应用。在证实了 Fenton 氧化法可作为一种高级氧化技术应用于环境污染物处理领域后，尤其是在土壤和地下水有机污染领域，引起了国内外科学家的极大关注。

Fenton 试剂在降解土壤和地下水有机污染物取得了一定的效果，但由于反应控制在 pH=3 的条件下，使得 Fe^{2+} 不易控制，极易被氧化为 Fe^{3+}，且由于反应条件为酸性，易破坏生态系统，不能应用于工程实验。

2. 高锰酸钾氧化技术

高锰酸钾（$KMnO_4$）是一种固体氧化剂，其标准还原电位为 1. 491 V。由于具有较大的水溶性，高锰酸钾可通过水溶液的形式导入土壤的受污染区。作为固体，它的运输和存储也较为方便。高锰酸钾适用的范围较广，它不仅对三氯乙烯、四氯乙烯等含氯溶剂有很好的氧化效果，且对烯烃、酚类、硫化物和 MTBE（甲基叔丁基醚）等其他污染物也很有效。

与 Fenton 试剂不同，高锰酸钾是通过提供氧原子而不是通过生成 HO·自由基进行氧化反应，因此反应受 pH 值的影响较小且具有更高的处理效率，而且当土壤中含有大量碳酸根、碳酸氢根等 HO·自由基清除剂时，高锰酸钾的氧化作用也不会受到影响。高锰酸钾的还原产物二氧化锰是土壤的成分之一，不会造成二次污染。高锰酸钾对微生物无毒，

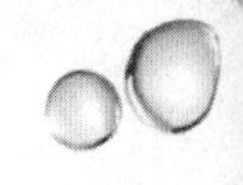

可与生物修复联用。然而，高锰酸钾对柴油、汽油及 BTEX 类污染物的处理不是很有效。当土壤中有较多铁离子、锰离子或有机质时，需要加大药剂用量。当氯化剂的需要量较大时，可考虑用高锰酸钠（$NaMnO_4$）来代替。高锰酸钠的氧化能力与高锰酸钾相似，但比高锰酸钾有更高的水溶性，可以配制成浓度更大的水溶液。对于污染物浓度很高的地方，高浓度氧化剂的导入可大大缩短反应时间。

3. 过硫酸盐高级氧化技术

过硫酸盐被应用于高级氧化技术研究，成为最新发展且最有前景的原位修复技术。过硫酸盐是一类常见氧化剂，主要有钠盐、钾盐和铵盐等，在诸多领域已有广泛应用。早在20世纪40年代，过硫酸盐开始作为干洗漂白剂得以应用；到50年代应用于聚四氟乙烯、聚氯乙烯、聚苯乙烯和氯丁橡胶等有机合成中的单体聚合引发剂；70年代被用作印刷电路板及金属表面处理微蚀剂，用于金属表面的清洁。目前，过硫酸盐已被应用在纺织、食品、照相、蓄电池、油脂、石油开采和化妆品等诸多行业。过硫酸盐应用于环境污染治理，则是国外最近发展起来的新领域。

4. 臭氧氧化修复技术

O_3修复过程是非选择性的，因为所有污染物的去除率是一致的，同时说明，原位 O_3 修复过程并不严格受污染物在 NAPL 相或吸附相与液相的传质过程影响。如果污染物的传质受限制，溶解度较高的化合物，如 PCP、2 环和 3 环的 PAH 相对较低溶解度的 4 环和 5 环的 PAH 优先被降解。因此，推断本场地的 O_3氧化反应大部分发生在溶解态或气态 O_3与 NAPL 或吸附态污染物的接触面。

（三）有机黏土法

这是一种新发展起来的处理污染地下水的化学方法，可以利用人工合成的有机黏土有效去除有毒化合物。利用土壤和蓄水层物质中含有的黏土，在现场注入季铵盐阳离子表面活性剂，使其形成有机黏土矿物，用来截住和固定有机污染物，防止地下水进一步污染，并配合生物降解等手段，永久地消除地下水污染。有机黏土法修复过程：通过向蓄水层注入季铵盐阳离子表面活性剂，使其在现场形成有机污染物的吸附区，可以显著增加蓄水层对地下水中有机污染物的吸附能力；适当增加这样的吸附区，可以截住流动的有机污染物，将有机污染物固定在一定的吸附区域内。利用现场的微生物，降解富集在吸附区的有机污染物，从而彻底消除地下水的有机污染物。

（四）电动原位修复技术

近年来兴起了电动原位修复技术，其基本原理是将电极插入受污染的含水层，通过施加微弱电流形成电场，利用电场产生电渗析、电迁移和电泳等效应，驱动地下水污染物沿着电场方向做定向迁移，最终将污染物集中在电极附近再集中处理。

电动原位修复技术对地下水中重金属离子砷、铬、镉、铅、汞等去除率可达 85%以上。电动修复技术操作简便，适用于包气带、饱和带地下水修复，但在电场作用下，会产生氯气、三氯甲烷、丙酮等有毒的副产物；对非极性有机物去除效果不好；极化现象也会造成电场电流降低，因此无法进行大规模地下水污染修复。

（五）可渗透反应墙

前述地下水污染原位修复技术都无法单独实现污染物整体去除效果，为解决这个问题，逐步发展形成了活性渗滤墙原位修复技术。活性渗滤墙技术通过在地下安置活性材料墙体，形成一个被动反应区以拦截污染物；反应区内可填充还原剂、固定金属的络（螯）合剂、微生物生长繁殖的营养物和氧气或其他反应介质；污染羽靠自然水力传输通过预先设计好的活性填料时，溶解的有机物、金属、放射性核素等污染物通过氧化还原、吸附、沉淀等方式得到去除。

活性渗滤墙中的活性填料决定了其修复效果。墙内可填充沸石、颗粒活性炭、铁的氢氧化物、硅酸盐、黏土矿物和有机碳等吸附剂，既可吸附金属阳离子，也可以吸附一些阴离子；吸附作用受吸附剂容量限制，须对墙内的活性反应材料及时更换。墙内也可填充羟基磷酸盐、石灰石等沉淀剂，主要以沉淀形式去除地下水中的无机金属离子。所要去除的金属离子磷酸盐或碳酸盐的溶度积必须小于沉淀剂在水中的溶度积。

沉淀物在系统中不断积累，可造成墙体导水率降低、活性介质失活。更换下来的反应介质应作为有害物质予以处理或封存。墙内可填充零价铁、Fe（Ⅱ）和双金属等还原剂，零价铁是一种廉价的还原剂，可采用工厂生产过程中的废物（铁屑、铁粉末等），实验室则常以电解铁颗粒作为活性材料。墙内还可充填含释氧化合物的混凝土颗粒，如 MgO_2、CaO_2等过氧化物与水反应释放出氧气，从而为微生物提供氧源，使污染物产生好氧生物降解；或者充填含 NO_3^-的混凝土颗粒，向水中提供 NO_3^-电子受体，使污染物在厌氧条件下行生物降解。活性渗滤墙作为一种原位修复技术，能够持续处理多种污染物、修复较彻底、成本较低，适于在本地区推广应用。

可渗透反应可以控制污染物的迁移，防止污染物的进一步扩散，而且墙内的填料可以针对不同污染物来设置，可以对多种类型的污染物进行修复和控制。但其修复费用相对较高，对场地的岩性和弱透水层的分布有一定要求。随着修复的进行，反应墙中填料需要进行更换，并且微生物和化学反应产生的沉淀物质会降低可渗透反应墙的透水性，影响修复效果。

三、其他修复（防控）技术

（一）植物修复

植物修复是一种使用不同种类的植物来去除、转移、固定破坏土壤或地下水的污染物的生物修复过程。植物修复主要有如下的机制：根系的生态降解；植物固定化；植物吸收积累作用；水耕形式净化水流（根系的净化）；植物挥发；植物降解；水力控制。

植物通常选择常见的树种。在美国空军基地使用树来控制地下水中的 TCE。在艾奥华州示范使用树作为天然泵来控制地下水中农药和化肥的毒性。美军工程师使用植物来去除土壤和地下水中的爆炸性物质。水生和浮游植物将 TNT 浓度降低到原有浓度的 5%。水生植物可降低 RDX 大概 40%，当考虑生物降解时，RDX 的降解率可达 80%。

污染场地地下水的埋深，以及所需修复土壤及含水层的深度，植物根系范围能达到的最大深度，这些条件是该技术是否能够选用的重要限制性条件。另外，污染物的性质，所需修复污染区域的面积，污染场地的布局以及土壤特性也会影响到修复技术的适用性。以污染物的性质为例，有机污染物的亲水性越大，进入土壤的概率越小，被植物吸收利用的概率越小；污染物的浓度过高还会对植物存在毒害作用，影响修复能力；污染物的存在时间越长，植物对其吸收效果越差，新进入环境的污染物更容易被植物所吸收利用等。

下面介绍水生植物对不同污染物的清除。

1. 水生植物对氮磷的清除

湖泊富营养化已成为一个世界性的环境问题。利用水生大型植物富集氮磷是治理、调节和抑制湖泊富营养化的有效途径之一。湖泊水环境包括水体和底质两部分，水体中的氮磷可由生物残体沉降、底泥吸附、沉积等迁移到底质中。对过去的营养状况的追踪表明，水生植物可调节温度适中的浅水湖中水体的营养浓度。而大型沉水植物则通过根部吸收底质中的氮磷，从而具有比浮水植物更强的富集氮磷的能力。沉水植物有着巨大的生物量，与环境进行着大量的物质和能量的交换，形成了十分庞大的环境容量和强有力的自净能力。在沉水植物分布区内，COD、BOD、总磷、铵氮的含量都普遍远低于其外无沉水植物的分布区。而漂浮植物的致密生长使湖水复氧受阻，水中溶解氧大大降低，水体的自净能力并未提高，且造成二次污染，影响航运。挺水植物则必须在湿地、浅滩、湖岸等处生长，即合适深度的繁衍场所，具有很大的局限性。

2. 水生植物对重金属的清除

水生植物对重金属 Zn、Cr、Pb、Cd、Co、Ni、Cu 等有很强的吸收积累能力。众多的研究表明，环境中的重金属含量与植物组织中的重金属含量呈正相关，因此可以通过分析植物体内的重金属来指示环境中的重金属水平。戴全裕在20世纪80年代初从水生植物的角度对太湖进行了监测和评价，认为水生植物对湖泊重金属具有监测能力。水生大型植物以其生长快速、吸收大量营养物的特点为降低水中重金属含量提供了一个经济可行的方法。

重金属在植物体内的含量很低，且极不均匀。在同一湖泊中，不同种类的水生植物含量差别很大；同一种类在不同湖泊中，水生植物体内的重金属含量相差也很大。水生植物的富集能力顺序一般是：沉水植物>浮水植物>挺水植物。植物对重金属的吸收是有选择性的。当必需元素 Zn 和 Cd 与硫蛋白中巯基结合时，Cd 可以置换 Zn。所以 Zn/Cd 值是一个反映植物积累能力的很好指标，同时也间接地指示了对植物的破坏程度。实验证明，沉水植物和浮水植物尽管能够吸收很多重金属，特别是 Cd 的吸收，但是这种吸收不断增加会导致营养元素的丧失，如果程度严重，会导致植物死亡。

此外，水生植物会控制重金属在植物体内的分布，使得更多的重金属积累在根部。水生植物根部的重金属含量一般都比茎叶部分高得多。但也有例外的情况，这可能与它们不同的吸收途径有关。对藻类吸收可溶性金属的动力学机制已经研究得比较清楚。藻类对金属的吸收是分两步进行的：第一步是被动的吸附过程，即在细胞表面的物理吸附，发生时间极短，不需要任何代谢过程和能量提供；第二步可能是主动的吸收过程，与代谢活动有关，这一吸收过程是缓慢的，是藻细胞吸收重金属离子的主要途径。藻类大量富集重金属，同时沿食物链向更高营养级转移，造成潜在的危险，但另一方面，又可以利用这一特点来消除废水中的污染。重金属以各种途径进入自然水体，其对水体危害是十分严重的，因此利用藻类净化含重金属废水具有重要的意义。

金属不同于有机物，它不能被微生物所降解，只有通过生物的吸收得以从环境中除去。植物具有生物量大且易于后处理的优势，因此利用植物对金属污染位点进行修复是解决环境中重金属污染问题的一个很重要的选择。植物对重金属污染位点的修复有三种方式：植物固定、植物挥发和植物吸收。

3. 水生植物对有毒有机污染物的清除

植物的存在有利于有机污染物质的降解。水生植物可能吸收和富集某些小分子有机污染物，更多的是通过促进物质的沉淀和促进微生物的分解作用来净化水体。农业污染是一种“非点状源”的污染，大多数农业污染物包括来自作物施肥或动物饲养地的氮磷以及农药等。对除草剂莠去津来说，它在环境中大量存在，小溪中一般为1~5 μg/L，含量较高时为20 μg/L，而靠近农田的区域达500 μg/L，甚至1 mg/L。水生大型植物常生长在施用点附近，农药浓度很高，暴露时间很长，所以水生大型植物和浮游植物对于莠去津比无脊椎动物、浮游动物和鱼类更敏感。高等植物虽不能矿化莠去津，但可以用不同的途径来修饰。

多环芳香烃化合物是一大类有机毒性物质。在浮萍、紫萍、水葫芦、水花生、细叶满江红等 5 种水生植物中，均受到萘的伤害，随萘浓度的增加而伤害程度加深，其中水葫芦受害最轻，所以对萘污染的净化可作为首选对象。而浮萍的敏感性最大，可用作萘对水生植物的毒性检测。此外，水生植物也可有效消除双酚、酞酸酯等环境激素和火箭发动机的燃料庚基的毒性。浮萍在 8 d 内把 90%的酚代谢为毒性更小的产物。COD 的去除效率由对照组的 52%~60%上升为 74%~78%。铬、铜、铝等金属的存在也可不同程度地影响浮萍对 COD 的去除效率。

4. 水生植物与其他生物的协同作用对污染物的清除

根系微生物与凤眼莲等植物有明显的协同净化作用。一些水生植物还可以通过通气组织把氧气自叶输送到根部，然后扩散到周围水中，供水中微生物，尤其是根际微生物呼吸和分解污染物之用。在凤眼莲、水浮莲等植物根部，吸附有大量的微生物和浮游生物，大大增加了生物的多样性，使不同种类污染物逐次得以净化。利用固定化氮循环细菌技术，可使氮循环细菌从载体中不断向水体释放，并在水域中扩散，影响了水生高等植物根部的菌数，从而通过硝化—反硝化作用，进一步加强自然水体除氮能力和强化整个水生生态系统自净能力。这对进一步研究健康水生生态系统退化的机制及其修复均具有重要意义。

水生大型植物能抑制浮游植物的生长，从而降低藻类的现存量。在水生态环境中，水生高等植物对藻类的抑制作用较为明显。主要表现在两方面：一是藻类数量急剧下降；二是藻类群落结构改变。水生植物与藻类在营养、光照、生存空间等方面存在竞争。除人工控制和低温等条件下，一般是水生植物生长占优势。

水生植物与藻类之间的相生相克（异株克生现象）作用在污水净化和水体生态优化方面有重要应用潜力。在浅水湖泊中种植苦草等高等植物，放养适量的鱼类，这样就既可以保护水质，又可以发展渔业生产，增加经济效益。不仅如此，野外实验和实验室研究还表明，凤眼莲等水生植物还通过根系向水中分泌一系列有机化学物质。这些物质在水中含量极微的情况下即可影响藻类的形态、生理生化过程和生长繁殖，使藻类数量明显减少。有害植物常覆盖湿地和其他淡水环境，造成物种单一。

5. 水生植物的其他净水（改善水质）功能

水生植物在不同的营养级水平上存在维持水体清洁和自身优势稳定状态的机制：水生植物有过量吸收营养物质的特性，可降低水体营养水平；减少因为摄食底栖生物的鱼类所引起沉积物再悬浮，降低浊度。水生植物改善水质的功能，如稳定底泥、抑藻抑菌等，也具有重要的实践意义。氧气是一种非常重要的物质。水体富营养化引起的藻类水华造成水体透明度降低，饮用水质量下降。组织缺氧使大型植物退化，减少了水生植物多样性。海洋底层大陆架的缺氧，使海底生物大量死亡，给当地经济和人类生存带来了严重的威胁。沉水植物与沉积物、水体流动间有紧密联系。在生态系统中，它能起到提高水质、稳定底泥、减小浑浊的作用。

（二）监测自然衰减

监测自然衰减是利用自然地下过程（例如稀释、挥发、生物降解、吸附、与地下介质的化学反应等）使污染物的浓度降低到可接受的范围内。然后，通过对场地的监测以确保污染物是否按预期的情况自然降解到可接受的范围内。

监测自然衰减对一些挥发性和半挥发性的有机物以及燃料有效，对农药等污染物可能只对其中某一基团有效；对无机物可能并不会直接分解掉它们而是可能将其固化起来。该技术对场地数据的需求很大，修复时间长，并且要确定在修复期间不会对人类以及周边环境造成危害。在修复期间，污染物也可能会迁移扩散，还须确保在未来的修复期内扩散出的污染物不会对周边环境及人类造成影响。

一般来说，自然衰减方法对于污染程度低的场地更为适合，如严重污染场地的外围，或污染源很小的情形。自然衰减方法可以和其他治理方法联合使用，可以使治理的时间缩短。自然衰减的优势具体表现在如下方面：①在环境中，自然衰减过程将污染物最终转化成无害的副产物（如二氧化碳、水等），而不是仅将污染物转变成其他相或者转移到另一个地方；②自然衰减对污染场地周围的环境无破坏性；③自然衰减的处理费用相对较低；④自然衰减修复过程中不需要设备的安装和维护；⑤在自然衰减过程中，易迁移的、毒性大的化合物往往是最容易被生物降解的。

虽然自然衰减具有很多优点，在采用自然衰减修复污染场地时还需要注意以下问题：①相对于其他修复方法，自然衰减需要经历较长时间才能达到修复目的；②在修复过程中需要进行长期的监测，监测时间的长短直接影响修复费用的多少；③尽管自然衰减被看作一种可以选择的修复方法，在应用此法之前都要针对具体的污染场地验证其有效性，如果自然衰减的修复效率很低，污染源就会扩散。

微生物降解菌群研究为自然衰减中生物降解提供直接证据。可以通过研究现场的微生物种群变化，另一种方法可通过现场采集的水或土进行微生物菌群的实验室培养，并定量测定其降解污染物的效率。目前，随着生物技术的发展，新的技术不断引入自然衰减技术的微生物监测中，包括可以通过总 RNA 值来计算不同深度的各个生物种群的数量；通过测定沉积物中的核酸来鉴定特殊的中间代谢产物以指示生物降解活动；使用流式细胞术去评价增长活动；通过克隆、测序和分析来鉴定新的微生物。有关对生物降解机制的研究还在进一步的探索中，对这些过程机制的深入认识将包括对特殊基因的研究，这些基因控制着那些能降解污染物的蛋白质编码。

自然衰减技术是地下水、土壤有机污染修复最经济有效的方法之一，但是应用该技术修复特定污染场地时需要查清场地的地质、水文地质以及污染特征等，同时还须监测污染物的移除或污染源的稳定状态。值得注意的是，污染物浓度的降低可能是由于污染源对流、弥散、稀释等作用而引起的，这种情况并不是真正意义上的污染物消除，而是污染物在空间上的转移，因此，在评价自然衰减修复效果时，除了评价污染物浓度变化情况外，还应综合运用地球化学证据和微生物菌群研究等多种方法进行评价。

（三）原位热脱附技术

近年来，由于二次污染的问题，国内逐步转向原位修复，其中原位热脱附技术得到了关注。

原位热脱附技术是石油污染土壤原位修复中的一项重要技术，主要用于处理一些比较难开展异位环境修复的区域，例如，深层土壤以及建筑物下面的污染修复。原位热脱附技术是将污染土壤加热至目标污染物的沸点以上，通过控制系统温度和物料停留时间有选择地促使污染物气化挥发，使目标污染物与土壤颗粒分离、去除。热脱附过程可以使土壤中的有机化合物发生挥发和裂解等物理化学变化。当污染物转化为气态之后，其流动性将大大提高，挥发出来的气态产物可通过收集和捕获后进行净化处理。

热脱附技术的优点是：特别适合重污染的土壤区域，包括高浓度、非水相的、游离的以及源头的有机污染物。该项技术的缺点或者不足之处在于：做规模大的项目可能造成一次性投资过高，对电力或燃气的负荷也很大，需要大量的时间和费用。

（四）注气——土壤气相抽提（SVE）技术

注气——土壤气相抽提技术，简称 SVE 技术，实验过程中抽气压力为 0.9 个大气压，为了防止污染性气体在地下水中的迁移，注气——抽气气压比应在 4∶1～10∶1 之间。相关研究人员对注气——土壤气相抽提修复技术进行数值模拟。早期 SVE 技术主要用于非水相液体污染物的去除，目前也陆续应用于挥发性农药污染物充分分散等不含 NAPL 的土壤体系。

目前，发达国家已经将其与相关的修复技术结合起来，形成了互补的 SVE 增强技术。国内研究起步较晚，实验室土柱通风实验的研究目前已做了不少工作，但对场址调查、现场试验性测试、中试研究工作做得不够。

第六章　河流污染及地下水环境防控

地下水经常不断地参与着自然界的水循环。含水层从外界获得补给的水量，水在含水层中向排泄区运动并和赋存它们的岩石相互作用，最后向外界排泄。地下水不断交替、更新决定了含水层中水量、水质在空间上和时间上的变化。为了解地下水的赋存变化规律，合理控制河流污染及地下水环境防控，就必须研究地下水的补给、排泄与径流特征。

第一节　河流与浅层地下水的排泄和补给关系

地下水是地球水循环的一部分，地下水资源从大气降水、地表水以及邻近的地下水得到补给，在含水层中流动，最后通过天然的蒸发、流出或人工开采而排泄。地下水资源的增减是在补给与排泄不平衡的条件下产生的。

一、降水入渗补给

大气降水是水循环中最活跃的因素之一，也是浅层地下水的主要补给水源。降水以入渗方式，就地补给潜水，在潜水含水层分布面积上，几乎均能获得大气降水的入渗补给，因此潜水的补给是面上补给。

（一）大气降水的入渗机制

大气降水一部分转为地表径流，一部分被蒸发，仅有部分渗入地下，渗入地下的部分在到达潜水面以前，必须经过由土颗粒、空气和水三相组成的包气带，故入渗过程中水的运动极其复杂。

降水初期，当包气带含水量较小或干燥时，吸收降水的能力就相当强，重力、颗粒表面吸引力以及细小孔隙中的毛细力，都促使水分入渗，形成结合水、悬挂毛细水等。因此降水初期或降水量很小时，入渗的水分大部分或完全被包气带所吸收，很少或不可能补给潜水。

当结合水、悬挂毛细水等达到极限（包气带中的毛细孔隙全部被水充满）时，包气带的吸水能力就显著降低，继续降水时，在重力和静水压力的传递作用下，连续下渗的重力水会很快达到潜水面，引起潜水位的抬升。因此一般孔隙、裂隙潜水含水层水位的回升总是滞后于降水，而岩溶含水层有时是通过岩溶通道灌入，此时降水补给就很少有滞后现象。

（二）影响大气降水补给的因素

影响大气降水入渗补给的因素主要有两类，一类是降水本身的特点，即降水量的多少、降水的性质和持续时间；一类是接受补给的地形、地质和植被条件，即包气带土壤的湿度、包气带的岩性和厚度、地表坡度及植被等。

降水量的大小对潜水补给量大小起控制作用，一般随降水增加，补给潜水的量也增加。但这种关系并不是线性持续增加的，当降水的强度（单位时间的降水量）超过包气带的入渗速率（单位时间内通过单位地表面积入渗的水量）时，多余的水便转为地表径流。如果降水强度小，而每次降水时间不长，入渗的水量仅能湿润包气带岩层，达不到潜水面，雨后很快就被蒸发掉，只有长时间绵绵细雨才有利于补给潜水。

包气带岩层透水性愈好，入渗速度愈快，愈有利于补给地下水。如黄河河漫滩的砂砾石层，年入渗量达 580 mm；而在阶地上的粉土、粉质黏土，其年入渗量仅为 260 mm，相差 1 倍多。

包气带愈厚，即潜水埋深愈大，入渗路径愈长，包气带滞留量也愈大，补给滞后时间愈长，达到潜水面的补给量也相应愈少。但潜水埋深太小也不利于补给。

当降水强度达到一定程度时，地形坡度愈大，降水转为地表径流而很快沿地表流走得越多，不利于入渗补给。而在那些地势低洼地区，汇水面积大，水流下渗时间长，有利于降水补给。

植被有利于降水补给。植被可阻滞地表径流，防止水土流失。植物形成的有机质，有利于保护土层结构免受降水淋蚀。植物的根系还可增加表土的透水性。我国西北的黄土高原，由于地形陡，且缺乏植被覆盖，常常容易造成水土流失，不利于降水补给。

上述各种影响因素是相互制约、互为条件的，不能孤立地分析问题。例如，强烈岩溶化岩层分布的山区，虽然地形陡峻，地下水位埋深达数百米，但由于岩层渗透性很好，即使是连续暴雨也能大量吸收补给的水量，降水补给地下水的水量可达 70%~90%，这说明大部分降水补给了地下水。

目前，我国多采用下面的公式定义降水入渗补给系数：

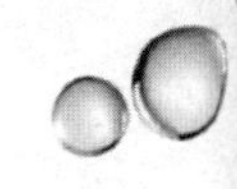

$$\alpha = \frac{P_t}{P} \tag{6-1}$$

只要已知降水量 P 和入渗补给系数 α 很快就可以得出降水入渗补给量，即

$$P_t = \alpha P \tag{6-2}$$

降水入渗补给系数是一个变量，是随空间和时间而变的，不同地区有不同的值，即使同一地区，不同时段的降水入渗补给系数也不同。

在地下水埋藏深度较小的平原区，当毛细管水饱和带到达地表附近时，即使下再大的雨也没有地方可蓄水了，也就是说无空间入渗，没有入渗的降水将形成地表径流流走。在这些地区，汛前大量开采地下水，使地下水位大幅下降，可以起到腾空库容大量截留雨洪资源的效果。

二、河湖及地表水与浅层地下水的补给关系

一般说来，山区河流因河谷深切，地下水常年补给河水，在河流中游地区，有时地下水和河水补给关系呈季节性变化，在洪水季节河水补给地下水，而在枯水季节则相反。

在气候温暖湿润的平原地区，降水充沛，地表水是浅层地下水的主要补给来源。就淮北地区而言，该区多年平均降水量在800~1000 mm，降水季节分布不均匀，主要降水集中在7月—9月，在雨季降水大量补充地下水。汛前往往长时间干旱，地下水位很低，强降雨来临时，河湖水位暴涨，形成河湖水位与地下水位较大的水力坡度，大大提高了河湖水源向地下水的补给强度。另一方面，为了发展灌溉，淮北平原河流控制闸甚多，汛期过后即关闸蓄水，当地下水位下降时，河流仍处在高水位状态，资料显示河水位总是长期高于地下水位，因此在干旱时期，河流是浅层地下水补给的主要来源。

河水对潜水补给量的大小取决于河床的透水性能，河水位与潜水位的高差，河床渗漏段的长度与河床湿周（浸水边界），以及河床过水时间的长短等，补给量与上述诸因素成正比。其他地表水体对潜水的补给情况与河流的情况大体相同。地表水对潜水的补给量可因人为因素的影响而发生变化。如傍河开采潜水，人为地增大了河水位与潜水位的高差，从而增强了河水对潜水的补给量。

在岩溶发育地区，地表水和地下水的联系更为密切，有时地表河流（明流）与地下暗河（伏流）相连，交替出现，两者很难分开。

为了确定河水渗漏补给量，最直接的方法是对河水进行测流。即在河流可能发生渗漏的地段，测定其上、下游断面处的流量。对于常年性河流，二者的差值即为该地段内河水对潜水的补给量。但在地下径流强烈，而河床透水性较差且过水时间很短的间歇性河流下

面，渗漏量有相当一部分是用于湿润河床附近的包气带，有时这一部分水可占相当大比例。这种情况下，就不能简单地把河水渗漏量作为地下水获得的补给量。

上面的论述是以潜水为代表，承压水在接受大气降水和地表水补给时则有较大的不同。承压水仅在含水层出露于地表处，或与地表连通处才能获得补给。因此，地质构造和地形对承压水的补给影响极大。承压含水层出露在地形高处，只能得到出露范围（补给区）内的大气降水补给；出露于低处，则整个汇水范围内的降水都有可能补给含水层。当承压含水层的补给区位于河床或地表水体附近，或地表水与承压含水层之间存在导水的断裂带或“透水天窗”等导水通道，且含水层的承压水位低于地表水的水位时，承压水才可获得地表水的补给。

其他还有灌溉水入渗和渠道渗漏补给等。

三、地下水的径流

径流是地下水由补给处流向排泄处的作用过程。除某些特殊环境之外，地下水经常处在不断径流之中。径流是连接补给与排泄的中间环节，将地下水的水量与盐量由补给处传输到排泄处，从而影响含水层或含水系统水量和水质的时空分布。研究地下水径流的主要内容包括径流方向、径流强度、径流条件及径流量。

（一）地下水径流方向与径流强度

地下水的径流方向是从补给区向排泄区汇集，并沿着路径中阻力最小的方向前进，即自势能高处向势能较低处运动。

地下水的径流强度即地下水的流动速度，基本上与含水层的透水性、补给区与排泄区之间水力坡度成正比。对承压水来说，还与蓄水构造的开启与封闭程度有关。

地下径流强度不仅沿程上有差别，在垂直方向上也不同，一般规律是从地表向下随着深度增加，地下径流强度逐渐减弱，至侵蚀基准面，地下水基本处于停滞状态。

（二）地下水径流系统

在很长一个时期内，学界一直把地下水的径流，尤其是潜水的径流看成平面流动，认为垂直方向的运动是可以忽略的。绘制潜水等水位线图或承压水等测压水位线图，实际上都是以地下水作平面流动这一假定为前提的。但是，在实际工作中，用平面流动分析水文地质现象，往往遇到一些无法解释的问题。

早在 1940 年，康拉德 · 休伯特就用流网表示出了河间地块潜水的流动模式，指出，

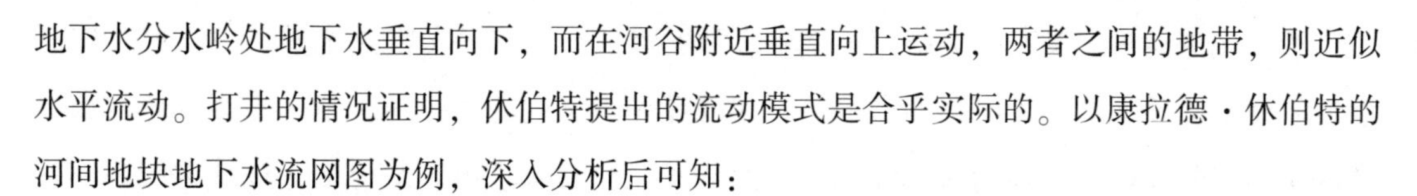

地下水分水岭处地下水垂直向下，而在河谷附近垂直向上运动，两者之间的地带，则近似水平流动。打井的情况证明，休伯特提出的流动模式是合乎实际的。以康拉德·休伯特的河间地块地下水流网图为例，深入分析后可知：

第一，由河间地块分水岭到两侧的河谷，地下径流方向经历了由上到下—接近水平—再从下到上的复杂变换过程。

第二，在地下水补给区的分水岭上，随着深度的增加，地下水水头压力逐渐减小，而在地下水排泄区的河谷地带，则是随着深度的增加，水头值增大。

第三，由分水岭到河谷，流线越来越密集，地下径流加强，径流量增大。

第四，由地表向深部地下径流逐渐减弱。

即使整个河间地块为均质含水层，但含水层的不同地段和不同深度上，地下水水头值也是变化的。在河谷地段的深井，无需有隔水层的存在，也可以开凿出自流或承压水井。因此，对传统潜水和承压水的概念应重新界定。

四、浅层地下水的排泄

地下水在接受补给后，在含水层中流动，在地形地质条件适宜处排入河湖等地表水体中（在山丘区多以这种方式排泄）。

人工开采也是地下水排泄的一种方式。在地下水开发程度较高的淮北平原地区，人工开采已成为浅层地下水主要的排泄方式。

（一）潜水蒸发类型

在浅层地下水埋深较小的地区，潜水蒸发是地下水排泄的重要途径。潜水的蒸发排泄是垂直向上进行的，包括土面蒸发及叶面蒸发两种。

1. 土面蒸发

潜水沿毛细孔隙上升，在潜水面之上形成一个毛细水带。当潜水埋藏不深，毛细水带上缘离地面较近，当大气相对湿度较低时，毛细弯液面处的水分不断变成气态水逸入大气。潜水则源源不断通过毛细作用上升补给，使蒸发不断进行。蒸发的结果，使潜水大量消耗、水位下降、潜水浓缩、矿化度增大，如有部分盐分滞留于地表，可使土壤积盐。

影响土面蒸发的主要因素是气候、潜水埋藏深度及包气带岩性。

气候干燥，相对湿度愈小，土面蒸发愈强烈。如我国西北地区的山间盆地，相对湿度经常小于50%，潜水矿化可达100 g/L以上；而相对湿度达80%以上的川西平原，虽然潜水埋藏很浅，但矿化度还不到0.5 g/L。

潜水埋深愈浅，其蒸发愈强烈。随着埋深的增加，潜水的蒸发逐渐减少，达到一定深度后就停止蒸发，这一深度称为潜水蒸发极限埋深。不同的气候条件下，潜水的蒸发极限埋深是不同的。用人为控制水位埋深的土面蒸发皿在石家庄市观测得出，该地区潜水埋深小于2m时，随着埋深变浅，蒸发量显著增大；深度大于2 m时，潜水蒸发明显减弱；埋深大于5 m时，潜水蒸发即趋近于零。而西北干旱区，潜水埋深大于10 m时仍有蒸发。低包气带岩性主要控制着毛细水的上升高度和速度，而影响潜水蒸发。粗粒的砂最大毛细水上升高度小，黏性土中的毛细水上升速度慢，都不利于潜水蒸发；粉土组成包气带时，由于最大毛细上升高度大，上升速度也较快，土面蒸发最为强烈。

2. 叶面蒸发

植物在生长过程中，经由根系吸收水分，并通过叶面蒸发散失，叶面蒸发也称蒸腾。通过盆栽试验可以确定作物的蒸腾量。根据国外有关学者的试验，每生成单位重量小麦颗粒，需要消耗1200~1300倍的水量。植被繁茂的土壤地区全年的蒸发量约为裸露土壤的两倍，个别情况下甚至超过露天水面的蒸发量。在德国进行的水均衡计算，发现蒸腾量竟占总蒸发量的75%，年均达377.53 mm。

平叶面蒸发只消耗水分而不带走盐分。植物吸收水分时，也吸收一部分溶解盐类，但是只有喜盐植物才能吸收较大量的盐分。

成年树木的耗水能力相当大，一棵15年的柳树每年可消耗90 m^3以上的水。因此，可在渠边植树代替截渗沟，以消除由于地下水位上升而引起的土壤次生盐渍化。

除了泉水、泄流和蒸发外，在岩溶发育地区，地下水还以暗河的形式集中排泄至地表或河流中，其中的水流类似于明渠流，可用水文学的方法研究。此外，向其他相邻含水层的排泄也是地下水重要的天然排泄形式。

（二）影响潜水蒸发的主要因素

1. 包气带厚度

潜水蒸发量随着潜水面的埋深加大而减小，潜水位的消退又随着潜水面的埋深，也就是包气带的厚度增大而减弱。当包气带厚度增大到一定程度时，潜水蒸发量趋向于零，这一深度称为潜水蒸发临界深度或极限深度。潜水蒸发临界深度首先与土质有关，其次与作物等因素有关。例如，安徽水科院五道沟试验站资料显示，在无作物的条件下，中壤土为2.3~2.5 m，砂壤土为4.0 m；在有作物的条件下，中壤土为3.2~3.5 m，砂壤土为5 m左右。

2. 气象因素

气温、地温、水汽压力差等气象因素都对潜水蒸发有影响。水面蒸发强度是气象因素

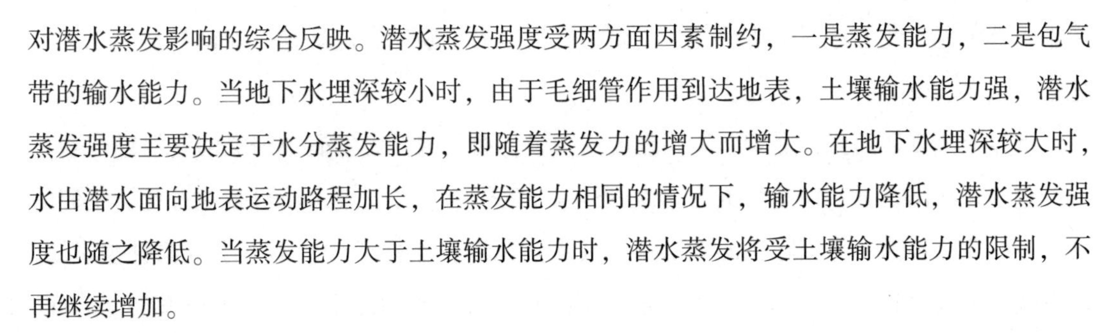

对潜水蒸发影响的综合反映。潜水蒸发强度受两方面因素制约，一是蒸发能力，二是包气带的输水能力。当地下水埋深较小时，由于毛细管作用到达地表，土壤输水能力强，潜水蒸发强度主要决定于水分蒸发能力，即随着蒸发力的增大而增大。在地下水埋深较大时，水由潜水面向地表运动路程加长，在蒸发能力相同的情况下，输水能力降低，潜水蒸发强度也随之降低。当蒸发能力大于土壤输水能力时，潜水蒸发将受土壤输水能力的限制，不再继续增加。

3. 土质

土质对潜水蒸发的作用，反映在土的毛细管特性上，因水是顺着毛细管上升而蒸发的。砂土的毛细管粗，毛细管上升高度小，但上升速度快；黏土的毛细管上升高度大，而上升速度慢，它要达到一定高度就需要相当长的时间，因此就不可能供给地面强烈蒸发以充分的水分，而且黏土空隙常为薄膜所阻塞，实际上毛细管上升达不到理论数值。亚砂土（砂壤土）的毛细管最适合毛细管水的上升，为潜水蒸发创造了良好的条件。

4. 植被

潜水蒸发随作物覆盖程度、作物种类、作物生长季节不同而异。不同作物其根系吸水能力和需水量不同，潜水蒸发亦随之不同。耕翻土地可以切断毛细管，使潜水蒸发减小，经过一段时间后，土地逐渐密实，毛细管作用恢复，潜水蒸发又随之变大。

第二节　河流污染对地下水影响的规律

改革开放以来，我国经济开始突飞猛进的发展，但与此同时也付出了生态环境严重恶化的惨痛代价，可以说我们在重复走西方发达国家在 20 世纪 50—60 年代所走过的老路。目前，虽然各流域的水环境质量有了一定的改善，部分河段明显好转，但从总体上看，仍处于较高的污染水平，尤其是在水污染严重的淮河、海河和辽河流域。首先，从国外河流的治理经验来看，一个强有力的具有综合决策和协调手段的流域管理机构是治理流域水污染的基本条件。其次，可靠的资金保障也是必不可少的。莱茵河 100 多年的治理费用高达 300 多亿英镑，每年用于治理莱茵河的资金为 14 亿马克。就治理的时间、经验和效果来说，我国远不能和发达国家相比，由于起步晚，经济基础薄弱，我国的水资源形势相当严峻。

我国地下水供水量达到总供水量的 18.8%，但地下水污染总体呈由点到面的发展趋势。目前，已监测的 118 个城市的地下水水质，有 64%的城市受到严重污染，33%为轻度污染。其中尤以北方地区最为严重，主要污染指标为总硬度、硫酸盐、亚硝酸盐、汞、氯化物、铵氮、COD 等。

世界上大多数河流都受到了不同程度的污染，而我国作为发展中国家河流污染问题尤其严重。在我国北方，地下水资源作为一种重要的供水水源，其水质也日益恶化。我们的首都——北京作为一个国际化的大都市，其水资源形势非常严峻，不仅水资源日益紧缺，而且现有地表水和地下水污染严重，水资源问题将直接制约北京经济的迅速发展。为此，围绕这个问题，不少研究工作已经展开。他们探讨的重点围绕以下问题：天然条件下长期排污河究竟会不会给地下水带来污染？河水中哪些污染组分容易进入地下水？其污染机制是什么？以期为在我国开展污水河治理工作提供理论依据和宝贵经验。

一、河水缓慢补充地下水

一般来说，在山高谷深的山区，地下水位总是高于河道水位，地下水常年补充河水，河流污染自然不会影响地下水。

例如，淮北平原属黄泛区冲积平原，除中北部地区散落一些低山残丘之外，大部分区域皆为坦荡的平原。淮河主要支流多发源于黄河南岸，自西北向东南流入淮河，这些河流水阔坡缓，是典型的平原河流。处在黄河下游的淮北平原地区，有的河流受泥沙淤积的影响，河床不断抬高形成地上河，河水位常年高于地下水位，即使是无泥沙淤积的河道，由于河道多建节制闸蓄水，河两岸地势平坦，河水位也常高于或接近地下水位，土壤的渗透作用导致河水和浅层地下水存在水力关系。

二、河流污染物主要以扩散和吸附方式影响地下水

河流污染物透过土壤介质进入地下含水层中后，有以下三种运动状态：

第一，紊动弥散。在大颗粒大孔隙砂石介质中，地下水在重力作用下做紊流运动，即水流具有垂直水流方向的运动分量，在这种运动力的作用下，污染物做弥散运动。

第二，对流运动。在水力坡度和土壤渗透系数 k 值较大条件下，地下水运动产生较大流速，污染物随着水流向前传播，扩大影响范围。

第三，分子扩散。在水力坡度很小或接近于零的条件下，地下水处于层流或静水状态，污染物只能在介质空隙之间做分子扩散运动。

河流污染物在渗入地下水的运动过程中，悬浮物和乳状物经过机械过滤、水稀释、物理和化学吸附、气体逸出等作用，使污染物在地下水中的组分、分布范围发生变化。其中，某些污染物由于机械扣留、吸收、沉淀等作用可以完全地或部分地从水中消失，而另一些组分

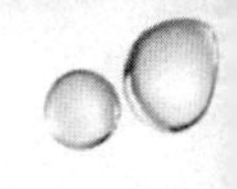

可能增加自己的数量，或由于化学反应而形成新的物质，这种变化是时间和空间的函数。

三、河流污染物浓度达到一定程度即能影响地下水

在天然情况下，一条顺直的河道污染水体渗漏到地下水中，污染物在土壤含水层中的运动可以看作一维对流和扩散运动。根据费克第一扩散定律：扩散物质在给定方向单位时间通过单位面积的输送量与该方向的浓度梯度成正比。

根据一维条件下河流污染对地下水影响水质模型可知，受河流污染的地下水某污染物的浓度变化是地点和时间的函数，其分布规律符合余误差函数曲线。对于特定土壤介质，某时某地污染物浓度与河流水体污染物浓度成正比，也就是说河流污染物浓度越大，对地下水的影响也越大，由此可以看出河流污染物浓度的存在是影响地下水水质的必要条件。

四、控制河道污染水体对地下水影响的措施

（一）河流的污染源的治理

控制河道污染水体对地下水污染的影响，最好的办法就是对污染源进行治理，只要保证河流不受污染，就不会存在污染的地表水对地下水进行二次污染。

区域经济发展和区域环境容量不相适应，也是造成水环境污染的重要原因。以往在确定地区产业发展方向、地区生产力布局时，往往忽视区域环境容量。我国主要江河出现的严重流域性水污染，在很大程度上与流域产业结构和布局不合理有直接关系。淮河流域四省自 20 世纪 80 年代初开始，利用当地资源，大力发展高耗水的化工、造纸、制革、火电、食品等小型工业，污染物排放量超过了淮河的承载能力，使淮河流域水质急剧恶化；由于缺乏科学认证和科学管理，一些缺水地区盲目发展高耗水型工业，造成地下水位下降；一些资源丰富的地区发展单一的资源型产业，不发展与之相配套的加工业，产业结构雷同，形成严重的结构型污染。

自然因素的影响在一定程度上加重了水环境问题的恶化，增加了水污染防治的难度。如今，由于气候变化引起全球温度、湿度、降水量的分布变化，使一些国家和地区的灾害频发。我国北方地区气候也明显变暖，华北地区冬季平均气温 20 世纪 90 年代比 50 年代上升了 2.1℃。气温上升，地表径流减少，蒸发量增大，发生旱灾的机会增多。1997 年，我国北方地区受厄尔尼诺现象的影响，降水量异常偏少，温度偏高，海河水资源量只有多年平均量的 40%；黄河水资源量为多年平均量的 61%。由于河道径流减少，水体自净能力下降，加剧了水环境恶化。1998 年，受厄尔尼诺现象影响，长江中下游、嫩江流域、松花

江流域降水量偏多，导致特大洪水灾害的发生。

治理地表污染是防止地下水污染、改善地下水水质的根本措施，规划应根据地下水污染状况和形成原因提出地表污染综合治理的措施。

由于浅层地下水主要由地表水渗漏补给，地表水污染治理是地下水质保护的前提和根本。在地下水保护区范围内加强点源和面源的污染防治措施，制订污染物总量控制方案，实施地表水体水质净化工程，从根本上改变地表水质量。

造成地下水污染的主要污染源有工业污染源、农业污染源、生活污染源、地表水体污染，其处理措施如下：

其一，重点治理工业废水污染源。工业废水治理宜采用点源治理和集中治理相结合的办法，点源治理是通过行政、技术、经济及法制措施，进行节水技术改造、提高工业用水的重复利用率，完善污染处理设施、控制污水排放标准及排污总量。集中治理是在城市及工业区通过建污水处理厂、氧化塘、污水土地处理系统等措施，使污水资源化，从而减轻和防止对地下水的入渗污染。

其二，加强农村化肥施用管理。加大对土壤特性、作物养分利用情况的研究，增强施肥的针对性，在雨季提倡氮肥的少量、多次施用。同时，为有效禁止滥施氮肥，防止硝酸盐污染地下水和饮用水源，各地应专门组织专家，根据各地不同的气候、水文、农业生产条件制定适合饮用水源保护区的施肥标准。

其三，加强畜禽养殖业综合防治。要控制畜禽养殖的发展规模，建立隔离带、推广沼气技术，利用生态工程净化污水，建设高效简易的污水处理设施，推广节水型农业和生态示范村建设。

其四，健全垃圾收集、处理与处置系统。对工业废弃物、生活垃圾要建立集中的固体废物处置场，设置完善的防渗层，进行卫生填埋。

（二）阻隔已被污染的河流向地下水扩散

防止已污染的河流向地下水扩散，对河流可进行隔离措施，可起到防止已被污染的河流向地下水扩散。在河流与未污染地下水之间采用隔离带，阻止污染物的进一步扩散。

隔离措施是水利工程中（特别是大坝防渗中）应用较成熟的技术，将其应用于污染水体的防渗中要考虑到污染水体的特殊性，因此应选择抗腐性的材料。工程应用中一般使用垂直隔离措施，其在地下水污染防护和地下水的防渗中有较广泛的应用，可以有效截断污染物的水平运移通道，这种方法对于底部有较好隔水层的含水层的污染扩散有很好的防护作用。

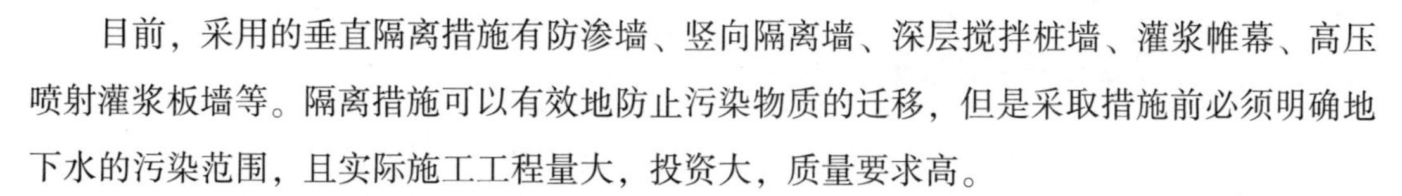

目前，采用的垂直隔离措施有防渗墙、竖向隔离墙、深层搅拌桩墙、灌浆帷幕、高压喷射灌浆板墙等。隔离措施可以有效地防止污染物质的迁移，但是采取措施前必须明确地下水的污染范围，且实际施工工程量大，投资大，质量要求高。

防渗帷幕隔离的实质，是利用钻孔灌注浆液的方法，改变矿床充水途径上某些地段的地层渗透性能，拦截帷幕以外的大量地下水。为了提高帷幕的防渗透能力，选择过流断面比较集中的地段布置注浆钻孔，使注入钻孔内的浆液能够很好地扩散、渗透、相互联结，形成一道地下防水墙。

（三）对于已被河流污染的地下水，应积极治理，做到早发现、早治理、早解决

目前，随着地下水污染事件的不断发生及科研人员的不断努力，地下水污染修复技术在大量的实践应用中得到了不断的改进和创新，较典型的地下水污染修复技术已经有十多种。修复技术根据其主要工作原理归并为四大类，即物理法修复技术、化学法修复技术、生物法修复技术和复合修复技术，其具体技术参考前面章节介绍。

第三节　河流水环境改善和生态修复技术

一、河流水环境修复

河流水环境修复是指利用生态学理论，采用生态和工程技术手段，修复因人类活动干扰而退化的河流水体，并使其生态结构和服务功能恢复到接近原有状态的过程。在实际修复中，一般很难将河流恢复到完全没有受到人为干扰的状态。因此，一般只是适当修复，即恢复河流的生态功能，使其达到能够满足人类需求的水平。

从 20 世纪 50 年代开始，河流水环境修复经历了单一水质恢复、河流生态系统恢复、大型河流生态系统恢复以及流域尺度的整体生态恢复等若干阶段。目前，针对河流的修复已经把注意力集中在河流及流域的生态恢复上。河流修复的生态系统包括生物系统、广义水文系统和人工设施系统等。河流生态修复不能只限于某些河段的修复或河道本身的修复，而是要着眼于生态景观尺度的整体修复。

（一）河流生态修复原则

1. 自然循环原则

自然循环原则是河流生态修复的基本原则。利用河流生态系统的自我调节能力，因势利导地采取适当的人为措施，尽可能恢复河流的纵向连续性和横向连通性，防止河床材料的硬质化，使河流系统朝着自然和健康的方向发展。通过水资源的合理配置维持河流生态需水量，水库的调度除了满足社会需求外，应尽可能接近自然河流的脉冲式的水文周期，最大限度地构造人类和河流融洽和谐的环境。河流自然循环受到众多条件的制约，如气候、地质地貌、植被条件、河流状况、土地利用、城市规划、人口社会、产业结构、污染特征和管理机制等，全面综合考虑这些因素方可查明河流受损的程度和原因，并据此明确河流治理的修复阶段和相应措施。

2. 主功能优先原则

河流系统各项功能在不同阶段和不同河段的重要程度有所不同，水功能区划和水环境功能区划也不同。对于一些经济发展迅速、开发过度、污染问题突出的地区，需要优先恢复其河流自净功能，达到水域环境功能区要求。对于经济发达但污染问题不突出的地区，可以优先考虑满足生态功能的需求，适当恢复河流水生生境及生物多样性，改善河流生态系统结构和服务功能。当各项服务功能不能同时满足时，可以优先考虑河流的水域环境功能，并依此来确定相应的功能指标。

3. 因地制宜，分时段考虑原则

在不同的时间尺度或不同时段，河流系统会因外部条件而改变或因各项功能主导作用的交替变化而具有不同的动态变化特征。从较长的时段来看，河流系统功能的生态修复不可能一蹴而就，对于受损程度不同、约束条件不同的河流，应该根据实际情况明确河流当前所处修复阶段，因地制宜，合理规划治理修复进程。

4. 综合效益最大化原则

河流生态系统的复杂性决定了最终修复结果和演替方向的不确定性，河流生态修复具有周期长、风险大、投资高的特点。因此，需要从流域系统出发进行整体分析，将近期利益与远期利益结合起来，通过费用效益分析对现有货币条件下的费用、效益进行比较，根据河流所处的治理修复阶段提出河流修复的最佳方案，以获得最大的河流修复成效，实现社会效益和生态环境效益的最大化。

5. 科学监测和管理原则

对河流的修复需要进行长期的科学监测，及时掌握河流生态系统的变化过程和变化趋

势，进而制定科学的管理措施，保证修复效果。

6. 利益相关者有效参与原则

河流生态修复需要考虑大众的接受度、认同度和支持度。因此，在河流修复的全过程中都应贯穿利益相关者的有效参与，最大限度地反映不同利益相关者的需求，使各方面的利益得以有效协调，生态修复计划得以顺利实施，河流生态系统得以健康维护。

（二）河流生态修复目标

河流生态修复的阶段目标是保障水域环境功能的基本需求，终极目标是建立健康的河流生态系统。河流生态修复是一个复杂的过程，不仅涉及技术层面上的问题，而且涉及公众参与、政府行为等诸多社会因素。河流管理不应将重点放在调整河流生态系统来适应人类的需要上，而应调整人类的开发行为来适应河流生态系统。河流修复的目的，是恢复河流的健康生命，依照河流健康的基本标准，在遵循自然规律的前提下，采用现有的工程和生物手段，尽可能地消除人类活动给河流环境带来的不利影响（如拆除硬化的河床及护坡），重建受损或退化的河流生态系统，恢复河流泄洪、排沙等重要的自然功能，维持河流的再生循环能力，促进河流生态系统的稳定和良性循环，实现人与水的和谐相处。

河流修复的任务如下：

第一，水文条件的恢复。这里所说的水文条件恢复是广义的，是指适宜生物群落生长的水量、水质、水温、水深和流速等水文要素的恢复。

第二，生物栖息地的恢复。通过适度人工干预和保护措施，恢复河流廊道的生境多样性，进而改善河流生态系统的结构和功能。

第三，生物物种的保护和恢复。特别是保护濒危、珍稀和特有物种，恢复乡土种。

河流修复规划就是制定河流修复的原则、目标、任务、指标控制、技术方案、总体布局、效益评估等方面的系统方案，主要内容包括四部分，即历史调查与现状分析、制定生态修复目标、提出修复对策、进行效益评估。

二、人工湿地净化技术

人工湿地处理技术是一种生物—生态治污技术，它是利用土壤和填料（如卵石等）混合组成填料床，污水可以在床体的填料缝隙中曲折地流动，或在床体表面流动的洼地中，利用自然生态系统中物理、化学和生物的共同作用来实现对污水的净化。可处理多种工业废水，后又推广应用为雨水处理，形成一个独特的动植物生态环境。

（一）人工湿地的组成

填料、植物、微生物是构成人工湿地生态系统的主要组成部分。

人工湿地中的填料又称基质，主要包括土壤、砂、砾石、各种炉渣等。填料不仅可为植物和微生物提供生长介质，同时通过沉淀、过滤、吸附和离子交换等作用直接去除污染物。填料粒径大小也会影响处理效果，填料粒径小则有较大的比表面积，处理效果好但容易堵塞，粒径太大会减少填料比表面积和有效反应容积，效果会差一些。

植物是人工湿地的重要组成部分，对污染物的转化和降解具有重要的作用。在人工湿地系统中，植物通过直接吸收、利用污水中的可吸收营养物质，吸附和富集重金属及一些有毒有害物质；通过发达的根系输氧至根区，有利于微生物的好氧呼吸，同时其庞大的根系为细菌提供了多样的生活环境；根系生长能增强和维持填料的水力传导率；此外，植物还可以固定填料中的水分，防止污染物扩散；同时具有一定的观赏价值，改善景观环境，部分植物通过收割回用，发挥适当的经济作用。

微生物是人工湿地实现除污功能的核心。人工湿地系统内生物相极为丰富，主要包括微生物、藻类、原生动物和后生动物。其中微生物主要包括细菌、放线菌和真菌等。人工湿地系统中的微生物主要去除污水中的有机物质和氨氮，某些难降解的有机物质和有毒物质也可通过微生物自身的变异，达到吸收和分解的目的。

（二）人工湿地的类型及其特点

人工湿地有两种基本类型，即表层流人工湿地和潜流人工湿地。

1. 表层流人工湿地

表面流人工湿地系统也称水面湿地系统。向湿地表面补水，维持一定的水层厚度，一般为 10~30 cm，这时水力负荷可达 200 m^3/（$hm^2 \cdot d$）；污水中的绝大部分有机物的去除由长在植物水下茎、秆上的生物膜来完成。

这是各类型人工湿地中最接近自然湿地的一种类型，由于不需要砂和砾石作为基质，只要将现有的河道、低洼地稍加改造即可形成表面流型人工湿地，改造后也不影响原有河网的防洪、泄洪功能以及低洼地的土地功能。其造价较低，但占地大，水力负荷小，净化能力有限。湿地中的氧来源于水面扩散与植物根系传输，系统受气候影响大，夏季易滋生蚊蝇。

表面流型人工湿地水位较浅，水流缓慢，通常以水平流的流态流经各个处理单元。绝大部分有机物的去除是由生长在植物水下茎、秆上的生物膜来完成，因而不能充分利用填

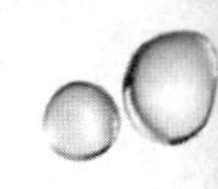

料及丰富的植物根系。

表面流型人工湿地的水面位于人工湿地基质以上，其水深一般为 0. 20~0. 40 m。在这种类型人工湿地中，污水从进口以一定深度缓慢流过人工湿地表面，部分污水蒸发或渗入人工湿地，出水经溢流堰流出。

表面流型人工湿地接近水面的部分为好氧层，较深部分及底部通常为厌氧层，因此具有某些与兼性塘相似的性质。但是，由于湿地植物（尤其是挺水植物）对阳光的遮挡，一般不会存在像兼性塘中藻类大量繁殖的情况。可以种植芦苇、水葱、香蒲、灯芯草等挺水植物，凤眼莲、浮萍、睡莲等浮水植物，以及伊乐藻、金鱼藻、黑藻等沉水植物。还可以种植慈姑、雨久花、千屈菜、泽泻等水生花卉类的观赏植物，既可以处理污水，也可以美化环境。

2. 水平潜流人工湿地系统

水平潜流人工湿地系统，污水从布水沟（管）进入进水区，以水平方式在基质层（填料层）中流动，然后从另一端出水沟流出。污染物在微生物、基质和植物的共同作用下，通过一系列的物理、化学和生物作用得以去除。

与表面流湿地相比，水平潜流湿地水力负荷高，对 BOD、COD、SS、重金属等污染物的去除效果较好，且无恶臭和蚊蝇滋生，是目前采用最广泛的一种湿地形式。但控制相对复杂，N、P 去除效果不如垂直潜流人工湿地。

3. 垂直潜流人工湿地系统

垂直潜流人工湿地系统，采取湿地表面补水，污水经过向下垂直的渗滤，在基质层（填料层）得到净化，净化后的水由湿地底部设置的多孔集水管收集并排出。在垂直潜流人工湿地中污水从湿地表面纵向流向填料床的底部，床体处于不饱和状态，氧可通过大气扩散和植物传输进入人工湿地系统，该系统的硝化能力高于水平潜流湿地，可用于处理氨氮含量较高的污水。其缺点是对有机物的去除能力不如水平潜流人工湿地系统。

垂直流湿地分为下向流和上向流两种，下向流垂直流湿地以其操作相对简单更为常用，污水从湿地表面流入，从上到下流经湿地基质层，由底部流出。上向流水流方向反之。由于氧气可通过大气扩散和植物传输进入湿地系统，其内部充氧更为充分，有利于好氧微生物的生长和硝化反应的进行，氮、磷去除效果较好。

4. 复合式潜流湿地

为了达到更好的处理效果或者对脱氮有较高的要求，也可以采用水平流和垂直流组合的人工湿地。

例如，竖向折流湿地+侧向潜流湿地，将总体处于生物厌氧状态的竖向折流湿地与总体处于好氧/兼氧状态的侧向潜流湿地相组合，在人工温地系统内形成了厌氧+好氧/缺氧的微生物生长环境，提高了填料及根区内的微生物量，促进了不同净化功能微生物的组合，强化了传统人工湿地的生物净化作用。在内回流系统的协助下，可以实现碳源有机物和氮等污染物的高效去除。

竖向折流湿地+侧向潜流湿地污水处理技术能够很好地适应我国中小规模城镇污水处理的技术需求，处理出水可稳定达到国家一级 A 标准，且具有运行成本低、管理方便、占地面积小、有效防止堵塞等优点，与国内外现有人工湿地技术相比在技术经济指标上，具有明显优势，其市场竞争力强，推广应用前景广阔。

其适用于城镇生活污水，农村生活污水，二级污水厂的出水深度处理，工业废水等。适用规模：100~5000 立方米/日。适用于有荒地、坡地等场地条件。工艺流程：污水经调节池和沉淀塘预处理后，去除大部分的悬浮物，降低后续湿地的污染物负荷和堵塞的可能性；之后，污水依次流经平行设置的多组竖向折流湿地和侧向潜流遏地；最后，污水进入观测塘，在高浓度进水或低温时，部分处理后的水回流至沉淀塘，以加强生物反硝化作用并提高处理效率，剩余的出水可回用或排放。

（三）人工湿地的净化机制

人工湿地系统通过物理、化学、生物的综合作用过程将水中可沉降固体、胶体物质、BOD、N、P、重金属、硫化物、难降解有机物、细菌和病毒等去除，显示了强大的多方面净化能力。其对有机物、N、P 和重金属的去除过程如下：

1. 有机物的去除与转化

湿地对有机物的去除主要是靠微生物的作用。土壤具有巨大的比表面积，在土壤颗粒表面形成一层生物膜，污水流经颗粒表面时，不溶性的有机物通过沉淀、过滤和吸附作用很快被截留，然后被微生物利用；可溶性有机物通过生物膜的吸附和微生物的代谢被去除。

2. 氮的去除与转化

人工湿地对氮的去除作用包括被有机基质吸附、过滤和沉积，生物同化还原成氨及氨的挥发，植物吸收和微生物的硝化和反硝化作用。微生物的硝化和反硝化作用在氮的去除过程中起着重要作用。反硝化所产生的氮气通过底泥的扩散或植物导气组织的运输最终散逸到大气中去。

（1）沉淀及介质吸附。污水中的氮以有机态的形式沉淀在湿地介质上，介质起到了拦截过滤作用。同时，铵态氮可以被植物和土壤颗粒吸收或厌氧微生物吸收。介质可以直接吸附或离子交换固定氮。目前，人工湿地介质选择倾向多样化，从以往单一的土壤、砾石等变为其他各类岩石、矿渣、炉渣等。一般认为，湿地介质吸收的铵态氮最终也被其他途径转化掉，因此介质对氮的去除贡献不大。但是有研究认为用土壤作为潜流湿地的介质是非常重要的，它不仅可以作为植物的生长介质，为微生物提供了大量的附着界面，而且可以直接通过物理化学作用净化污水。因为土壤如黏土、有机土有较大的阳离子交换能力，对氮磷的去除有重要贡献，甚至可以提高硝化作用。

（2）氨的挥发。湿地氨挥发包括湿地地面氨挥发和植物叶片氨挥发两部分。湿地地面氨挥发需要在水体 pH 值大于 8.0 的情况下发生，一般人工湿地的 pH 值在 7.5~8.0 之间，因此，通过湿地地面挥发损失的氨氮可以忽略不计。但是，当人工湿地中填充的是石灰石等介质时，湿地系统中的 pH 值会很高，此时通过挥发损失的氨氮需要考虑。近年来，关于植物叶片氨挥发引起了人们的注意，许多研究者发现了农作物叶片的氨挥发现象，并认为是植物生长后期氮素积累降低的原因之一。目前，关于人工湿地植物氨挥发所起的作用尚不清楚。

（3）植物吸收。水生植物在湿地脱氮过程中起了重要作用，植物可将 O_2 输送至根部，植物及根系为微生物提供附着介质，并直接吸收氮。湿地植物对氨氮和硝态氮都有吸收，但是硝态氮是植物利用的主要形式。目前，文献对收割植物对湿地脱氮作用报道各异。除了极少数报道认为植物吸收是湿地主要的脱氮途径（可占到 50%）之外，大部分的研究者认为植物吸收只占湿地脱氮的一小部分。

（4）微生物硝化/反硝化作用。在湿地中，通过硝化/反硝化作用去除氮，被认为是人工湿地去除氮的最主要的形式。无论是表面流还是潜流湿地，硝化/反硝化都是脱氮的主要过程。湿地通过进水携带溶解氧、大气复氧以及植物根系输氧等形式在湿地床体内形成许多好氧微区域，在这些微区域硝酸细菌将氨氮转化成硝态氮，降低了溶液中的氨氮浓度，使得土壤溶液中高浓度的氨氮和好氧微区域中低浓度的氨氮之间形成浓度梯度，氨氮可以持续地扩散到好氧微区域进行硝化作用。硝态氮可以扩散到厌氧区域进行反硝化作用生成 N_2 排出系统，同时也作为植物的营养成分被吸收。植物对硝态氮的吸收对脱氮的贡献根据湿地处理不同污水及运行情况不同而有较大差别。

为了最大限度地提高湿地对氮的去除率，需要硝化及反硝化速率相均衡，过高的硝化和反硝化都不利于氮的去除。一般在潜流型人工湿地中，主要是厌氧环境的，反硝化速率明显高于硝化速率，硝化作用是脱氮的限制步骤。因此，提高人工湿地的硝化能力是人工湿地脱氮的关键问题。

研究显示，通过种植输氧能力强的水生植物能够扩大植物根系的好氧区，促进硝化菌的生长，进而提高硝化反应速率以及系统对氮的去除效果。然而，也有更多的研究显示仅依靠植物根系的输氧对人工湿地硝化速率的促进作用较小，不管何种植物，在潜流湿地中根茎的伸展基本上限制在0.3 m的基质层中，湿地中一半的介质中没有被大量根系占据，因此在湿地底部形成缺氧环境，造成湿地硝化作用差。因此，为提高系统对氮的去除效果，必须增大氧气与微生物的接触机会。目前湿地通常采用间歇布水的方式使系统处于淹水—落干的交替状态，以保证微生物获得充足的氧气，促进硝化菌生长。

3. 磷的去除

人工湿地中磷的去除主要通过三个过程实现：基质的物理化合作用、植物的作用、微生物正常的同化作用以及聚磷菌的过量摄磷作用。

（1）基质的物理化合作用。基质的物理化合作用包括基质对有机磷、无机磷的拦截、沉积和蓄留作用以及基质直接吸附磷等过程。

首先，在固液混合体系中，固体对溶液中的溶质都有一定的吸附作用。污水流经人工湿地后，其中的磷通过扩散作用而被吸附到基质的表面，并可沿基质表面孔道进一步向其内部迁移。这种吸附作用有一部分是可逆的，当污水中磷的浓度较低时，就会有部分磷被重新释放到水中。因此，基质在某种程度上是作为一个“磷缓冲器”来调节污水中磷浓度的，那些吸附磷较少的基质也最容易释放磷。

其次，基质表面电荷和表面电势的存在，使基质表面具有静电作用，故能吸附水中的一些离子。水体中带负电的磷酸盐受基质表面所带正电荷的吸引，而被吸附到基质表面。

最后，人工湿地基质中大都含有丰富的铁、铝、钙、镁等活性物质。污水中可溶性磷酸盐容易与基质中的Fe^{3+}、Al^{3+}、Ca^{2+}等金属离子、金属氧化物和氢氧化物以及黏土矿物通过配位体交换作用发生吸附和沉淀反应，生成难溶性磷酸盐而被固定下来。

（2）植物的作用。植物的作用包括植物生长需要而直接吸收磷，另外包含植物腐败组织的沉积引起的对磷的捕集。普遍认为，水生植物吸收对磷的去除贡献较小，大多数水生植物对磷的吸收能力弱，仅少数种类的水生植物对磷吸收能力较强。

（3）微生物正常的同化以及聚磷菌的过量摄磷作用。湿地中各种附着在基质、植物和悬浮在水中的微生物，在生长繁殖过程中可以吸收和利用污水中的无机磷酸盐。聚磷菌的过量摄磷可将P合成为ATP、DNA和RNA等有机成分，但受湿地系统中聚磷菌更新速率慢的限制，聚磷菌吸收对P去除贡献较小。研究表明，通过污水进入表面流人工湿地中的磷大约有14%［（0.117~0.220 $g/m^2 \cdot a$）］被微生物吸收利用，但这部分被微生物吸收利用的磷处在被不断吸收和释放的动态过程中，而且组成微生物细胞体的磷会在微生物死亡后被迅速分解释放到系统中，所以一般认为微生物的活动与总磷的去除效率之间并无显

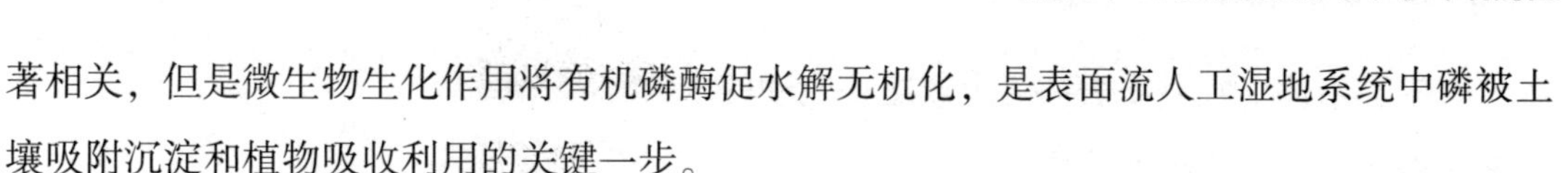

著相关，但是微生物生化作用将有机磷酶促水解无机化，是表面流人工湿地系统中磷被土壤吸附沉淀和植物吸收利用的关键一步。

4. 悬浮物去除机制

进入潜流型人工湿地的悬浮物可通过基质的过滤作用、湿地植物根茎的拦截作用、湿地动物的摄食作用和微生物的降解作用等得以去除。

污水进入湿地系统，污水中的固体颗粒与基质颗粒之间会发生作用，包括固体颗粒向基质颗粒表面的迁移机制和被土壤颗粒表面黏附机制两部分。颗粒迁移是一种物理—化学作用，一般认为由以下作用引起：拦截、沉淀、惯性、扩散和水动力作用等。水流中的固体颗粒直接碰到基质颗粒表面产生拦截作用，在沉速较大时又可以在重力作用下脱离流线产生沉降作用，或者在较大惯性时与基质颗粒表面接触。颗粒较小时，布朗运动占先，使较小的颗粒扩散到基质颗粒表面被黏附：有的颗粒在速度梯度的作用下发生旋转脱流线而与基质颗粒表面接触。黏附作用是一种物理—化学作用，水中颗粒迁移到基质颗粒表面时，在范德华力和静电力作用下以及某些化学键和某些特殊的化学吸附力作用下，被黏附于基质颗粒上，也可能以存在絮凝颗粒的架桥作用。上述作用可能同时存在，也可能其中的某些机制为主要作用。此外，由于湿地床长时间处于浸水状态，床体很多区域内基质形成土壤胶体，土壤胶体本身具有极大的吸附性能，也能够截留和吸附进水中的悬浮固体。

湿地中根系密集发达交织在一起的植物亦能对固体颗粒起到拦截吸附作用；湿地系统中还存在某些原生动物及后生动物，甚至一些湿地昆虫和鸟类也能参与吞食湿地系统中沉积的有机颗粒，然后进行同化作用，将有机颗粒作为营养物质吸收，从而在某种程度上去除悬浮固体的作用。另外，微生物对积累的颗粒态有机物进行降解，进行同化作用，组成细胞成分，剩余无机物质也能去除一部分悬浮固体。

5. 重金属的去除

湿地对重金属去除的主要作用机制是：与土壤、沉积物、颗粒和可溶性有机物的结合；与氢氧化物和微生物产生的硫化物形成不溶性盐类沉淀下来；被藻类、植物和微生物吸收。

（四）人工湿地污水净化设计

人工湿地一般由以下五部分组成：

第一，具有透水性的基质（又称填料），如土壤、砂、砾石等。

第二，适合于在不同含水量环境生活的植物，如芦苇、水柳、美人蕉、睡莲、凤眼莲、空心菜等。

第三，水体（在基质表面之上或之下流动的水）。

第四，无脊椎或脊椎动物。

第五，好氧或厌氧微生物群落。其中，无脊椎或脊椎动物以及好氧或厌氧微生物群落则是基质和植物搭配好后系统中自然形成的生物群落，基本上不用人为添加。

人工湿地设计的关键因素主要有占地面积、设计水深、基质类型、预处理方法及植物的种类等，不同类型人工湿地系统的设计不同，但都遵循系统设计的最基本原则，即通用性原则。人工湿地系统均包括一些基本元素及参数的确定，如湿地规划与选址、系统总面积、处理单元尺寸、不同单元设计参数以及具体的工艺组合等。

1. 场地选择

场地选择要符合技术科学、投资费用低的要求。人工湿地系统选址主要有以下原则：

（1）符合养殖规划与区域规划的要求。

（2）选址宜在水源下游，并在夏季最小风频的上风侧。

（3）符合工程地质、水文地质等方面的要求。

（4）具有良好的土质与基质条件。

（5）具备防洪排洪设施。

（6）总体布置紧凑合理，湿地系统高程设计应尽量结合自然坡度，能够使水自流，须提升时，宜使用一次动力提升。

（7）土地面积：初步设计湿地系统的用地面积，可通过日处理污水量、水力负荷和气象资料进行估算。

2. 主体工程设计

（1）处理水量的确定。根据置换周期设计每天需要处理的水量，计算公式如下：

$$Q_X = V/T \tag{6-3}$$

式中：Q_X——循环处理水量（立方米/天）；

V——景观水体中的水量（立方米）；

T——置换周期（天）。

置换周期指湿地系统中的水全部被人工湿地处理一遍所需要的时间。

（2）湿地面积的确定。根据进水性质、出水要求以及建设条件等因素，一般将合理的水力负荷取值范围设为 8~620 mm/d，并以此为依据计算人工湿地的表面积。根据水力负荷确定表面积的计算比较简单，但是确定合理的水力负荷比较困难。为湿地系统长期安全运行起见，建议水力负荷不超过 1000 mm/d。

（3）系统分区。湿地单元的性状可以有多种，如矩形、正方形、圆形、椭圆形、梯形等，其中前三者比较常用，特别是矩形。确定湿地系统的尺寸和性状后，要对不同单元进行分区。确定湿地单元数目时要综合考虑系统运行的稳定性、易维护性和地形特点。湿地的布置形式也须多样化，即可并联组合，也可串联组合。并联组合可以使有机负荷在各大单元中均匀分布，串联组合可以使流态接近于推流，获得更高的去除效率。

湿地处理系统应该至少有两个可以同时运行的单元以使得系统灵活运行。所需要的单元数目必须根据单元增加的基建费用、地形以及适应灵活运行等方面确定。一般认为“沉淀塘+湿地”模式是一种较好的组合，在湿地中适当安排深水区有利于收集大量的沉积物，因为它们不仅提供了额外的收集空间，而且容易清除这些沉积物。

（4）单元大小的确定。确定人工湿地的表面积后，即可选择适当的长度和宽度，即长宽比。表面流湿地可以采用较大的长宽比，如 10：1 甚至更大；推流型潜流湿地较小，可在 10：1 与 3：1 内选取；垂直流湿地也不宜采用过大的长宽比，否则难以保证布水均匀，一般要求单池的长宽比小于 2：1。

在实际人工湿地污水处理系统的设计中，水力学因素直接关系到污水在系统单元中的流速、流态、停留时间及与植物生长关系密切的水位线控制等重要问题。

（5）基质选择。多种材料包括土壤、砂子、矿物、有机物料以及工业副产品，如炉渣、钢渣和粉煤灰等都可作为人工湿地基质。湿地基质的选择应从适用性、实用性、经济性及易得性等几方面综合考虑。

对于自由表面流湿地，通常大型水生植物如芦苇、菖蒲、香蒲根与根系需要 300~400 mm 的土层，这部分土层可以优先选用原地址的表层土，也可以采用小粒径的细砂等材料构建人工土壤。对于潜流型湿地，基质的种类和大小选择范围都很广，比如沸石、石灰石、砾石、页岩、油页岩、黏性矿物（蛭石）、硅灰石、高炉渣、煤灰渣、草炭、陶瓷滤料等。一般采用直径小于 120 mm 的砾石（卵石）比较合适。

（6）进出水系统。人工湿地系统进出水结构设计主要考虑有机负荷在处理单元的分布、湿地系统的安全运营及蚊虫孳生等问题。

进水系统是向人工湿地中输送污水，布水时应尽量均匀。在湿地维护或闲置期间，进水系统可关闭。进水系统还可用于调控流量；进水可靠重力流，也可靠压力流。重力流布水可节省能源和运行维护费用，但需较大管径以减少水头损失；而压力流出口流速较大，可能引起冲蚀和植物损坏。

表面流人工湿地的进水系统比较简单，只设一个或者数个末端开口的管道、渠道或带有闸门的管道、渠道将水排入湿地中即可。

在潜流型湿地中，进水系统包括铺设在地面和地下的多头导管、与水流方向垂直的敞开沟渠以及简单的单点溢流装置。地下的多头进水管可以避免藻类的黏附生长及可能发生的堵塞，但调整和维护相当困难。地表面的多头进水管通常要高出湿地水面 120~240 mm 来避免用水问题。在进水区使用较粗的砾石（80~150 mm）通常能保证快速过滤，并可防止塘区的形成以及藻类的生长。在潜流型湿地系统中，出水系统包括地下或收水井渠中的多头导管、溢流堰或者溢流井等，有些工程可以采用简易的闸板结构。

对垂直流湿地而言，湿地出水穿孔管处于湿地床底部，在施工时很容易被碎石和石屑堵塞，因此在建造过程中需要仔细对砾石进行冲洗、分级和压实，穿孔管周围选用粒径较大的砾石，其粒径应大于孔径，同时必须提供干净的竖管。

并联运行的系统需要设置水流分配器，比较典型的有管道、配水槽或者在同一水平高度有相同尺寸平行孔的溢流装置。

3. 植物的类型及选择

（1）栽种植物的类型。在人工湿地系统的设计过程中，应考虑尽可能地增加湿地系统的生物多样性。因为生态系统的物种越多，其结构组成越复杂，则其稳定性越高，因而对外界干扰的抵抗能力也就越强。这样可提高湿地系统的处理能力，延长湿地系统的使用寿命。

在湿地植物物种的选择上，可根据其耐污性、生长能力、根系的发达程度以及经济价值和美观要求等因素来确定，同时也要考虑因地制宜。可用于人工湿地的植物有芦苇、茳茳（席草）、大米草、水花生、稗草等几种。但目前最常用的是芦苇。芦苇的根系较为发达，是具有巨大比表面积的活性物质，其生长可深入地下 0.6~0.7 m，且具有良好的输氧能力。采用芦苇作为湿地植物时，应注意取当地的芦苇种，以保证其对当地气候环境的适应性。芦苇的栽种可采用播种的方法，也可采用移栽插种的方法。移栽插种法比较经济快捷。其具体方法是将有芽苞的芦苇根剪成 100 m 长左右，将其埋入 4cm 深的土中并使其上端露出地面。插植的最佳期是秋季，但早春也可以。插植密度一般为 1~3 株/m^2。

（2）植物选择的原则。植物是湿地中必不可少的一部分。植物在碎石等基质内为微生群落创造有利的活动场所，并通过自身的生长及协助湿地内的物理、化学、生物等作用而去除水中的污染物，同时成为景观绿化的一部分。因此，植物的选择十分重要。

一般人工湿地处理系统植物的选择要遵循下列原则：

第一，植物有发达的根系。植物根系除固定及吸收功能外，湿地处理系统中的植物如芦苇等，还具有以下作用：植物的根（葡萄茎）纵横生长，疏通生长培养基，为水流提供通道；来自大气的氧气通过植物的叶和秆传入根系，再通过空心的根茎和根系（是由根部几列皮层薄壁细胞互相分离，然后解体而形成的腔道——气腔；根、茎、叶的气腔互相贯通，形成良好的通气组织）再传到根系外部。所以，发达的根系有利于植物的吸收，氧气及营养物的运输、交换，能在根部形成良好的微生物活动的环境。

第二，植物有相当大的生物量或者茎叶密度。绿色植物的光合作用是地球上从无机物（CO_2和 H_2O）合成有机物的主要过程，也是直接将太阳能转变为化学能的唯一途径，植物的生长，依靠光合作用利用太阳光能合成碳源并积累能量，其余植物生长所需的养分或者生长所需要的“必要元素”和“微量元素”，都是从水中吸取。植物从根外吸收营养物后，在体内运输，再重新合成自身的物质，这样水中的营养物就进入植物体内，并合成了自身的物质，形成了自身的生物量。

在人工湿地处理系统中，植物发达的根系有利于从水中吸收更多的物质，植物的生长量大，意味着植物光合能力及能从水中吸收更多的营养（包括原污水中的及被微生物分解形成的）来形成自身的物质，所以，污水中的营养物质（有机物、氮、磷等）减少得也越多。植物的根、茎、叶在构造上和生理上是互相联系和互相影响的，体现了植物的整体性，即是“本固枝荣、根深叶茂”。

第三，植物有最大的表面层作为微生物群落活动的场所。微生物把废水中的有机质进行分解、矿化，形成小分子的有机物和无机盐，其生化反应类型包括好氧、兼氧和厌氧过程。在根部，由于根释放的氧气，形成富氧区，有利于好氧性微生物的活动；而在滤床的其他地方，则由兼氧和厌氧性微生物作用。

第四，植物要有较强的运输氧的能力。植物的通气组织要发达，叶片进行光合作用所释放的氧，部分可以从气腔进入根部，供给根部呼吸的需要，多余的氧再传到根外，使根部好氧性微生物的活动加强，分解有机物的速度加快，促进有机污染物质的氧化。

第五，多种植物组合。人工湿地中多种植物组合，使地上部分形成高低错落的种群，能更加充分地利用太阳光能；地下部分根系深浅交错，形成较好的根系结构，使好氧性微生物活动的范围加大，也有利于有机物质的分解和有毒物质的氧化。

第六，应以乡土植物为主。植物的生长受多种因子的影响，植物的生长因子包括日照、温度、湿度、土壤（生长培养基）、地形、地势及人为因子等。乡土植物最能适应当地的环境条件，同时，种苗的挖取、运输也方便。

第七，有一定的经济价值。植物的选择应尽量考虑增加湿地系统的生物多样性。生态系统的物种越多，结构越复杂，则其稳定性越高。国外对芦苇、香蒲、灯芯草、水葱、竹等植物进行了大量的研究，结果表明不同的植物对湿地内污染物的去除效率是不同的。去除效率的不同还和湿地内废水的性质、当地的气候、土壤等性质有关。季节性和挺水植物比一年生植物和沉水植物具有更高的去除营养物的能力。人工湿地种植的水生植物有多年生的，也有草本植物为一年生的，废水中丰富的营养物质，使植物快速生长，因此必须进行收割。收割虽可带来一定的经济效益，但也给湿地系统管理带来了麻烦。通过收割植物可以彻底地从湿地中去除一部分被植物所吸收的营养元素，其余营养元素则留在水下或根部作为新生长出来的植物的营养。重复收割可以加快营养物从湿地的去除，但频繁收割可能会使根部营养缺乏，使其正常生长受到破坏。国内有报道，用木本植物作为人工湿地的主要植被且试验证明其效果和芦苇接近。

三、稳定塘净化技术

稳定塘是一种天然的或经过一定人工构筑（具有围堤、防渗层等）的生物处理设施。目前，全世界已经有近 60 个国家在使用稳定塘系统，在中国，稳定塘的应用也比较广泛。

（一）稳定塘的净化原理与分类

1. 稳定塘内的净化原理

稳定塘原称氧化塘或生物塘，是一种利用菌藻的共同作用对污水进行处理的构筑物的总称。其处理过程与自然水体的自净过程相似。

稳定塘是经过人工适当的修整，设围堤和防渗层的池塘，其净化过程与自然水体的自净过程相似，主要利用菌藻的共同作用处理污水中的有机污染物。污水在塘内缓慢地流动，经过较长时间的贮存，通过微生物和包括水生植物在内的多种生物的综合作用，同时稳定塘中发生着各种物理、化学及生物化学反应，使污水中有机污染物降解，污水得到净化。

稳定塘是一种复杂的半人工生态系统，由生物和非生物两部分组成。其中生物部分主要有细菌、藻类、原生动物、后生动物、水生植物以及高等水生动物。非生物因素主要包括光照、风力、温度、有机负荷、pH 值、溶解氧、二氧化碳、氮及磷营养元素等。

2. 稳定塘的分类

根据塘水中微生物反应的类型和供氧方式，稳定塘可以划分为好氧塘、兼性塘、厌氧塘、曝气塘、深度处理塘、综合生物塘等。

好氧塘：好氧塘的深度较浅，阳光能透至塘底，全部塘水内都含有溶解氧，塘内菌藻共生，溶解氧主要是由藻类光合作用和大气复氧供给，好氧微生物起净化污水作用。

兼性塘：兼性塘的深度较大，上层是好氧区，藻类的光合作用和大气复氧作用使其有较高的溶解氧，由好氧微生物起净化污水作用；中层的溶解氧逐渐减少，称兼性区（过渡区），由碱性微生物起净化作用；下层塘水无溶解氧，称厌氧区，沉淀污泥在塘底进行厌

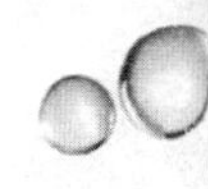

氧分解。

厌氧塘：厌氧塘的塘深在 2 m 以上，有机负荷高，全部塘水均无溶解氧，呈厌氧状态，由厌氧微生物起净化作用，净化速度慢，污水在塘内停留时间长。

曝气塘：曝气塘采用人工曝气供氧，塘深在 2 m 以上，全部塘水有溶解氧，由好氧微生物起净化作用，污水停留时间较短。

深度处理塘：深度处理塘又称三级处理塘或熟化塘，属于好氧塘。其进水有机污染物浓度很低，一般 $BOD_5 \leq 30$ mg/L。常用于处理传统二级处理厂的出水，提高出水水质，以满足受纳水体或回用水的水质要求。

其他的有水生植物塘、生态塘、完全储存塘。

（二）好氧塘

好氧塘是一类在有氧状态下净化污水的稳定塘，它完全依靠藻类光合作用和塘表面风力搅动自然复氧供氧。好氧塘深度较浅，一般不超过 0.5 m，阳光能够透入塘底，全部塘水呈好氧状态，由好氧微生物起净化作用。好氧塘内的生物种群主要有藻类、菌类、原生动物、后生动物、水蚤等微型动物。

塘内形成藻—菌—原生动物的共生系统，污水的净化主要通过涵养微生物的作用。有阳光照射时，塘内的藻类进行光合作用而释放出大量的氧；同时，由于风力的搅动，塘表面进行自然复氧，二者使塘内保持良好的好氧状态。塘内的好氧微生物利用水中的氧，通过代谢活动对有机物进行氧化分解。其代谢产物 CO_2 则可作为藻类光合作用的碳源。

1. 好氧塘分类及特点

按有机负荷的高低，好氧塘可分为高负荷好氧塘、普通好氧塘和深度处理好氧塘。高负荷好氧塘水深较浅，水力停留时间短，有机负荷高，出水藻类含量高，运行技术较复杂，只适用于气候温暖且阳光充足的地区；普通好氧塘有机负荷高、水力停留时间长，适用于污水的二级处理；深度处理好氧塘水深比高负荷好氧塘大、有机负荷低，多串联在二级处理之后，进行深度处理。

好氧塘的优点是净化功能较好，有机污染物降解速率高，污水停留时间短，但进水须进行较彻底的预处理，去除其中可沉悬浮物，以防形成污泥沉积层。好氧塘存在占地面积大，处理水中含有大量的藻类，对细菌的去除效果较差等缺点。好氧塘多应用于串联在其他稳定塘后做进一步处理，不用于单独处理。

2. 好氧塘主要设计尺寸

（1）长宽比：多采用矩形塘，$L:W=3:1\sim4:1$。一般以塘深的 1/2 处的面积作为计算塘面。塘堤的超高为0.6~1.0 m。单塘面积不宜大于4 hm^2。

(2) 塘深：有效水深：高负荷好氧塘为0.3~0.45 m；普通好氧塘为0.5~1.5 m；深度处理好氧塘为0.5~1.5 m；超高为0.6~1.0 m。

(3) 堤坡：塘内坡坡度为1∶2~1∶3；塘外坡坡度为1∶2~1∶5。

(4) 单塘面积：单塘面积介于0.8~4.0 hm^2；好氧塘不得少于3座（至少2座）。

(三) 兼性塘

各种类型的氧化塘中，兼性塘是应用最广泛的一种。兼性塘一般深1.2~2.5 m，通常由三层组成：上层为好氧层，中层为兼性层，底部为厌氧层。

在塘的上层，阳光能够照射入的部位，其净化机制与好氧塘基本相同；在塘的底部，可沉物质和衰亡的藻类、菌类形成污泥层，由于无溶解氧，而进行厌氧发酵（包括水解酸化和产甲烷两个阶段），液态代谢产物如氨基酸、有机酸等与塘水混合，而气态代谢产物如CO_2、CH_4等则逸出水面。或在通过好氧层时为细菌所分解，为藻类所利用。厌氧层也有降解BOD的功能。此外，厌氧层通过厌氧发酵反应可以使沉泥得到一定程度的降解，减少塘底污泥量。

在兼性塘内进行的净化反应比较复杂，生物相也比较丰富。因此兼性塘去除污染物的范围比好氧塘广泛，不仅可去除一般的有机污染物，还可有效地去除氮、磷和某些难降解有机污染物。

兼性塘设计：

(1) 停留时间。兼性塘的停留时间一般规定为7~180 d以上，其中较低的数值用于南方地区，较高的数值用于北方寒冷地区。设计水力停留时间的长短应根据地区的气象条件、设计进出水水质和当地的客观条件，从技术和经济两方面综合考虑确定。但一般不要低于7 d和高于180 d。低限是为了保持出水水质的稳定和卫生的需要，高限是考虑到即使在冰封期高达半年以上的地区，只要有足够的表面积时，其处理也能获得满意的效果。

(2) BOD_5负荷。兼性塘的塘表面面积负荷一般为10~100 $kgBOD_5/(hm^2 \cdot d)$，其中低值用于北方寒冷地区，高值用于南方炎热地区。为了保证全年正常运行，一般根据最冷月份的平均温度作为控制条件来选择负荷进行设计的BOD。

(3) 长宽比。兼性塘多采用矩形塘，长宽比为3∶1~4∶1。

塘深：有效水深为1.2~2.5 m；储泥厚度≥0.3 m；超高0.6~1.0 m。

(4) 单塘面积。一般介于0.8~4.0 hm^2；系统中兼性塘一般不少于3座，多串联，其中第一塘的面积约占兼性塘总面积的30%~60%，单塘面积应少于4 hm^2，以避免布水不

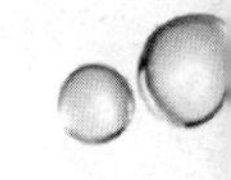

均匀或波浪较大等问题。

（四）厌氧塘

厌氧塘水深较深，有机负荷高，在塘中污染物的生化需氧量大于塘自身的溶氧能力，塘基本上保持厌氧状态，塘中微生物为兼性厌氧菌和厌氧菌，几乎没有藻类。

厌氧塘对有机物的降解是由两类厌氧菌来完成的，最后转化为 CH_4，即先由兼性厌氧产酸菌将复杂的有机物水解，转化为简单的有机物，再由绝对厌氧菌将有机酸转化为甲烷和二氧化碳等。一般控制塘内的有机酸浓度在 3000 mg/L 以下，pH 值为 6.5 ~ 7.5，进水 BOD_5∶N∶P = 100∶2.5∶1，硫酸盐浓度小于 500 mg/L 。厌氧塘通常用于处理高浓度有机废水，在处理城市污水方面也取得了成功。

厌氧塘除对污水进行厌氧处理以外，还能起到污水初次沉淀、污泥消化和污泥浓缩的作用。影响厌氧塘处理效率的因素有气温、水温、进水水质、浮渣、营养比、污泥成分等，其中气温和水温是影响厌氧塘处理效率的主要因素。

厌氧生物塘一般作为预处理而与稳定塘组成厌氧-好氧（兼氧）生物稳定塘系统，较好地应用于处理水量小、浓度高的有机废水。厌氧塘作为稳定塘的一种形式，通常设置于稳定塘系统的首端，以减少后续处理单元的有机负荷。厌氧塘可用于处理屠宰废水、禽蛋废水、制浆造纸废水、食品工业废水、制药废水、石油化工废水等，也可用于处理城市污水。在城市污水稳定塘系统首端设置厌氧塘，该塘在塘系统总面积中所占比例较小，给清除污泥带来方便。另外，厌氧塘的进水口接到厌氧塘的底部，有利于利用塘内的厌氧污泥，提高处理率。厌氧塘的最大问题是无法回收甲烷，产生臭味，环境效果较差。

厌氧塘设计：

（1）厌氧塘塘内污水的污染度高，塘的深度大，容易污染地下水，因此该塘必须作防渗设计；厌氧塘一般都有臭气散发出来，该塘应离居住区在 500 m 以上。

（2）长宽比：厌氧塘一般为矩形，长宽比为 2~2.5∶1；有效水深为 2.0~4.5 m（2.5~5.0 m）；储泥厚度≥0.5 m；超高 0.6~1.0 m；堤内坡度 1∶1~1∶3；堤外坡度 1∶2~1∶4。（3）进出水口：厌氧塘进口设在底部，高出塘底 0.6~1.0 m；出水管应在水面下，淹没深度不小于 0.6 m；应在浮渣层或冰冻层以下；进口和出口均不得少于两个。

（4）塘数及单塘面积：至少应有 2 座，可并联；单塘面积 0.8~4 hm^2。

（5）厌氧塘的最大容许负荷：北方为 300 $kgBOD_5/(10^4m^2 \cdot d)$；南方为 800 $kgBOD_5/(10^4m^2 \cdot d)$。

（五）曝气塘

曝气塘就是经过人工强化的稳定塘。采用人工曝气装置向塘内污水充氧，并使塘水搅动。曝气塘可分为好氧曝气塘和兼性曝气塘两类，主要取决于曝气装置的数量、安装密度和曝气强度。当曝气装置的功率较大，足以使塘中的全部生物污泥处于悬浮状态，并向塘内水提供足够的溶解氧时，即为好氧曝气塘。如果仅有部分固体物质处于悬浮状态，而有一部分沉积塘底并进行厌氧分解，曝气装置提供的溶解氧仅为进水 BOD 生物降解的需氧量，则为兼性曝气塘。

（六）稳定塘系统的工艺流程

1. 稳定塘系统工艺的一般规定

第一，污水量较小的城镇，在环境影响评价和技术经济比较合理时，宜审慎采用污水自然处理。

第二，污水自然处理必须考虑对周围环境以及水体的影响，不得降低周围环境的质量，应根据区域特点选择适宜的污水自然处理方式。

第三，污水厂二级处理出水水质不能满足要求时，有条件的可采用土地处理或稳定塘等自然处理技术进一步处理。

第四，有可利用的荒地和闲地等条件，技术经济比较合理时，可采用稳定塘处理污水。用作二级处理的稳定塘系统，处理规模不宜大于 5000 m^3/d。

第五，处理城镇污水时，稳定塘的设计数据应根据试验资料确定。无试验资料时，根据污水水质、处理程度、当地气候和日照等条件，稳定塘的五日生化需氧量总平均表面有机负荷可采用 1.5～10 $gBOD_5/(m^2 \cdot d)$，总停留时间可采用 20～120 d。

第六，稳定塘前宜设置格栅，污水含砂量高时宜设置沉砂池，稳定塘串联的级数不宜少于 3 级，第一级塘有效深度不宜小于 3 m，推流式稳定塘的进水宜采用多点进水。

第七，在多级稳定塘系统的后面可设置养鱼塘，进入养鱼塘的水质必须符合国家现行的有关渔业水质的规定。

2. 稳定塘进水的预处理

为防止稳定塘内污泥淤积，污水进入稳定塘前应先去除水中的悬浮物质。常用设备为格栅、普通沉砂池和沉淀池。若塘前有提升泵站，而泵站的格栅间隙小于 20 mm 时，塘前可不另设格栅。原污水中的悬浮固体浓度小于 100 mg/L 时，可只设沉砂池，以去除砂质颗粒。

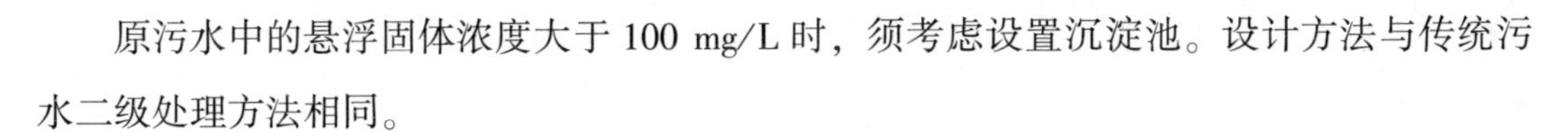

原污水中的悬浮固体浓度大于 100 mg/L 时，须考虑设置沉淀池。设计方法与传统污水二级处理方法相同。

3. 稳定塘塘体设计要点

（1）塘的位置。稳定塘应设在居民区下风向 200 m 以外，以防止塘散发的臭气影响居民区。此外，塘不应设在距机场 2 km 以内的地方，以防止鸟类（如水鸥）到塘内觅食、聚集，对飞机航行构成危险。

（2）防止塘体损害。为防止水浪的冲刷，塘的衬砌应在设计水位上下各 0.5 m 以上。若须防止雨水冲刷时，塘的衬砌应做到堤顶。衬砌方法有干砌块石、浆砌块石和混凝土板等。

在有冰冻的地区，背阴面的衬砌应注意防冻。若筑堤土为黏土时，冬季会因毛细作用吸水而冻胀，因此，在结冰水位以上位置换为非黏性土。

（3）塘体防渗。稳定塘的渗漏可能污染地下水源；若塘体出水再考虑回用，则塘体渗漏会造成水资源损失，因此，塘体防渗是十分重要的。但某些防渗措施的工程费用较高，选择防渗措施时应十分谨慎。防渗方法有素土夯实、沥青防渗衬面、膨胀土防渗衬面和塑料薄膜防渗衬面等。

（4）塘的进出口。进出口的形式对稳定塘的处理效果有较大影响。设计时应注意配水、集水均匀，避免短流、沟流及混合死区。主要措施为采用多点进水和出水；进口、出口之间的直线距离尽可能大；进口、出口的方向避开当地主导风向。

4. 稳定塘的流程组合

稳定塘的流程组合依当地条件和处理要求不同而异，下面为几种典型的流程组合。

第一，进水→好氧塘→出水；

第二，进水→兼性塘→好氧塘→出水；

第三，进水→厌氧塘→兼性塘→好氧塘→出水。

四、城市河道生态修复技术

（一）复合型生态浮岛水质改善技术

以水生植物的优选和可修复水体生物多样性的生态草植入为主要组成部分，对氮、磷营养物和有机物等均有一定的去除效果，可改善水体水质，提高水体透明度，控制水体富营养化（减缓藻类的增长速率、减弱藻类暴发程度），减少以再生水为补给水源的景观水体换水频率。无外部水源补充条件下，夏季可延缓藻类暴发时间 1~2d，暴发峰值也可降低约30%。该技术尤其适合北方地区以再生水为主要补给水源的滞流/缓流景观水体水质的保持与改善。

（二）多级复合流人工湿地异位修复技术

通过多级复合流人工湿地的构建，解决了传统人工湿地的运行效果不稳定、脱氮效果一般、填料易堵及冬季处理效果差等多项难题，使其出水主要水质指标稳定达到地表水Ⅳ类标准。该技术对COD、总氮、总磷具有较好的去除效果，在进水水质波动较大、水质较差的条件下，出水水质仍可稳定达到地表水Ⅳ类要求，多级潜流湿地示范工程在稳定运行阶段对COD、TN和TP的去除率可达到70%~90%。该技术主要用于景观水体的水质改善及长期保持，适用于征地方便的地区。

（三）城市黑臭河道原位生态净化集成技术

包括底泥污染控释与底质生境改善、黑臭河水生物栅净化与控藻、黑臭河水生态接触氧化等，形成了城市黑臭河道原位生态净化集成技术体系，将浮船式增氧机作为混凝药剂的投加、溶解、搅拌、反应的动力设备，从而把增氧和混凝有效地结合起来；科学控制增氧机与生态浮床之间的距离，消除增氧机对生态浮床上植物生长及其净化污染物的负面影响；利用生态浮床水下部分的接触沉淀和物理吸附作用，促进化学混凝后水体的加速和稳定澄清，防止增氧机工作及水流搅动引起的絮体再悬浮，保障工程效果的长效性。按该方法设计的技术系统具有集成化程度高、投资和能耗低、易于操作、便于管护、快速长效等优点。

（四）景观河道生态拦截与旁道滤床技术

生态滤床是在自然湿地结构与功能的基础上通过人工设计的污水处理生态工程技术，利用系统中的基质、水生植物、微生物的物理、化学、生物三重协同作用，来实现对污染物的高效降解，以达到净化水质的目的，具有投资少、运行维护费用低、管理简单、景观生态相容性好、自然社会效益好等优点，已被广泛应用于处理各类型污水中。

生态滤床一般通过旁河的形式，将河水引入滤床中，系统内填充具有脱氮除磷功能较强，且比表面积大的多孔介质，使其具备了良好的水力学性能，能较好地截留河水中的颗粒物。通过植物选择、碳源调控、溶解氧调控、前置或后置强化除磷等手段，提高其脱氮除磷效率。

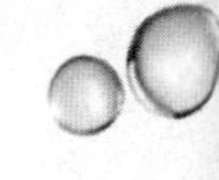

（五）生态护坡技术

生态护坡工程是一项建立在可靠的土壤工程基础上的生物工程，是实现稳定边坡、减少水土流失和改善栖息地生态等功能的集成工程技术。其目的是重建受破坏的河岸生态系统，恢复固坡、截污等生态功能。

五、河流水质净化与生态修复技术系统

（一）河道生态整治成套技术

1. 问题与技术需求

传统水利工程的修建对河流原有的水文条件、河流地貌及水力特性造成严重的影响，破坏了河流生态系统本身的特性，导致难以修复河流的完整性。例如，河道硬化整治由于对河道采取截弯取直和大量采用混凝土等硬质材料，改变了河流地貌和水力特性，破坏了河流的开放性和多样性，使原来蜿蜒的河道变得顺直，河水流速加快，阻碍了河流和河岸之间的交换、地表水和地下水之间的联系，改变了水域生态系统的结构和功能，造成生物多样性减少和生态退化。我国东部地区河流流域城镇化大大改变了流域的河网水系结构，且城镇化水平越高的地区河网密度与河网水面率的减幅越大，河道遭受的破坏就越大，造成河流完整性破坏、生态恢复难度大，亟须河流生态完整性恢复的实用可行技术。

2. 成套技术组成

河道生态整治是通过采用对河流河道进行底泥疏浚、建立生态护岸、运用生态水力学等方法对河流进行生态整治，使河流恢复其功能并逐步恢复到健康状态。

（1）河流水动力恢复技术：以丁坝技术和跌水技术为核心。丁坝技术通过改变河流水流状态改善河道生境条件，增强河道形态多样性。为改善物理生境和增加水流动力，在河岸上可根据地形条件在一定间距内布设丁坝，在水流冲刷面为保证丁坝安全，可采用生态袋固定。跌水技术是指人为地通过工程的方式增大河道水流落差，有利于提高水体流动速度，增加水体中溶解氧含量，增强河流对污染物的净化能力，抑制水体中藻类的大量繁殖；同时，跌水形成的景观还具有很好的观赏性。

（2）生态堤构建技术：应用近自然修复的理念与技术，遵循河流修复应贴近自然、增强空间异质、工程安全和可持续等原则，不采用或少采用硬质化技术和材料，使修复的河流能够更接近自然状态。该技术主要包括木桩+抛石+植物的生态护岸技术、植被型生态混凝土球构建生态堤岸技术。

（3）河道生境改善集成技术：包括基于底泥疏浚及处置关键技术、水体生态修复强化关键技术及生态缓冲带生境改善关键技术的生境改善集成技术。研发了岸边移动式底泥清淤及余水处理一体化设备，利用水利疏浚开展底泥疏浚，达到去除污染物和确保防洪要求的双重目的。对底泥疏浚后的河流型水体开展了植物-固定化微生物联合的水体生态修复强化技术研究，运用具有自主知识产权的球形串联填料和经过筛选的水生植物，辅以曝气，充分发挥微生物-植物的协同作用，有效去除了水体中氮磷等污染物。对于地表径流引起的污染开展了河流型水体复合式生物稳定技术的研究，将生物工程护岸技术与传统工程技术结合起来，强调活性植物与工程措施相结合，以达到在复杂地形条件下的固坡作用。

河道生态整治成套技术主要集中在底泥疏浚及处置、河堤生态修复、河流水动力恢复和生态河道构建等方面，河道生态整治要达到的目标有化学完整性、物理完整性和生物完整性，水生植物和鱼类等水生生物恢复技术是下一阶段需要重点突破的技术。

（二）河流人工湿地修复成套技术

1. 问题与技术需求

我国河流生态环境已进入大范围生态退化和复合性环境污染的新阶段，尤其是东部水系高度干扰，难以恢复到初始状态，开展以水质净化功能为恢复目标的生态治理与修复技术，保障河流生态系统的生态服务功能，是我国河流生态治理切实可行的途径。

2. 成套技术组成

河流人工湿地修复成套技术包括河口人工构筑湿地修复技术、河道原位人工湿地修复技术、河道异位人工湿地修复技术。

（1）河口人工构筑湿地修复技术：通过建立人工湿地，对城市污水或工厂生产污水进行水质净化，净化后的水流入河流，以此来提高河流水质，达到河流生态治理与修复的目的。在人工构筑湿地时，一般通过采用耐污性强、对水质净化起重要作用的水生植物以及研究不同的植物组合对水质进行净化，同时通过研究湿地基质（粉煤灰、炉渣、碎石）以及水流对水质的影响来确定所构筑的湿地类型。人工构筑湿地往往能够承担很多的城市污水以及工厂生产污水，大量削减入河污水的污染物含量，是解决经济发展与水环境污染的一个重要方法，该技术的研发将会在我国河流生态治理与修复中起很大的作用。

（2）河道原位人工湿地修复技术：通过在河道上直接建立人工湿地方式进行水质净化，使河流水体功能性指标达到预期范围，是一种河流水质生态修复技术。通常建立的人工湿地类型包括设置人工浮岛、栽种挺水水生植物、培育浮游水生植物等。

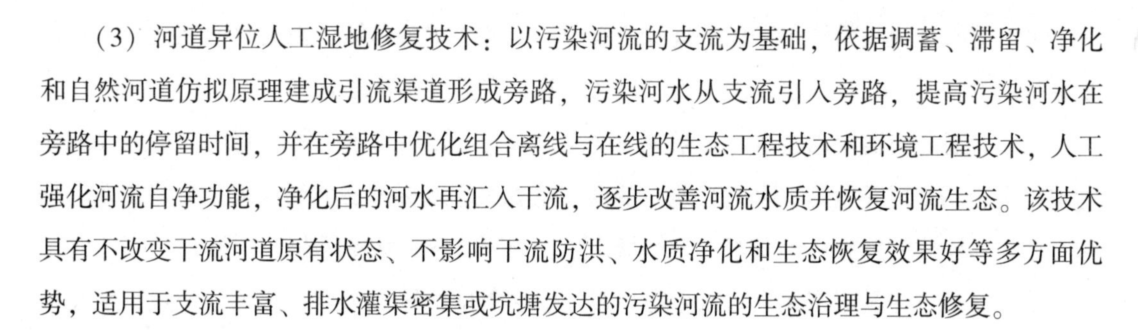

（3）河道异位人工湿地修复技术：以污染河流的支流为基础，依据调蓄、滞留、净化和自然河道仿拟原理建成引流渠道形成旁路，污染河水从支流引入旁路，提高污染河水在旁路中的停留时间，并在旁路中优化组合离线与在线的生态工程技术和环境工程技术，人工强化河流自净功能，净化后的河水再汇入干流，逐步改善河流水质并恢复河流生态。该技术具有不改变干流河道原有状态、不影响干流防洪、水质净化和生态恢复效果好等多方面优势，适用于支流丰富、排水灌渠密集或坑塘发达的污染河流的生态治理与生态修复。

六、其他

（一）生态补水

河流生态系统中的动物、植物及微生物组成都是长期适应特定水流、水位等特征而形成的特定的群落结构，为了保持河流生态系统的稳定，应根据河流生态系统主要种群的需要，调节河流水位、水量等，以满足水生高等植物的生长、繁殖。例如，在洪水年份，应根据水生高等植物的耐受性，及时采取措施，降低水位，避免水位过高对水生高等植物的压力；在干旱年份，水位太低，河岸及河床干枯，为了保障水生高等植物正常生长繁殖，必须适当提高水位，满足水生高等植物的需要。

1. 再生水

再生水是指废水或雨水经适当处理后，达到一定的水质指标，满足某种使用要求，可以进行有益使用的水。目前总体形势是城镇人口不断增长，用水量需求不断增加，水资源逐渐减少，环境政策日趋严格，水质介于污水及自来水中间的再生水的利用正逐渐受到重视，而且污水再生利用是应对严格环境政策的备选方案。在某些情形下，由于实行了严格的出水排放标准，对于将出水排入当地水体的传统方式，污水再生利用成为一种经济的替代方案。

国内外大量污水再生回用工程的成功实例，也说明了污水再生回用于工业、农业、市政杂用、河道补水、生活杂用、回灌地下水等在技术上是完全可行的。为配合中国城市开展城市污水再生利用工作，相关部门编制了《城市污水处理厂工程质量验收规范/污水再生利用工程设计规范》《建筑中水设计规范》《城市污水水质》等污水再生利用系列标准，为有效利用城市污水资源和保障污水处理的质量安全提供了技术支持。

（1）再生水利用。某地区河为入海河流，属季节性河流，受季节风气候集中降雨的影响，非汛期时河道水量很小。河道污泥淤积，垃圾堆积，并且部分河道河底硬化，已不具备河道自净能力。某地区河下游靠近入海口处有李村河污水处理厂。据了解，该污水处理厂出水大部分排到胶州湾，造成水资源的浪费。河道要重新盘活，恢复自净能力，在目前水源短缺的情况下，再生水利用是唯一途径，且具有重要的生态意义。

第一，通过河道及周边水生态景观的建立，有效增加再生水资源的利用，达到《城市污水再生利用景观环境用水水质》规定的河道景观类用水标准后回灌河道。打造水系、绿带、岸堤为一体的生态休闲景观，形成城市生态间隔，提升城市品位和价值。

第二，通过建设河道及周边水生态景观，能显著增加城市主要河道的径流量，缩短河道水体的换水周期，从而恢复城市水环境，提高城市绿化率。

第三，经过生态净化和生态修复建设后的景观河道，拥有充足的水资源。这些深度净化后的生态水资源为提供河道沿线道路清扫，城市绿化、消防、建筑等杂用水需求提供便利。

第四，结合截污、保洁、清淤、绿化等措施，确保回灌河道再生水水质得到持续改善，逐步达到地表水环境功能所对应的水质目标，为农业灌溉和水源补给提供优质水资源，提高再生水循环利用率。

（2）再生水处理方案——生态净化及修复技术

第一，缓冲区域的生态净化。再生水的生态净化可以采用生态湿地或稳定塘的形式，重点是降低水中的氮、磷等营养物质含量，使出水达到或接近Ⅳ类地表水的水质要求。利用卫生防护绿地和河岸的景观绿地，建设漫流式人工湿地污水尾水净化系统，水力负荷每天 0.5~1.0，充分发挥土壤和植物对再生水中有机污染物、氮磷等营养物的降解作用。利用湖泊池塘或某一段回灌河道作为缓冲区域进行再生水的深度净化，总水力停留时间控制在 3~5d。

第二，景观河道的原位修复。在回灌河道设置生态修复河段，提高景观河道水体的自然净化能力，使修复河段的出水达到城市河网的环境功能区目标Ⅲ类或Ⅳ类地表水的水质要求。通过放养和种植水生动植物，加快有机污染物的同化吸收，对自流到生态修复河段的污水，进行原位生态修复处理；采用抬高河道水位产生的阶梯水面跌水作用，辅以机械曝气和微孔曝气等技术，强化水体的复氧效果。

第三，景观河道生态修复技术。河道生态强化净化技术是修复受损河道的重要手段，已成为国内外河道生态修复的研究热点，主要包括水生植被恢复、湿地净化技术，生物沉床、卵砾石生态河床和仿生植物生态河床等技术。该技术充分利用生态环境对水体的自净作用，在水体自净的同时也改善了周围环境。

2. 尾水湿地

如要使再生水满足生态化与资源化要求，以中水厂出水为水源，需要进一步强化中水

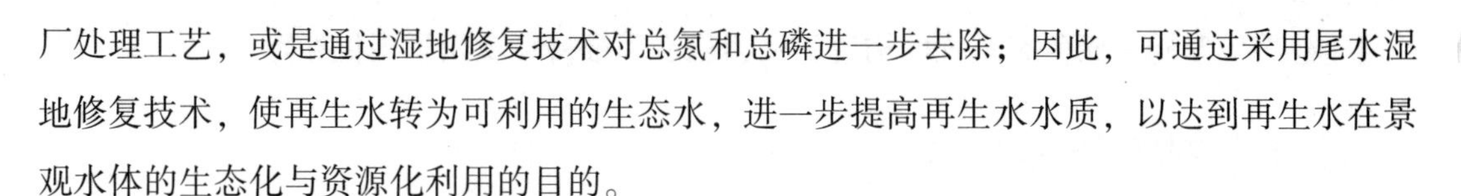

厂处理工艺，或是通过湿地修复技术对总氮和总磷进一步去除；因此，可通过采用尾水湿地修复技术，使再生水转为可利用的生态水，进一步提高再生水水质，以达到再生水在景观水体的生态化与资源化利用的目的。

（1）潜流型湿地。潜流型人工湿地系统，水在湿地床的表面下流动，利用填料表面生长的生物膜，植物根系及表层土和填料的截留作用净化污染水体。主要形式为采用各种填料的植物床系统。植物床由上下两层组成，上层为土壤，下层是由易使水流通过的介质组成的根系层，如粒径较大的砾石、炉渣或砂层等，在上层土壤层中种植耐水植物。潜流式湿地能充分利用湿地的空间，发挥植物、微生物和基质之间的协同作用，因此，在相同面积情况下其处理能力得到大幅提高。水基本上在地面下流动，保温效果好，卫生条件较好。

（2）湿地面积参数设计及工艺流程。传统的湿地面积计算方法可以通过对排放一级 A 或再生水景观河道类标准中的指标和要达到的地表水Ⅳ类指标中的 BOD、COD 进行取值，然后根据有机污染物负荷法进行计算。然而，根据再生水厂的实际运行处理能力来看，BOD、COD 处理指标已远远优于一级 A 的标准，有的甚至接近于地表水Ⅲ类的标准。此外，有研究指出，水力负荷法适合对景观水体进行循环处理的湿地系统，而污染物面积负荷法适合对补充水（主要指再生水或雨水）进行处理的湿地系统。因此，为了使本方案更加具有针对性，在湿地面积计算上采用的是污染物面积负荷综合比较法。即分别计算去除 COD、BOD_5、TN、TP、SS 等污染物所需要的湿地面积，选取其中最大值作为潜流式湿地的设计面积。

（二）生物–生态修复技术

生物–生态修复技术是通过微生物的接种或培养，培育生物的生命活动，实现水中污染水的迁移、转化和降解，从而改善水环境质量；同时，引种包括各种植物、动物等，调整水生生态系统结构，强化生态系统的功能，进一步净化污染，维持优良的水环境质量和生态系统的平衡。

本质上说，生物–生态修复技术是对自然恢复能力和自净能力的一种强化。因此，生物–生态修复技术必须因地制宜，根据水体污染特性、水体物理结构及生态结构特点等，将生物技术、生态技术合理组合。

常用的技术包括生物膜技术、固定化微生物技术、高效复合菌技术、植物床技术和人工湿地技术等。

生物–生态技术的组合对河流的生态修复，从净化污染着手，不断改善生境，为生态修复重建奠定基础，而生态系统的构建，又为稳定和维持环境质量提供保障。

（三）生物群落重建技术

生物群落重建技术是利用生态学原理和水生生物的基础生物学特性，通过引种、保护和生物操纵等技术措施，系统地重建水生生物多样性。

第七章　活性渗滤墙技术与地下水污染修复

随着人类社会生产和生活水平的提高，大量工业废水和生活污水被排放，农田化肥石油化工产品的渗漏以及沿海地区海水的入侵等都会造成地下水的污染。地下水污染具有隐蔽性强、治理困难等特点，一旦遭受污染则很难修复。为了解决上述问题，更好地修复污染地下水，继抽出处理等技术之后，发展起来原位修复技术，如原位生物修复、活性渗滤墙（PRB）及原位化学反应技术等。渗透性反应墙（Permeable Reactive Barrier，PRB）技术是20世纪90年代在欧美等国家率先应用的地下水原位治理方法，是一种可替代传统的抽出-处理系统和土地生物处理方法的技术。该技术最初应用于去除地下水中的有机污染组分，后来随着各项研究成果的运用，它也开始用来处理被无机物污染的地下水。

第一节　活性渗滤墙的结构与设计

一、PRB 概述

（一）PRB 定义及特点

PRB 定义为：在地下安置活性材料墙体以便拦截污染羽状体，使污染羽状体通过反应材料后，其污染物能转化为环境接受的另一种形式，从而实现使污染物溶度积达到环境标准的目标。由定义可以看出，PRB 是一个阻截性的反应材料原位处理区，反应材料是其核心，它将反应材料垂直于地下水中污染羽状体的流动方向放置，当这种羽状体流经反应墙时，与反应材料发生物理、化学及生物等作用而被降解、吸附、沉淀或去除，使污染羽状体得到处理。PRB 可广泛用于处理地下水中的有机和无机污染物。目前研究最多的污染物中影响较大的主要是氯代有机物，如：四氯乙烯、三氯乙烯、二氯乙烯、氯乙烯。无机污染物主要是重金属，包括 Cr、Cd、Zn、Pb、Hg、As、Ni、Cu 和 Ag 等。

PRB 技术的研究发展，其思想可追溯到美国国家环境保护局 1982 年发行的环境处理手册，但直到 1989 年，加拿大 Waterloo 大学对该技术进一步开发研究，并在实验基础上建立了完整的 PRB 系统后才引起人们的重视。之后，短短十几年内，该技术就在西方发达国家得到了广泛应用，目前在全世界已有上百个应用实例。国内在此方面的研究则刚刚开始。

与其他原位修复技术相比。PRB 技术优点在于：①就地修复，工程设施较简单，不需要任何外加动力装置、地面处理设施；②能够达到对多数污染物的去除作用，且活性反应介质消耗很慢，可长期有效地发挥修复效能；③经济成本低，PRB 技术除初期安装和长期监测以便观察修复效果外，几乎不需要任何费用；④可以根据含水层的类型、含水层的水力学参数、污染物种类、污染物浓度高低等选择合适的反应装置。其主要的缺点在于：①设施全部安装在地下，更换修复方案很麻烦；②反应材料需要定期清理、检查更换；③更换过程可能会产生二次污染。

PRB 技术的适用范围较广，可用于金属、非金属、卤化挥发性有机物、BTEX、杀虫剂、除草剂以及多环芳烃等多种污染物的治理。

（二）PRB 修复机制

1. 吸附反应 PRB

格栅内填充的介质为吸附剂，主要包括活性炭颗粒、草炭土、沸石、膨润土、粉煤灰、铁的氢氧化物、铝硅酸盐等。其中应用较多的沸石既可吸附金属阳离子，也可通过改性吸附一些带负电的阴离子，如硫酸根、铬酸根等。这类介质反应机制为主要利用介质材料的吸附性，通过吸附和离子交换作用而达到去除污染物的目的。这种吸附型介质材料对氨氮和重金属有很好的去除作用。

因为吸附剂受到其自身吸附容量的限制，一旦达到饱和吸附量就会造成 PRB 的修复功能失去作用。另外，由于吸附了污染组分的吸附剂会降低格栅的导水率，因此格栅内的活性反应材料需要及时清除更换，而被更换下来的反应介质如何进行处理也是一个需要解决的问题，如果处理不当，有可能对环境造成二次污染。因而实际运用中在吸附性介质中加入铁，通过铁的还原作用将复杂的大分子有机物转化为易生物降解的简单有机物，从而满足吸附条件。

ORC-GAC-Fe^0修复技术就是将 ORC（释氧化合物，如 Mg、CaO 等与水反应能生成氧气的化合物）、GAC（活性炭颗粒）和 Fe^0与 PRB 联合起来使用。该技术的优势在于能使温度、压力和二氧化碳的浓度保持一定的稳定性，不易形成沉淀，可防止“生物堵塞”。ORC-GAC-Fe^0修复技术是比较新的技术，现处于实验摸索阶段，但有很好的研究前景。

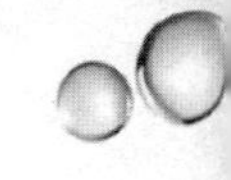

2. 化学沉淀反应 PRB

格栅内填充的介质为沉淀剂。此类格栅主要以沉淀形式去除地下水中的微量重金属和氮。使用的沉淀剂有羟基磷酸盐、石灰石（$CaCO_3$）等。

该系统要求所要去除的金属离子的磷酸盐或碳酸盐的溶度积必须小于沉淀剂在水中的溶度积。首先，采用化学沉淀 PRB 修复污染的地下水时，沉淀物会随着反应时间的进行而在系统中不断积累，造成格栅导水率的降低、活性介质失活。其次，更换下来的反应介质有必要作为有害物质加以处理或采用其他方式予以封存，以防止造成二次污染。

3. 氧化还原反应 PRB

格栅内填充的介质为还原剂，如零价铁、二价铁（Fe^{2+}）和双金属等。它们可使一些无机污染物还原为低价态并产生沉淀；也可与含氯烃（如三氯乙烯、四氯乙烯）产生反应，其本身被氧化，同时使含氯烃产生还原性脱氯，如脱氯完全，最终产物为乙烷和乙烯。目前研究最多的还原剂是零价铁。零价铁是一种最廉价的还原剂，可取材于工厂生产过程的废弃物（铁屑、铁粉末等），实验室则常用电解铁颗粒作为活性填料，主要用于去除无机离子以及卤代有机物等。

（1）去除无机离子。重金属是地下水重要的污染物之一，在过去的十几年里受到了广泛重视。零价铁与无机离子发生氧化还原反应，可将重金属以不溶性化合物或单质形式从水中去除。当前实验报道的可以被零价铁去除的重金属污染物有铬、镍、铅、铀、硫、锰、硒、铜、钴、镉、砷、锌等。例如，砷（As）和硒（Se）在零价铁存在下可被迅速去除，2 h 内 As 的浓度从 1000 μg/L 降至 3 μg/L 以下，Se 的浓度则从 1500 μg/L 降至更低水平。

零价铁对一些无机阴离子，如硝酸根、硫酸根、磷酸根、溴酸根和氯酸根也有一定的还原作用，以零价铁、活性炭和沸石为活性介质，对被垃圾渗滤液污染的地下水进行了研究。

（2）去除卤代有机物。自 20 世纪 90 年代初，零价铁被用于 PRB 技术后，国外兴起了一股“铁”研究热。当前利用 PRB 技术去除地下水中的有机污染物多集中在对卤代烃、卤代芳烃的脱卤降解作用上。在降解过程中，零价铁失去电子发生氧化反应，而有机污染物为电子受体，还原后变为无毒物质。

无论是在缺氧还是富氧条件下，零价铁作为活性介质，都有不可避免的缺点。例如，形成的 $Fe(OH)_2$、$Fe(OH)_3$ 或 $FeCO_3$ 由于沉淀和吸附作用，会在零价铁的表面形成一层保护膜，从而阻止有机污染物的进一步降解，降低铁的活性和反应处理单元的导水性能。

对于多组分共存的污染地下水，利用零价铁作为反应介质可以起到很好的修复效果。

例如，1996 年在美国北卡罗来纳州伊丽莎白城受到铬和三氯乙烯（TCE）严重污染的某地，修建安装了长 46 m、深 7.3 m、宽 0.6 m 的连续 PRB 系统，其中格栅内填充 450 t 铁屑。通过近 6 年的监测发现该系统运行状况良好，格栅上下游的地下水中，铬和 TCE 的浓度由 10 mg/L、6 mg/L 分别降为 0.01 g/L 和 0.005 mg/L，且该系统预计还可有效运行几十年。

双金属系统是在零价铁基础上发展起来的，目前此研究主要停留在实验室研究阶段。双金属是指在零价铁颗粒表面镀上第二种金属，如镍、钯，称为 Ni/Fe、Pd/Fe 双金属系统。研究发现，双金属系统可以使某些有机物的脱氯速率提高近 10 倍，且可以降解多氯联苯等非常难降解的有机物。然而，由于镍、钯金属的高成本、对环境潜在的新污染以及由于镍、钯金属的钝化而导致整个系统反应性能降低等问题，使得双金属系统很难用于污染现场修复。

（4）生物降解反应 PRB。在自然条件下，由于受到电子给体、电子受体和氮磷等营养物质的限制，土著微生物处于微活或失活状态，因而对地下水中的污染组分没有明显的降解作用。生物降解 PRB 的基本机制就是消除上述这些限制，利用有机物作为电子给体，并为微生物提供必要的电子受体和营养物质，从而促进地下水中有机污染物的好氧或厌氧生物降解。生物降解反应 PRB 中作为电子受体的活性材料一般有两种：一是释氧化合物（ORC）或含 ORC 的混凝土颗粒，如 MgO_2、CaO_2等。此类过氧化合物与水反应释放出氧气，为微生物提供氧源，使有机污染物产生好氧生物降解。二是含 NO^{3-}混凝土颗粒。该活性材料向地下水中提供 NO^{3-}作为电子受体，使有机污染物产生厌氧生物降解。

第一，好氧生物降解。石油烃类是地下水中常见的污染物，利用好氧生物降解 PRB 技术可以有效地降解 BTEX、氯代烃、有机氯农药等有机污染物。用体积分率为 20%的泥炭和 80%的砂作为渗透格栅的反应材料，对受到杂酚油污染的地下水进行了研究。实验模拟地下水流速为 600 mL/天，在两个月的时间内多环芳烃（PAH）的降解率达到 94%~100%，而含 N/S/O 的杂环芳烃的降解率也达到了 93%~98%。此外，水中溶解氧含量由最初的 8.8~10.3 mg/L 降至 2.3~5.7 mg/L，表明对于好氧生物降解，提供足够的电子受体是发生生物降解的必要前提。

生物格栅系统来修复受到四氯乙烯（PCE）污染的地下水。PCE 在该系统中的去除过程由厌氧和好氧降解两个阶段组成。PCE 在厌氧降解阶段发生脱氯反应，产物为三氯乙烯、二氯乙烯异构体和氯乙烯等；在好氧降解阶段，脱氯产物进一步完全降解，最终产物为乙烯。PCE 在此生物格栅系统中的去除率高达 98.9%。

一种由释氧格栅和生物降解格栅组成的双层生物 PRB 系统结构，用以强化处理受到

MTBE 污染的地下水。该 PRB 系统中，第一层释氧格栅填充一定配比的粗砂、CaO_2、$(NH_4)_2SO_4$、KH_2PO_4及其他微量无机盐，其作用除为后续格栅中的微生物提供充足的氧气和生长所需营养元素外，还可在一定程度上保证微生物处于较为适宜的 pH 值生长环境；第二层降解格栅装填固定化了的微生物，用以将微生物固定在限制空间，避免有效菌的流失，从而保证有机污染物在该格栅内的好氧降解。

第二，厌氧生物降解。对于受到氮素污染的地下水，可以直接利用 NO 作为电子受体进行污染物的生物降解，而不须外加其他电子受体。在受硝态氮污染的地下水中，加入培养分离后的硝酸盐还原细菌，在厌氧条件下生物降解硝态氮。研究结果发现，加入不同试剂作为微生物生长所需的碳源，硝态氮的去除率有很大差别：以乙酸钠为营养碳源的脱氮效果较好，地下水中 NO 的浓度由初始的 96.53 mg/L 降至 1.94 mg/L，去除率可达 98%，且有效降解时间很长；而以食品白糖为营养碳源的厌氧降解，最大去除率仅为 18.8%。

二、PRB 的结构类型

渗透性反应墙由反应单元和隔水漏斗两部分组成，其中反应单元用来放置反应介质（如铁屑），隔水漏斗主要用于控制被污染水的流向和通过墙体的部位。最简单的渗透性反应墙就是一个放置在有机污染物羽状体运移路径上的反应材料带（如铁屑）。当污染的地下水流经反应单元时，污染物质与反应单元中的反应介质发生物理、化学、生物方面的反应，达到去除污染物质的目的。如有机氯化物与反应介质接触，被降解为无毒的去卤化有机化合物和无机氯化物。研究和应用表明，由于不需要用泵将被污染水抽到地上处理，无须安装地面处理设施，且反应墙在安装后可自动运行，因此，正常的运行就可以取得很好的处理效果。此外，由于反应介质消耗得很慢，故渗透性反应墙对于羽状体的处理可持续几年到几十年。除了定点监测和反应介质更换外，每年几乎不需要任何的运行费用。

（一）垂直式和水平式

垂直式 PRB 系统是指在被修复地下水走向的下游区域内，垂直于水流方向安装该系统，从而截断整个污染羽状流。当污染地下水通过该系统时，污染组分与活性介质发生吸附、沉淀、降解等作用，达到治理污染地下水的目的。

在一些情况下，污染地下水水位于含水层的上部，如污染源为包气带的轻质非水相液体（LNAPL）或挥发性液体，那么 PRB 系统只须截断羽状体即可。在某些特殊情况下，重质非水相液体（DNAPL）穿过含水层后进入黏土层。由于黏土层中发育很多裂隙，使得 DNAPL 穿过黏土层继续向下迁移，此时若采取垂直式 PRB 系统显然无法截断污染羽状流，治理功能失效。为此可以在羽状流前端的裂隙黏土层中，采用水压致裂法修建一水平式 PRB 系统，就可达到与前者同样的治理效果。

（二）连续墙式和隔水漏斗-导水门式

按结构分类，PRB 有两种基本形式：一是连续墙式 PRB，二是隔水漏斗-导水门式 PRB。

1. 连续墙式 PRB

连续墙式 PRB 也常被称作原位反应墙，就是在污染羽状体的下游建立一个连续的反应墙，这个反应墙能够控制整个的污染羽状体。但这种反应墙有一个缺点，就是为了成功地处理一个污染羽状体，反应墙要做得足够大以确保整个污染羽都通过反应墙。一旦所要处理的污染羽很宽或延伸很深，那么连续反应墙就要做得很大，相应的安装费用就相当昂贵，这就限制了连续反应墙的现场应用。

2. 隔水漏斗-导水门式 PRB

为了解决上述问题，使用低透水率的隔断墙来引导污染羽，使其流经较小的反应墙，这种隔断墙和较小反应墙的组合被称为隔水漏斗-导水门式 PRB。根据原位反应器的多少，隔水漏斗-导水门式 PRB 又可以分为单通道系统和多通道系统，多通道又分并联多通道和串联多通道两类，并联多通道系统主要处理宽污染地下水域的情况；对于不同类型污染物混合情况下的地下水处理，经常需要不同种类的原位反应器，这时一般采用串联多通道系统。

上述两种结构只适合于潜水埋藏浅的污染地下水的修复治理，而对于水位较深的情况，则可采用灌注处理带式的 PRB 技术。它是把活性材料通过注入井注入含水层，利用活性材料在含水层中的迁移并包裹在含水层固体颗粒表面形成处理带，从而使得污染地下水流过处理带时产生反应，达到净化地下水的目的。

三、PRB 的设计

PRB 的设计原则："墙体渗透系数应大于含水层的渗透系数，以最大限度降低对地下水流场的影响；根据污染物类型，通过室内试验确定合适的介质材料、墙体规模和方位，以保证修复效果；设置监测井监控 PRB 的性能，保证其长期安全运行和降低当地生态环境的不良影响。"①

---

① 梅婷．可渗透反应墙（PRB）技术综述［J］．环境与发展，2019，31（08）：89-90.

活性渗滤墙修复效果受到多种因素的影响，如污染物类型、地下水流速及其他水文地质条件等。设计施工应考虑四方面：①活性渗滤墙的渗透系数应该大于蓄水层的渗透系数，保证墙体的安装不会影响现场的水文条件；②根据污染物类型，选择适合的墙体材料和墙体厚度，保证修复效果；③安装相应的量测设施对墙体发生的物理化学反应情况进行监控；④能够保持墙体的长期安全运行和不对当地生态环境造成不良影响。最简单的渗透反应墙是垂直于流动方向建设跨越整个污染区域的渗透墙。方法是挖掘深沟，然后填充渗透性的活性材料。

为了缩小处理范围或者集中处理，可以采用密实的非渗透性阻隔墙与渗透法反应墙的组合，非渗透性阻隔墙用于改变地下水流向，使水流集中进入渗透反应墙，污染物被集中起来集中处理，以降低处理成本。

（一）活性材料应具备的特性

活性材料的选择是地下渗滤墙修复效果良好与否的关键。地下水中的主要污染物质是重金属和有毒有害有机物，活性材料要求具有以下特性：

第一，对污染物吸附降解能力强、活性保持时间长。

第二，水力和矿化作用下保持稳定。

第三，与污染物及地下水反应时无有毒有害的副反应产物产生。

第四，地下水环境下及发生反应时具有较强的抗腐蚀性。

第五，渗透系数是含水层渗透系数的 2 倍以上甚至更多，以保证墙体安装后不会影响当地的水文地质条件。在含水层渗透系数较好的地区，如果活性材料的渗透系数与含水层渗透系数的比值过高，会影响到活性材料的稳定性。在含水层渗透系数较差的地区，如果活性材料的渗透系数与含水层渗透系数的比值过低，则由于反应后的沉淀物又富集在反应墙的表面，就可造成地下水的滞留现象，所以对于活性材料的渗透系数与含水层渗透系数的具体倍数关系应根据当地的水文地质条件、污染物的种类、性质及浓度加以实验模拟分析确定，以便获得最佳去除率，同时确保活性材料的长期使用。

第六，粒度均匀且有利于施工安装，目前可渗透反应墙最常用的材料是金属铁（铁粉或铁屑）因其能有效吸附和降解多种重金属和有机物（如 PCE 和 DCE），容易取材、价格便宜，得到了广泛的重视和实际运用。

（二）金属介质的选择

1. 零价颗粒金属

100年前已经发现零价铁能降解氯代烃类，但直到20世纪90年代初零价铁才被用于地下反应墙墙体材料，并取得了极大的成功。在过去的若干年里，大量研究主要集中在零价铁对氯代有机物（如PCE、TCE）的降解作用上。因此，零价的颗粒金属（特别是铁）是批量实验、中试实验和现场应用最广泛的介质。

（1）铁屑。

研究者用25种不同来源的商品铁，来研究卤代烃的去除速率，发现影响不同铁反应速率的主要因素是其表面积。25种未经处理铁的比表面积变化超过4个数量级。当铁的表面积与液相体积之比在0.1~1325 m^2/L之间时，反应符合一级动力学方程。用酸进行预处理，可以加快反应的速率，这可能是由于酸可以去除铁表面的氧化膜，或者通过腐蚀增加了铁的比表面积，所以比表面积大的商品铁要优先选择。

但是，在选择介质时，表面积的要求还必须与水文地质性质同时考虑，使得反应单元的渗透系数是周围含水层的5倍以上。在应用中通常选择颗粒大小的铁屑，也可以将细铁屑与沙（或更粗的混凝土颗粒）混合来改善反应单元的渗透性。在反应单元的上、下边界添加豌豆大的细砾部分，也可以改善反应单元的水流分布，这一方法目前已经多次应用于现场。

研究者采用的颗粒铁介质的另外一种形式，就是增加一个预处理单元，在其内部使粗介质（沙或细砾）与小部分（10%~15%）铁相混合。这个预处理单元可以在地下水进入含100%铁反应单元之前去除地下水中的溶解氧。由于它具有较高的孔隙度，这个预处理带比反应单元能够更有效地解决形成沉淀的问题。

针对渗透性反应墙的应用，对于反应单元内铁的基本要求是：

第一，铁的含量（按质量）应当超过95%，只有少量炭和少量的氧化膜，没有有害的痕量金属杂质；

第二，在许多实际应用中，合适的粒径范围是8~50目，密度一般由厂商提供；

第三，由于有些铁多来自切割或研磨操作，所以必须保证铁上没有剩余的润滑油等；

第四，需要有材料安全数据表（MSDS），以说明材料的健康和安全性。

（2）其他零价金属。

人们还研究了其他零价金属来去除含氯碳氢化合物。不锈钢、黄铜、低碳钢和电镀金属（Zn）都用来实验研究碳水化合物的还原速率。

低碳钢和电镀金属还原速率最快，Al^0次之，而不锈钢、Cu^0和黄铜的效果不明显，说明这些金属与零价铁相比都没有明显优势。

研究者研究了 Mg^0、Sn^0和 Zn^0去除四卤化碳的反应性，说明 Sn^0和 Zn^0都可以还原 CCL，但要考虑到这些材料的成本、含氯反应物去除不完全性和这些有毒金属的溶解。

Schreier 和 Reinhard（1994）研究了 Fe^0和 Mn^0粉末还原多种含氯烃的能力，锰的还原符合零级动力学方程，但反应的速率相当慢，零级速率常数为 0.07~0.13 mol/d。

除了以上所讨论的材料以外，其他材料也可以用来调节 pH 值，包括硫铁矿、黄铜矿和硫黄，但添加这些 pH 值调节剂的一个副作用是反应墙下游水中溶解铁的含量将会增加。

2. 双金属介质

在实际应用时，铁的氧化产物容易在金属铁表面形成一层保护膜，阻止金属铁表面和有机污染物之间的电子转移，所以反应单元的去除效率会逐渐下降。因此，研究者们开发了一种双金属系统反应墙，即在零价铁颗粒表面镀上第二种金属（如铜、镍或钯），这类双金属系统可明显提高氯代烃类的降解速率。

双金属（如 Fe-Cu）可以起电耦合的作用，通过增强电子活性来加速还原。其他双金属（如 Fe-Pd）也能加速还原，这是因为 Pd 可以起催化剂的作用。近期的研究表明，Fe-Ni双金属系统可明显地提高还原速率。目前研究的双金属系统中，Fe-Pd 表现出最快的反应速率。实验研究表明，镀钯的铁还原 TCE 的速率比纯铁快两个数量级，而且还可以处理许多更难还原的化合物（如二氯甲烷）。然而，由于钯金属的价格昂贵，从经济实用性来讲，该介质在实际工程中是不适用的。

在选择反应介质（特别是双金属介质）时，需要注意在提高反应活性的同时，能够保持较长的反应时间。长期的土柱实验表明，虽然双金属系统开始时反应活性较强，但是长期运行会使活性逐渐减弱。同时，对于双金属系统（如 Fe-Ni）中所用的金属，要求不能向下游含水层中带入对环境有害的溶解金属。

（三）可行性实验设计

1. 可行性实验概述

在筛选出几种可供选用的反应介质之后，要进行小型的可行性实验。

（1）可行性实验的目的。①为反应单元筛选出一种合适的介质（如铁）；②估计还原反应的半衰期，确定反应单元的厚度；预测反应墙的寿命。

小型的可行性实验可以是批量实验，也可以是土柱（连续）实验。大多数研究者认为，批量实验主要是作为最初的筛选工具，评价不同介质或评估目前已知的难降解的污染物。

（2）选择土柱实验的原因。①在一定的水动力条件下确定设计参数；②通过土柱实验测得的半衰期通常要比通过批量实验测得的结果更可靠；③土柱模拟实验结果要更可靠一些；④在批量实验中反应产物可能会在反应器中聚集，而土柱实验中反应产物会被水流带走。

（3）许多不同类型的水可用来进行可行性实验。①加入目标污染物到蒸馏水中；②在洁净地下水中加入一定浓度的目标污染物；③从现场采集污染的地下水。

一般来讲，筛选新的反应介质时用蒸馏水配制溶液，而其他可行性实验则用现场采集的未污染地下水配制溶液（其他化学组分不同），即未被污染的地下水中加入已知浓度的污染物。这样，研究者就可以更好地控制或改变污染物的浓度。同时，未污染地下水从现场收集和运输比含有挥发性污染物的地下水更容易。至少可用现场地下水（洁净的或污染的）做一些模拟实验，因为现场地下水中的无机物组分可能具有重要的作用。

2. 批量实验

批量实验通常是将介质和含有污染物的水放入不留顶部空间的、用隔膜密封的小瓶中。当从小瓶中取水样分析后，用氮气将小瓶顶部空间充满。

当水样从一个注射器中抽出时，另外一个注射器缓慢地将氮气注入顶部空间，即所谓的双注射技术。还可以用蒸馏水取代抽出的分析水样，这时要注意它引起的溶液浓度变化。这样，经过多次取样，有机物的浓度可以作为时间的函数，也可以进一步测量小瓶中生成的产物（烃类气体）的含量，间接地计算反应进行的程度。

因为批量实验操作简单和经济可行，所以它是有效的筛选工具。但是，当对实验结果进行外推时，应当充分考虑水动力状态的影响。

3. 土柱实验

土柱实验的目的是估计还原反应的半衰期。可用污染物的半衰期和它们的反应产物来选择介质或设计反应墙的厚度。

土柱用玻璃或树脂玻璃制成，土柱上有许多取样口。玻璃与含氯有机化合物有很小的吸附性，管道系统用不锈钢或聚四氟乙烯，通过蠕动泵的一小部分管路用具有弹性的氟橡胶制成，而其他所有的配件都用不锈钢。

将混合好的介质（如铁和沙土）均匀分成若干部分，然后分批量地填入土柱，以保证土柱中介质的均匀性。最好把粗沙衬放在介质的上面和下面，以保证有较好的水流分布。

把水样放在一个可折叠的聚四氟乙烯真空袋中。这样水从袋子中流出时，不会产生顶部空间。袋子用重力水流充满，以避免空气进入水中。水在土柱中从底端流向顶部（也可以方向相反，这取决于设计流速），这样可以更好地模拟现场地下水的缓慢流动。取样口上装有隔气和隔水的附件，可以用一个尼龙铸造栓塞，并在连接处缠上薄膜。最好将取样注射器针头一直插到土柱上，并且针尖伸到土柱的中心位置。

当土柱中污染物的浓度达到稳定状态后，立即取样。通常需要将污染水通过几个孔隙体积后才能达到稳定状态。达到稳定状态所需的时间（孔隙体积）随污染物种类而变化。例如，被 PCE 污染的水要比被 TCE 污染的水所需更长的稳定时间。

取样时，注射器一个针头连在调节阀上，用少量的水冲洗针管之后再开始取样。取样时要慢一些，避免产生扰动。大多数研究者都在室温下进行实验，但温度也是影响反应速率的一个重要因素。

通过土柱的流速要接近现场状况，因此要求具有拟建反应墙现场地下水流速的准确资料。还要考虑到，通过反应墙的流速可能要比周围含水层大得多。

土柱的实际流速可以通过一段时间内的出水量来测得。实验应当用一系列不同的流速重复进行，来描述不同季节流速变化及其他不确定性。还原速率对实验的流速范围（60~240 cm/d）不是很敏感。一旦用土柱实验确定了反应速率，要设计出反应单元的厚度就需要准确地估计地下水的流速。

含氯挥发性有机化合物的浓度可以用气相色谱仪来测定。另外，水样从土柱中取出后，pH 值用适当的探针（通常为复合电极）立即测定。因为大多数水接近中性或呈弱碱性，而且金属化合物可能使 pH 值升至 9 以上，但在 6~8 之间的 pH 值最难准确测得。当水中不含有缓冲剂（如碳酸盐）时，这种情况确实会出现。

（四）PRB 规模设计

PRB 的设计项目主要有 PRB 安装位置和结构的选择、埋深、尺寸大小、水力停留时间、方位倾角、墙体的渗透系数的确定，以及填充介质的选择等。PRB 的规模主要根据地下水中污染羽流的三维空间分布和地下水的水力特征来确定，PRB 的规模设计主要体现在 PRB 填充介质的渗透系数、反应墙的高度、宽度和厚度这三方面，PRB 规模的确定直接影响到整个设计安装工程项目的成本大小。

PRB 的高度主要根据隔水层或弱透水层的埋深和厚度来确定，由许多欧美国家的 PRB 实际工程的操作经验可以看出，为了控制污染羽流有可能绕过反脱墙从其下流出而向下游流去，PRB 的底端必须嵌进隔水层或弱透水层以下，至少要嵌进 0. 60 m。PRB 的顶端必须超过地下水最高水位，以防止需要被修复的地下水可能溢出或丰、枯期的变化带来的地下水位的变动。

PRB 的宽度主要由污染物羽流的尺寸决定，但考虑到地下水流向的不稳定和污染羽尺有可能进一步扩散，PRB 的实际宽度一般要设计成污染物羽流宽度的 1.2~1.5 倍。

反应墙厚度的设计是 PRB 规模大小设计过程中最重要也是最复杂的环节。反应墙的厚度（B）是由地下水流速（v）和被污染的地下水所需的最小水力停留时间（t）来确定的。

$$B = vt \tag{7-1}$$

式中：v——地下水流速，cm/s；

t——修复被污染的地下水所需的反应时间，即地下水污染羽流在 PRB 墙体内的平均停留时间，如果污染物是混合型，就采用处理其中污染组分的最长时间，s。

值得关注的是，地下水流速（v）是指平均流速，其大小主要和 PRB 墙体内填充的活性介质的孔隙率和含水层的渗透系数相关。但随着 PRB 长时间不间断的运行，活性介质的孔隙度会逐渐降低，因此一般是采用最大流速值来设计。

地下水污染羽在 PRB 墙体内的停留时间（t）主要根据污染组分的半衰期和污染物经过 PRB 时的初始浓度来确定。因为实际场地中地下水污染物浓度分布不均匀，所以为了保证工程长久有效运行，一般要按照场地地下水中污染物的最大浓度来设计计算。计算可采用：

$$t = \ln(1 - R)/(-k_{obs}) \tag{7-2}$$

式中：t——污染物的驻留时间，h；

R——污染物的去除率，$R = (C_0 - C)/C$；

k_{obs}——降解速率常数，h^{-1}。

污染物降解速率常数主要由室内柱实验确定。此外，还应将温度、活性介质的密度和工程安全等因素纳入考虑范围。具体的计算公式为：

$$t = t_0 U_1 U_2 R \tag{7-3}$$

式中：t_0——理论计算出的最短停留时间；

U_1——温度修正常数，一般可取 2.0~2.5，20~25℃为正常温度条件；

U_2——密度修正常数，可取值为 1.5~2.0，其主要和活性反应介质的渗透系数相关；

R——安全系数，可取 2.0~3.0。

上述修正常数和安全系数是借鉴美国应用到实际中的 PRB 工程技术，倘若要切实运用到国内相关工程中，我们还需要更多的工程实践验证和修改。

在实际工程中，污染物的浓度一般是随时间变化的，为了确保处理效果，通常在原计算的基础上乘以安全系数 Fs，因此设计厚度为：

$$Bs = FsB\ (\text{一般 } Fs \text{ 取 } 1.5) \tag{7-4}$$

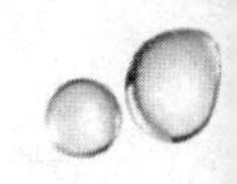

第二节　活性渗滤墙的运行与评价

活性渗滤墙作为一种原位修复技术，一经安装即须在地下运行多年，其运行效果受到修复场地水文地质特征、地下水地球化学特征以及 PRB 结构、填料等多种因素的影响。对活性渗滤墙的实际运行效果尤其是长效性进行评价将有利于促进 PRB 技术的改进和发展，同时给已有的和将要建造的 PRB 工程提供相应意见和建议。

一、活性渗滤墙的安装与运行

（一）活性渗滤墙的安装

1. 反应单元的安装

反应单元就是污染羽状体流过的、装填有反应介质的部分含水层，其常用安装技术有传统沟槽式开挖、沉箱式安装、芯轴式安装、连续挖掘填埋。这四种安装技术都曾用于现场反应单元的安装，其中沟槽式安装应用最广。

尽管不同场地有所不同，但考虑到地下水位波动和反应介质的固结，反应单元的上缘一般位于地下水位以上 60 cm 左右，而下部要嵌入隔水层至少 30 cm。在隔水漏斗—渗透门系统中，漏斗壁部分一般要嵌入隔水层 1. 5 m。如果隔水层是不连续的，土工织物和水泥板需要铺设在建反应单元底部，防止任何污染物通过地下流绕过反应单元。在单元建设期间，监测井群可以安装在反应介质中或者上游和下游的细砾石中。

（1）传统沟槽开挖。根据渗透性反应墙的设计，安装反应单元需要挖一条装填反应介质的沟槽。传统开挖沟中最常用的设备是反铲挖土机（深度小于 24 m）和蚌壳式挖泥机（深度大于 24 m）。开挖前先沿着拟建反应单元的周围打入临时性的钢板桩，并用支撑加固。板桩也可以用于暂时隔离细砾石部分和反应介质。如果高水位使板桩不能阻止地下水进入反应单元，将需要对沟排水。为保持反应单元安装期间沟壁的整体性，要在生物高聚物泥浆压力下进行开挖，这种生物高聚物泥浆由粉末状瓜耳木胶构成。反应墙安装完之后，大部分瓜耳木胶将降解成为水，对传统沟槽式反应墙的渗透性影响很小。

（2）沉箱式安装。沉箱是一种空的、承受荷载的围栏，其形状和大小可根据需要而变化。为了安装反应单元，一个预制开口的钢制沉箱可用于暂时帮助开挖。通常，直径为 2. 4m 或更小的沉箱可以推入或夯入地下，其直径越小，越易驱入，并且能保持竖直状态。

直径大于 2.4 m 对反应单元的安装来说是不经济的，这对反应单元内渗透厚度和停留时间都将受到限制，所以在污染羽状体较宽、浓度较高、水流速度较大的地方，用多沉箱的隔水漏斗–导水门系统提供适当的停留时间。

（3）芯轴式安装。该方法是用一个中空钢轴或芯轴来开辟一个垂直的空间，然后将反应介质填进去。在被打入地下以前，芯轴的下部放上一个有利于驱动的金属套头。一旦空间形成，使用一个漏斗管直接将介质倒入孔中，到达要求的深度后，把芯轴取出来，留下反应介质和金属套头。其缺点是，反应单元的尺寸受到芯轴尺寸的限制，芯轴一般是 5 cm×13 cm，因此安装一个反应单元不可能一次成功；在用振动锤向下安装芯轴时，可能由于地下的障碍物芯轴偏离方向，而且土壤被压实后渗透性将降低。优点是费用低，不产生泥和石头，减少了有害废物的暴露和处置，而且可安放直到粒径为 2.5 cm 的反应材料。

（4）连续式开挖安装。该方法受开挖深度限制，不如其他挖土机使用那样普遍，但连续式开挖机对深度为 10~12 m 的墙是一个很好的选择。它能连续开挖一个 40~60 cm 的窄槽，同时立即用反应介质回填或放入防渗的高密度聚氯乙烯（HDPE）连续隔膜。这种挖掘机开挖时，不需要对含水的沟槽排水，也不需要安装钢板桩暂时支护沟槽墙壁。因为开挖时吊杆几乎是垂直而没有坡度，可以最大限度地减小开挖时产生的泥土和岩石，而且开挖的效率也很高。

2. 隔水墙的安装

反应单元的设计也包括引导或汇聚地下水向渗流门的侧面隔水墙，最常用的是钢板桩隔水墙和泥浆隔水墙，一般都将其嵌入隔水层中防止地下水向下游迁移，有时用悬挂式隔水墙的来阻止悬浮的污染物。如果含水层缺乏连续性或部分缺失，灌浆防渗底板可达到 36 m 深。

（1）钢板桩。钢板桩在岩土工程建设中是一种常用的地下工程。它通常在开挖过程中用作固定墙来防止沟槽的崩塌和阻止地下水的流入。它以其强度和完整性而闻名，并且可以防止水力压裂。

根据土壤中的氧含量和污染物的腐蚀性，钢板墙的有效使用期在 7~40 年之间。一般板桩的长度为 12 m，但如果需要更大的深度可将其焊接在一块。在放入地下之前，将它们在边缘的嵌连处连接起来。虽然在过去曾放到过 24 m 的深度，可在 18 m 左右就偏离了垂直方向。在多岩石的土壤中安装时可能被损坏或放不下去，且其板桩嵌连处会发生渗漏，使其应用受到限制。滑铁卢大学开发了一种渗透性低、安装速度快、扰动小的无缝板桩，并已经在几个污染区用作隔离墙。像一般的钢板桩一样，为了保证板桩的完整性，新型板桩的安装深度也应该限制在 18 m 以内，而由于多岩石的土壤或高度固结的沉积物在安装过程中会损坏板桩，所以施工受到地质条件的限制。同时，受密封性、形状和使用要求影响，沉箱式隔水漏斗-渗透门系统很难应用板桩。目前，这种无缝板桩只在加拿大的一个地区生产，其推广和使用也受到限制。

（2）泥浆墙。泥浆墙是改变污染水流方向最常用的地下墙。首先在膨润土和水混合的泥浆压力下开挖一道壕沟，通过在沟壁上形成泥饼来保持沟的稳定性。壕沟被开挖后，迅速用选择的回填材料与膨润土混合物回填。最常见的泥浆墙是土壤-膨润土泥浆墙、水泥-膨润土泥浆墙、塑料-膨润土泥浆墙和复合泥浆墙。由于泥浆墙和反应单元的密封容易解决，因此特别适合于沉箱式隔水漏斗-导水门系统。

其中，土壤-膨润土泥浆墙应用最普遍。它安装费用较少，渗透性很低，能承受各种溶解性污染物的化学侵蚀，墙的建造也非常简单。开挖一开始就引入膨润土泥浆，挖出的土壤可与水和膨润土混合，当沟槽达到需要的深度和一定的长度，混合的充填物就可进行回填。

水泥-膨润土泥浆墙主要应用于没有足够空地混合回填物的情况，在水、膨润土和水泥组成的泥浆压力下挖一条沟槽，不回填土壤，泥浆慢慢凝固，和土壤一起形成黏土墙。填沟时需要大量的水泥，故其造价高，同时，因挖出的土壤不回填，需要额外的处置费用；墙体中大部分都是水，而固体少，故渗透性较高，易被污染物渗透，因此，水泥-膨润土泥浆墙在环境中的应用受到限制。其优点是强度大、可在特殊地形条件下进行安装。

塑料混凝土泥浆墙是由水、膨润土、水泥和聚集体的混合物组成，具有很大的剪切强度和韧性。塑料混凝土泥浆墙是在膨润土泥浆的压力下分段建造，当一端挖好后，就用导管灌入水泥浆替换膨润土泥浆，然后留下凝固，塑料混凝土泥浆墙用在需要对强度和变形有要求的地方。它有相对低的渗透性，能抵抗污染物的渗透。

复合泥浆墙由三层组成，每一层都增加对化学侵蚀的抵抗力，降低渗透性。最外一层是厚度为 3 cm 的膨润土过滤层，中间层是 30～60 cm 厚的土壤-膨润土、水泥-膨润土或塑料-混凝土填充物，最里面是 10 cm 的高密度聚氯乙烯膜（HDPE）。HDPE 的渗透性为 1×10^{-12} cm/s。复合泥浆墙的安装需要在膨润土或水泥浆的压力下开挖沟槽，可挖至 30m 深。但很难将 HDPE 衬垫放到这么深，并且安装费用很高使得 HDPE 的利用限制在 15 m 以上。当放好 HDPE 后，就可在膜的两侧回填。在膜的里面放入排水系统，并设取样点来监测系统的运行。其优点是渗透系数非常小，不用除去地质膜就可以密封和修理墙体部分。

（二）活性渗滤墙的运行监测

一个 PRB 监测程序通常包括合规性监测和性能监测。

1. 合规性监测

合规性监测的目的是确定是否符合指定的合规点适用的国家标准，这个监测通常是管理机构所要求的。污染点和合规点是监测的重点。性能监测的目的是确定 PRB 是否按计划运行。

合规点通常选在处理系统的顺梯度位置，该点水质预期符合地下水质量标准。为合规点选出的位置必须同时确保对顺梯度受体的保护。在 PRB 站点识别一个合规点在很多情况下会被 PRB 的位置复杂化。在大多数情况下，PRB 被设置在受污染的羽流中，而不是在羽流的前缘。当 PRB 在羽流中时，顺梯度点最初是被污染的。位于 PRB 顺梯度的采样井将反应含水层中最初的污染物，包括任何从含水层土壤中释放或从更细的沉淀中扩散的污染物。它可能会耗费好几个月甚至几年来让顺梯度井显示出水质的改善，这取决于特定站点的特征。

因此，当 PRB 被安装在一个受污染的羽流中时，通常需要在 PRB 内（靠近填料的顺梯度边缘）安装额外的监测井来监测污染物的消除。考虑到填料和含水层之间的地球化学差异，如果填料的厚度不足以包含监测井，井可设于离顺梯度边缘很近的位置。考虑到实现顺梯度水质改善的时间滞后，监管部门和站点所有者应该考虑，在安装之后的一段时间内，在填料内或 PRB 的顺梯度边缘附近设立一个临时的合规点，用于对处理系统能力的评价。该能力是指从地下水中移除污染物使其达到既定的监管标准或条件的能力。一旦顺梯度含水层的水质开始反映出 PRB 的处理效果，合规点的位置可以重新评估，改变到一个更适合的顺梯度位置（对顺梯度受体的保护）。

PRB 的合规监测参数通常包括典型污染物（如 TCE），以及任何可能的有害反应产物（如 cis-1，2-DCE）。此外，一般的水质监测（野外）参数，如 pH 值、酸碱度、电导率、溶解氧、氧化还原电位、温度等，通常在每个采样周期都测量。水位同样是确认地下水流路径和处理系统水力学捕获能力的一个重要参数。

2. 性能监测

性能监测通常集中在 PRB 系统本身（包括不透水墙），而不是整个场地或合规边界。性能监测程序被用来核实 PRB 的适当安装和识别该系统中任何可能影响处理效果的变化。设计性能监测程序时，识别变化的能力，如反应活性的缺失，渗透性的减少、反应区内污染物停留时间的变化、通过漏斗墙时的短路或泄漏等都应该被考虑。

性能监测集中在对处理系统相关的地球化学评估有用的参数。在合规性和性能监测系统之间有一些参数重叠。重叠部分包括对关注的污染物、副产品、一般的水质参数和水位数据的监测。此外，地下水中的原生物质，如酸碱度、钙、氯、铁、镁、硝酸盐、钾、钠、硫酸盐、二氧化硅和TDS（总溶解固体）等，也可以监测以作为短期和长期PRB性能的指标。

采样频率由站点基础决定。监测的频率通常取决于地下水流速和PRB的位置。监测频率应该考虑，在给定的一段时间内流过处理系统受污染的地下水的总量。当PRB位于污染羽流的前缘时，污染羽流到达PRB时才需要监测。

一般的，合规性监测应该按季度完成。这个频率同样适合季节变化的评估。运行一年或两年后，PRB系统应该进行合规性、性能和稳定性评估。在一致的基础上，当该系统按最初设计运行时，监测频率可以适当下降。

二、活性渗滤墙技术评价

PRB这一技术之所以成为当前国际上污染土壤及地下水修复的重要方法和研究的热点，主要是由于它拥有其他技术无法比拟的独特优势决定的。

当污染斑块中的污染物沿地下水水流方向进入活性栅处理系统，在具有较低渗透性的化学活性物质的作用下，发生沉淀反应、吸附反应、催化还原反应或催化氧化反应，使污染物转化为低活性的物质或降解为无毒的成分。因此，与传统的地下水处理技术相比较，该技术是一无须外加动力的被动系统。

特别是该处理系统的运转在地下进行，不占地面空间，比原来的泵取地下水的地面处理技术要经济、便捷。由于其在原地直接处理，无须储存、运输及清理工作，可以节省开支。实践表明，采用该技术的运转费用相当低廉，是一项值得研究和推广的用于污染土壤及地下水修复的创新技术。

不过，该技术也存在一定的弊病。例如，首先，不可能保证把“污染斑块”中扩散出来的污染物完全按处理的需要予以拦截和捕捉。其次，随着有毒金属、盐和生物活性物质在化学活性栅中的不断淀积和积累，该被动处理系统会逐渐失去其活性，所以需要定期地更换填入的化学活性物质。当然，这些定期被更换的化学活性物质，有必要作为有害废弃物加以处置，或采用一定的方式予以封存。如果该处理装置是用来解决金属的污染问题，那么就难以确定该活性物质在多长的时间范围内对有毒金属的固定作用仍然有效；也很难弄清哪些环境条件可能发生改变，导致这些被固定的有毒金属重新活化。再说，如果Fe^0等化学活性物质的浓度过高，就有可能溢出处理系统以外而成为一种污染物，带来新的环境污染问题。

调查表明，土壤及地下水中往往存在一种以上的污染物，这些污染物包括氯代烃有机氯农药以及铬、砷和铅等有毒有害重金属，污染位点也较分散。如采用传统的处理方法，需要将地下水泵取，而后集中处理。既须外加泵动力，而且还须运输、清理、管理；处理过程还须占用地面空间，运行费用也相当可观；为使地面不致下沉，有时还需进行倒灌，故将大大耗费资金。相反，如采用可渗活性栅技术，不仅可取得较好的效果，而且能够克服传统处理方法的许多弊病。

可以想象，随着 PRB 这一技术的不断完善以及在我国的成功应用和推广，必将给我国的环保处理技术带来新的希望。相信在做进一步的研究之后，将有效解决 PRB 技术目前所存在的问题，从而使其更有吸引力。

第三节　活性渗滤墙技术在地下水污染修复中的应用

一、地下水中铬的去除

铬以氧化状态的+3 和+6 价存在于天然水中，在 CrO_4^{2-} 或 $Cr_2O_7^{2-}$ 组成中六价铬作为氧离子出现，铬酸盐的溶解性和稳定性比 Cr^{3+} 化合物更好。它们具有负电荷，这些阴离子不能被吸引到产生阴离子电荷的矿物表面上，六价铬不能形成氢氧化物沉淀，要形成沉淀，必须首先将六价铬还原成三价铬，因此，可将还原和沉淀结合成一个步骤借助硫化物去除六价铬。

研究人员在铬污染地下水的 PRB 修复试验中指出，PRB 中的零价铁和活性炭都对铬有去除作用，处理 Cr（Ⅵ）污染地下水是可行的。零价铁与活性炭的配比直接影响着 Cr（Ⅵ）和总铬的去除，比例越大，去除的性能越好。在零价铁和活性炭质量分数均为 40% 时，出水中的 Cr（Ⅵ）的质量浓度仍低于 0.05 mg/L，达到我国《饮用净水水质标准》。

二、地下水中铅的去除

铅是固体废物和土壤中的一种主要污染物，许多国家将饮用水中的铅含量控制在非常低的水平。在水中铅可形成多种低溶解性化合物，铅离子与羟磷灰石［$Ca_{10}(PO_4)_6OH)_2$］的反应是形成高稳定性沉淀物的一个好例子。$Ca_{10}(PO_4)_6(OH)_2$溶解后，铅被沉淀。

用 $Ca_{10}(PO_4)_6(OH)_2$来控制铅的移动性的另一反应类型是表面吸附，但这种反应类型不是切实可行的。当存在氯化物时，可能产生更难溶的沉淀物 $Pb_{10}(PO_4)_6Cl_2$。重金属和磷灰石的反应是迅速的，所产生的沉淀物极难溶，因此，磷灰石是一种适合 PRB 系统的沉淀剂。

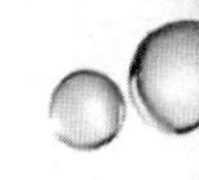

三、PRB 修复技术在地下水修复中的应用前景

PRB 修复技术在地下水修复中仍存在一些不足：

第一，PRB 技术修复机制的研究不充足。吸附并不是简单的物理过程，而是通过络合作用发生的，能稳定地吸附污染物，且不易再活化。但如果只是简单的静电吸附，当外界环境条件发生改变时，被吸附的污染物则会再活化，重新污染已修复的地下水。深入地研究吸附机制可以正确评价污染物原位修复技术的价值。

第二，活性材料的筛选、改进须加强。目前，PRB 技术的反应介质的筛选还多局限于一些常用的水处理材料，例如国外在 PRB 技术的现场应用中绝大多数局限于胶态零价铁，有必要根据地下水质及环境条件扩大反应介质的筛选范围。此外，可采用一些物质来改变活性材料的性质，增强处理能力。

第三，随着有毒金属、碳酸盐和生物活性物质在墙体中的不断沉积和积累，该被动处理系统将逐渐失活，所以必须定期更换填充介质。当然，这些填充介质必须作为有害废弃物加以处理，或者采用相应方法封存。如果该装置用来解决金属或重金属污染问题，那么就很难确定该活性物质对有毒金属的固定作用在多长的时间范围内仍然有效；也很难弄清楚哪些环境条件可能发生改变，导致这些被固定的有毒金属再活化。

第四，PRB 长期运行的稳定性和有效性还需要更多监测数据来评价。目前，我国地下水污染治理的研究和应用还处在起步阶段，还有待更进一步的提升。PRB 技术是一种有效的原位地下水污染修复技术，能长期稳定运行，不影响生态环境，降低处理成本，有良好的发展前景，它将是今后地下水修复的一种趋势和潮流。

尽管如此，作为一项新技术，PRB 是一种可以处理一种或多种混合污染物的地下水修复方法，在各种污染物的地下水污染中具有广阔的应用前景。

第一，渗透反应墙是对地下水污染的一种补救措施，具有处理效率高、反应介质消耗慢、长期稳定、无浪费的优点。因此，PRB 是一种有前途的污染控制技术。

第二，PRB 具有渗透性，不干扰地下水流动，能截留地下水污染物。与过滤一样，PRB 通常用于原位修复，在工程中截留污染物，是一种低成本的修复方法，该技术的低运行成本也符合我国国情。

第三，PRB 的设计必须依靠对污染物特性的分析和现场水文地质参数的选择。为了深入研究地下水的运行特性，有必要建立污染物运移模型和地下水动态模型，所以在 PRB 的设计中，需要大量的前期调研和工作模型。

参考文献

［1］白利平，孟凡生，王业耀，等．地下水污染预警方法与示范［M］．北京：中国环境科学出版社，2015.

［2］蔡建元，韩龙喜．应急水污染预测分析技术研究［M］．南京：河海大学出版社，2013.

［3］陈梦舫，钱林波，晏井春，等．地下水可渗透反应墙修复技术原理、设计及应用［M］．北京：科学出版社，2017.

［4］陈倩，李云祯，施泽明．西南矿区地下水重金属污染源识别与污染风险评估［M］．北京：中国环境出版集团，2020.

［5］谌建宇，罗隽，骆其金，等．新型废水处理功能材料的研究与应用［M］．北京：中国环境科学出版社，2015.

［6］程鹏环．盐城地区地下水渗流场分析及地质风险研究［M］．北京：中国纺织出版社，2019.

［7］程荣．活性渗滤墙技术与地下水污染修复［M］．广州：世界图书广东出版公司，2014.

［8］程生平，赵云章，张良，等．河南淮河平原地下水污染研究［M］．武汉：中国地质大学出版社，2011.

［9］傅长锋，陈平．流域水资源生态保护理论与实践［M］．天津：天津科学技术出版社，2020.

［10］龚斌．地下水保护与合理利用［M］．北京：冶金工业出版社，2013.

［11］郭翔，佘廉，张凯．水污染公共安全事件预警信息管理［M］．北京：科学出版社，2016.

［12］河北省地质环境监测院．河北省地下水环境与修复实践［M］．石家庄：河北科学技术出版社，2019.

［13］环境保护部科技标准司，中国环境科学学会．地下水污染防治知识问答［M］．北京：中国环境出版社，2015.

［14］蒋辉，曾波，潘宏雨．地下水动力学［M］．北京：地质出版社，2009.
［15］蓝楠，陈燕，彭泥泥．地下水资源保护立法问题研究［M］．武汉：中国地质大学出版社，2010.
［16］李广贺．地下水污染风险源识别与防控区划技术［M］．北京：中国环境科学出版社，2015.
［17］李娟，席北斗，李翔．区域地下水污染风险分级分类防控技术［M］．北京：化学工业出版社，2021.
［18］刘伟江，费宇红，井柳新，等．华北平原典型地区地下水污染防控技术方法及案例［M］．北京：中国环境出版社，2016.
［19］刘长礼，张云，侯宏冰．城市地下水污染风险评估与防控技术［M］．北京：地质出版社，2016.
［20］刘兆昌，张兰生．地下水系统的污染与控制［M］．北京：中国环境科学出版社，1991.
［21］马兴冠，尚少文．辽河流域水环境突发污染事故应急处置技术与管理体系［M］．沈阳：辽宁科学技术出版社，2018.
［22］梅婷．可渗透反应墙（PRB）技术综述［J］．环境与发展，2019，31（08）：89-90.
［23］美国饮用水预警监测评估的技术与方法［M］. 刘伟等译. 北京：中国环境出版集团，2018.
［24］潘宏雨，马锁柱．水文地质学概论［M］．北京：地质出版社，2009.
［25］钱家忠．地下水污染控制［M］．合肥：合肥工业大学出版社，2018.
［26］水体污染控制与治理科技重大专项管理办公室．流域水污染防治监控预警技术与综合示范主题水体污染控制战略与政策示范研究主题［M］．北京：中国环境科学出版社，2014.
［27］孙辉，唐柳．环境修复学［M］．成都：四川大学出版社，2020.
［28］孙英杰，孙晓杰，赵由才．冶金企业污染土壤和地下水整治与修复［M］．北京：冶金工业出版社，2008.
［29］王晓红．地下水有机污染源识别技术与应用［M］．北京：地质出版社，2018.
［30］王晓龙，陈瑛，马秀兰，等．制药工业水污染物环境风险生物预警技术［M］．北京：科学出版社，2013.
［31］温泉，宋俊德，贾威．水土修复技术［M］．长春：吉林大学出版社，2017.

［32］西汝泽，李瑞，陈晓凤．河流污染与地下水环境保护［M］．合肥：中国科学技术大学出版社，2012.
［33］尹国勋，李振山．地下水污染与防治焦作市实证研究［M］．北京：中国环境科学出版社，2005.
［34］张永波，时红，王玉和．地下水环境保护与污染控制［M］．北京：中国环境科学出版社，2003.
［35］赵海卿．松嫩平原地下水资源及其环境问题调查评价［M］．北京：地质出版社，2009.
［36］郑西来．地下水污染控制［M］．武汉：华中科技大学出版社，2009.
［37］郑忠安．宁夏水环境监测预警体系建设研究［M］．宁夏：阳光出版社，2015.
［38］中国环境监测总站．水环境质量预报预警方法技术指南［M］．北京：中国环境出版集团，2019.
［39］周启星，林海芳．污染土壤及地下水修复的 PRB 技术及展望［J］．环境污染治理技术与设备，2001（05）：48-53.
［40］朱学愚，钱孝星．地下水水文学［M］．北京：中国环境科学出版社，2005.
［41］陈友媛，吴丹，迟守慧，等．滨海河口污染水体生态修复技术研究［M］．青岛：中国海洋大学出版社，2018.
［42］李志萍，陈肖刚．长期排污河对地下水影响的试验研究［M］．郑州：黄河水利出版社，2006.
［43］刘志彬，刘松玉，杜延军．工业污染地基处理与控制污染场地原位地下水曝气修复技术［M］．南京：东南大学出版社，2020.
［44］施维林．土壤污染与修复［M］．北京：中国建材工业出版社，2018.
［45］许秋瑾，胡小贞．水污染治理、水环境管理和饮用水安全保障技术评估与集成［M］．北京：中国环境出版集团，2019.
［46］曹淑敏，周志芳，郭潇，等．山前平原区地表水与地下水交互机理与耦合模拟研究以滦河冲积平原滦县段为例［M］．郑州：黄河水利出版社，2015.
［47］张祥．多相抽提修复过程监控技术研究及应用［J］．应用化工，2020，49（08）：2132-2136+2142.
［48］白利平，王业耀，王金生，李发生．基于数值模型的地下水污染预警方法研究[J]．中国地质，2011，38（06）：1652-1659.
［50］范琦，王贵玲，蔺文静，等．地下水脆弱性评价方法的探讨及实例［J］．水利学

报，2007（05）：601-605.

[51] 高森；田西昭；付丹蕾．地下水污染防治区划研究［J］．价值工程，2022，41（02）：72-74.

[52] 黄润竹，高艳娇，刘瑞，等．应用可渗透反应墙进行地下水修复的综述［J］．辽宁工业大学学报（自然科学版），2016，36（04）：240-244

[53] 蒲生彦，马晋，杨庆．地下水污染预警指标体系构建方法研究进展［J］．环境科学与技术，2019，42（03）：191-197.

[53] 浦烨枫．污染场地地下水污染风险分级技术方法分析［J］．化工管理，2018（05）：113.

[54] 屈永清，陈建信，任书影．区域地下水污染风险评价方法研究［J］．西部资源，2016（03）：151-152.

[55] 唐克旺，唐蕴，徐鹏云．地下水脆弱性评价：概念、方法与应用［J］．中国水利，2013（19）：57-59+64.

[56] 王嘉瑜，蒲生彦，胡玥．地下水污染风险预警等级及阈值确定方法研究综述［J］．水文地质工程地质，2020，47（02）：43-50.

[57] 吴茜．活性渗滤墙技术修复某垃圾填埋场地下水污染的研究［D］．成都理工大学，2017.

[58] 许可．地下水脆弱性评价方法概述［J］．水科学与工程技术，2007（06）：15-17.

[59] 杨磊，黄敬军，陆徐荣．地下水污染防治区划研究［J］．地质学刊，2014，38（02）：298-301.

[60] 湛江，屈吉鸿．地下水脆弱性评价指标体系的建立［J］．安徽农业科学，2016，44（28）：59-61.

[61] 周炜强．地下水污染溯源技术应用进展［J］．皮革制作与环保科技，2022，3（14）：118-120.

[62] 金爱芳，李广贺，张旭．地下水污染风险源识别与分级方法［J］．地球科学（中国地质大学学报），2012，37（02）：247-252.

[63] 张志红，赵成刚，李涛．污染物在土壤、地下水及黏土层中迁移转化规律研究[J]．水土保持学报，2005（01）：176-180.

[64] 裴晓峥．地下水污染预警体系的研究［J］．山西化工，2019，39（01）：44-46.

[65] 鄢楷，曾杰．浅析污染场地地下水抽出处理技术［J］．低碳世界，2020，10（06）：29-30.

[66] 杜晓舜，夏自强．浅层地下水资源评价的研究［J］．商丘师范学院学报，2003(02)：63-65.